WasserLos in Tirol

BEITRÄGE ZUR DISSIDENZ

Herausgegeben von Claudia von Werlhof

Band 19

Frankfurt am Main · Berlin · Bern · Bruxelles · New York · Oxford · Wien

Verena Oberhöller

WasserLos in Tirol

Gemein – öffentlich – privatisiert?

PETER LANG
Europäischer Verlag der Wissenschaften

Bibliografische Information Der Deutschen Bibliothek
Die Deutsche Bibliothek verzeichnet diese Publikation in der
Deutschen Nationalbibliografie; detaillierte bibliografische
Daten sind im Internet über <http://dnb.ddb.de> abrufbar.

Gedruckt mit Unterstützung des Bundesministeriums
für Bildung, Wissenschaft und Kultur in Wien
sowie der Abteilung Kultur,
Amt der Tiroler Landesregierung.

bm:bwk
Bundesministerium für Bildung,
Wissenschaft und Kultur

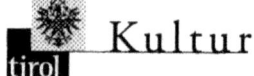

ISSN 0949-1120
ISBN 3-631-53927-4
© Peter Lang GmbH
Europäischer Verlag der Wissenschaften
Frankfurt am Main 2006
Alle Rechte vorbehalten.

Das Werk einschließlich aller seiner Teile ist urheberrechtlich
geschützt. Jede Verwertung außerhalb der engen Grenzen des
Urheberrechtsgesetzes ist ohne Zustimmung des Verlages
unzulässig und strafbar. Das gilt insbesondere für
Vervielfältigungen, Übersetzungen, Mikroverfilmungen und die
Einspeicherung und Verarbeitung in elektronischen Systemen.

www.peterlang.de

Inhalt

Vorwort der Herausgeberin 11
DenkFluss: Inn(en)Schau und LechSchau.. 13

Einführung: Gemein – Öffentlich – Privat? 15
  1. Vom öffentlichen Gemeingut zur privaten Geldquelle? 15
  2. Das „Recht auf Gemeinheit" 22
  3. Begriffserklärung: Gemein – öffentlich – privat 23
  3.1 Gemein... 23
  3.2 Öffentlich.. 24
  3.3 Privat 25
  4. Die „sog. ursprüngliche Akkumulation"
     als allgemeine Methode der Enteignung 26

I. Das gemeine Weltbild 31
  1. Die historische QuellSuche: Die Gewässernamen Tirols 31
  1.1 Wasserscheide: Die fließenden und steinigen Übergänge............ 36
  1.2 Das Land im Gebirge: Tirols Werden als Vergehen 40
  2. Das „Gemain": Die Bildung der Gemeinde 45
Exkurs: Vom „Gemain" zum „Sondereigen" 49
  3. Allmende: Das „Weistum" der Gemeinde 51
Exkurs: Die Tiroler Landschaften 54
  4. Die sog. ursprüngliche Akkumulation in Tirol 56
  4.1 Allmendregal: Das Patrimonium 56
  4.2 Die Einführung des römischen Amtsrechtes 60
  4.3 Die Jagd auf die Allmende 62
  4.4 Das Fischen nach der Allmende 63
  4.5 Die Anlage von Teichen und künstliche Seen 65
  4.6 Auen, Moore und Sümpfe 66
  4.7 Holztrift und Flößerei 68
  4.8 Die Bewässerung – Wasser wassern 71

5. Mühlenordnungen: Wasser auf den Mühlen des Gesetzes 72
Exkurs: Gemeinheitsteilung – Teile und herrsche 75

II. Die Verknappung der Gemeingüter 83

1. Forstregal 83
2. Bergregal 87
3. Wasserregal 91
Exkurs: Geldfluss – Die Umwertung des Wassers 94
4. Der „Tod" des Wassers: Vom lebendigen zum leblosen Stoff 99
4.1 Die „Wasserkünste": Die technische Umwandlung vom Organischen zum Mechanischen 99
4.2 Das Prinzip Löse und binde: Die alchemistische Scheidekunst und das Wasser 103
Exkurs: Die Metamorphosen des Wassers – Vom Element Wasser zu H_2O 105
5. Wasser als Quelle des Heils: Mineral- und Trinkwasserquellen in Tirol 109
5.1 Von Bauernbadln, Badhäuser und Heilbäder in Tirol 109
5.2 Die historische Trinkwasserversorgung der Stadt Innsbruck 111
Exkurs: Mineral- und Trinkwasserquellen 117
6. Wasserbau: Das Wasser als Quelle des Wirtschaftens 121
6.1 Entwässerung, Begradigung und Trockenlegungen 121
6.2 Staudämme und Wasserkraftwerke 125
6.3 Wildbach- und Lawinenverbauung 126
Exkurs: Im Zeichen der Modernisierung: Verödung und Verwüstung 128

III. Res publica – Res privata 135

1. Die staatliche Ordnungsmacht und das Wasser 135
1.1 Die Verstaatlichung des Wassers 136
1.2 Vereinheitlichung der Wasserordnungen 138
1.3 Die „Verrechtlichung" der Gewässer 138
1.4 Die „Eigentumsordnung" über das Wasser 140
2. Wasserrecht: Die rechtlichen Eigenschaften der Gewässer 143
3. Wasserrechtsbehörden in Tirol 146
Exkurs: Die private Geldquelle 148

IV. Wasserpolitik: Die heutige Verfügungsmacht über das Wasser ... 155

1. Die österreichische Wasserpolitik ... 155
1.1 WTO und Wasser ... 157
1.2 Wasserdienstleistungen und GATS ... 160
1.3 Österreichische Politik und GATS ... 164
Exkurs: Nachhaltige Entwicklung und Ökologisierung ... 167
2. Wasser als Handelsware: Das Weltwasserforum 2000 ... 171
2.1 Wasserpreispolitik ... 172
Exkurs: Wertschöpfung aus Wasser ... 177
3. Die EU-Wasserrahmenrichtlinie ... 179
4. Die österreichische Siedlungswasserwirtschaft ... 183
4.1 Die Umstrukturierung der Österreichischen Wasserwirtschaft ... 183
5. Die Zerschlagung der kommunalen Strukturen ... 186
5.1 „Nullszenario" ... 189
5.2 „Public-Private-Partnership" ... 189
5.3 Szenario: „Liberalisierungsmodell" ... 190
5.4 Szenario: „Regionalmodell" ... 190
5.5 Szenario: „Konzessionsmodell" ... 191
6. Die Tiroler Wasserwirtschaft heute ... 192
6.1 Die „gebündelte Tiroler Wasserkraft" ... 192
6.2 Die „Stromehe" ... 194
6.3 Cross-Border-Leasing in Tirol ... 196
6.4 Die „Wasserschiene" ... 204

V. Wasserlos ... 211

1. Wasser als Energiequelle: Das Ökostromgesetz ... 211
2. Ökologische Auswirkungen der Wasserkraftnutzung ... 213
Exkurs: Wasserhaushalt – Ist Wasser erneuerbar? ... 217
3. Wasserlos in Tirol? ... 221

Zusammenfluss ... 229

Literatur ... 241

Im Moment der Berührung
© Cornelia Kaufmann

Vorwort der Herausgeberin

Die Ökologiefrage ist die, die am wenigsten in der Theorie vorkommt. Erst jetzt fällt auf, dass das Naturverhältnis der Gesellschaft die zentrale Frage der Zeit ist.

„Öko-Apokalypse now?" ist das Stichwort von Verena Oberhöller für ihre geplante Mitarbeit in einem neu entstehenden Forschungsschwerpunkt zum Thema „Zivilisationspolitik: Auf dem Weg in eine neue Zivilisation?" an der Universität Innsbruck.

Apokalypse heißt Enthüllung. Es enthüllte sich der Verfasserin in der vorliegenden Arbeit, dass selbst das „Wasserschloss Tirol" wasser-los werden könnte, wenn die Politik der Wasserprivatisierung auch hier fortgesetzt wird. Wegtransportiert, umgeleitet, abgefüllt, verkauft: Wasser als Ware stiftet keine Lebenszusammenhänge mehr, büßt seine Lebendigkeit ein, wird zum leblosen Stoff, der verschmutzt und vergiftet werden kann. Denn nur dann hat er einen „Wert", will sagen, verschafft jemandem einen Profit. Solange das Wasser lebendig und heil, mit seiner Umgebung verschmolzen und sie durchflutend ist, ist es dagegen „wertlos". Ohne „Wertloses" kein Wert! Das weiß der Profiteur ganz genau. Deshalb verdreht er die Zusammenhänge, sodass nicht erkannt werden soll, welch obszönen Akt diese Transformation von Unwert in Wert – eigentlich ist es ja umgekehrt – darstellt.

Am Wasser ist zu sehen, was überall geschieht. Das ist die Haupterkenntnis der Verfasserin. Der Tod des Wassers konkretisiert den „Tod der Natur", wie ihn Carolyn Merchant in ihrem ökologischen Klassiker vor zwanzig Jahren genannt hat.

Unwiederbringlich ist das Wasser. Zwei Drittel des Süßwassers ist in den Gletschern der Welt aufbewahrt und überall schmelzen diese Reserven dahin. Die Alpen als „Seismograph des Weltklimas" gehören dazu ebenso wie der Himalaya, in den Verena Oberhöller demnächst aufbrechen will.

Verena Oberhöller ist in das Wasserthema „hineingewachsen". Es ging zunächst um Globalisierungskritik. Dann kam das Jahr des Süßwassers, und es gab die Möglichkeit Wasserexpertinnen aus aller Welt in Innsbruck zu versammeln. „Wasser-Los" ist die Konsequenz des GATS, des Abkommens zur

Privatisierung aller Dienstleitungen, wie es die Konzerne der Welthandelsorganisation diktiert haben, und zudem insbesondere die Wasserprivatisierung gehört.

Verena Oberhöller hat gesehen, welch ein Erwachen es geben wird. Deswegen ist ihre Arbeit eine Mischung aus Erschrecken, Engagement und Erkenntnissuche. Ihr persönlicher Weg bestand darin, die Spur des bedrohten Tiroler Wassers zu seinen Ursprüngen zurückzuverfolgen. Deshalb hat sie eine Geschichte des Wassers in Tirol geschrieben und dabei entdeckt, wie das Wasser ursprünglich als Gemeingut von den Menschen vor Ort gepflegt und geschätzt wurde, wie es anschließend über die Aneignung durch den Adel zum „Herrschaftsgut", dann zum angeblich „öffentlichen" Gut und schließlich, ab der Neuzeit, zum Privateigentum werden konnte. Die staatlich verwaltete öffentliche Wasserwirtschaft hat also auch in den Zeiten der Demokratie keinen Schutz für das Wasser vor dem Zugriff der Profiteure bedeutet, und nur deswegen kann es heute bisher nahezu unwidersprochen selbst an global operierende Konzerne weggegeben werden.

Verena Oberhöller hat herausgefunden, wie es zu diesem Verlauf der Geschichte des Tiroler Wassers gekommen ist. Sie hat dazu alle Register der Interdiszipinarität bemüht und alle Facetten des Geschehens beleuchtet. Es ist dadurch ein originäres Werk entstanden, indem neben der objektiven Darstellung dessen, was „Kapitalismus" in Tirol bedeutet (hat), auch eine subjektive Tönung anklingt, die dem Ganzen eine unverwechselbare Note gibt.

Der Prozess, indem eine Person ihre Illusionen verliert und sich der Apokalypse öffnet, ist damit auch der Prozess, durch den sie zum Engagement für diese Erde gelangt.

Claudia von Werlhof, Innsbruck, März 2005

Inn(en)Schau und LechSchau

Der Inn und der Lech, die beiden heimischen Gewässer, formten mein Denken und Nachsinnen über Wasser. Es ist ein Denken, das der Bewegung des Wassers folgt, und es in seinen ästhetischen und emotionalen Dimensionen als Berührendes wahrnimmt. Diese Berührungsmomente werden in den Bildern von Cornelia Kaufmann nachvollzogen. In der Herausbildung der kristallinen Formgebung, dem Schmelzen des Eises, den Übergängen vom Festen ins Flüssige, im Zusammenspiel des Wassers mit seinem Umfeld, den Vermischungen mit den anderen Elementen und der Dynamik und Kraft der Fließbewegung werden die Qualitäten des Wassers poetisch ins Bild gesetzt. Ihr ein Dankeschön für die Bereitstellung der Fotografien.

Dieses Denken wäre nicht in den Fluss geraten, wenn nicht Menschen in meiner Umgebung mich getragen und unterstützt hätten. In diesem Sinne möchte ich meiner „geistigen Mutter" Claudia von Werlhof für ihre intuitive und mütterliche Art danken, mit der sie mich auf mancher denkerischen Irrfahrt durchgelotst hat. Sie war es, die mir half, die eigenen Blockaden abzubauen, um das Denken letztendlich in Fluss zu bringen. Getragen wurde ich von der Liebe meiner Eltern und Geschwister, die mir das Vertrauen und die Gewissheit gaben, dass ich immer wieder anstranden darf. Ein herzlicher Dank geht auch an Johannes Kostenzer, der mir Augen und Ohren für die Einzigartigkeit der Tiroler Fließgewässer geöffnet hat.

Die geschichtliche Veränderung der Wahrnehmung von Flusslandschaften berührte mich zutiefst. Das Gefühl der Zugehörigkeit zu diesem Lebensraum und meine Betroffenheit über die politischen Entscheidungen, wie zukünftig die letzten naturnahen Wildbäche einer möglichen (energie-)wirtschaftlichen Nutzung zugeführt werden, bewegten mich dazu, dieses Buch, das auf meiner Diplomarbeit aufbaut, zu veröffentlichen.

Fliessgewässer sind wie kaum ein anderer Naturraum seit Jahrzehnten durch Verbauungen und ökonomische Wassernutzung gefährdet. Flüsse wurden durch Besiedlungsdruck und infrastrukturelle Maßnahmen immer weiter zurückgedrängt. Der Inn ist in Tirol bereits über die ganze Fließstrecke – mit einigen wenigen Ausnahmen – durchgehend begradigt. Je mehr Flüsse eingeengt werden, umso schneller werden sie. Der unaufhaltsame Strom beschleunigt sich, gräbt sich immer tiefer ein und reißt alles mit sich. Das Mittransportierte kann nicht ab- bzw. ausgelagert und nicht verarbeitet werden. Die ehemaligen Überschwemmungsgebiete trocknen sukzessive aus, und die artenreichen Habitate gehen damit verloren.

Nicht nur unsere Flüsse sind kanalisiert, sondern auch unsere Denkbewegungen. Alternative Positionen werden zunehmend an den Rand gedrängt bzw. ausgeklammert. Ein gegen den Strom schwimmen scheint schier unmöglich – zu stark ist der Sog des Mainstream, der alle Gegentendenzen versucht aufzusaugen. Freiräume im Denken sind heute ebenso rar wie diese Flusslandschaften.

Eine der letzten „naturnahen" Wildflusslandschaften befindet sich im tirolerischen Lechtal. Der Lech mit seinen verzweigten Flussarmen bahnt sich immer wieder neue Wege und verändert sein Gesicht tagtäglich. Er wirft und entwirft immer wieder neue Landschaften. Breit fließt er dahin, stetig an den Ufern nagend, da und dort Inseln bildend. Der Gesteinsschutt wird von den hochalpinen Tälern durch die Gewässerdynamik des Lech und seiner Seitenbäche mitgeschwemmt und landet andernorts an. Unaufhaltsam und unüberhörbar schiebt sich ablagerter Flussschotter rollend, springend und vor allem gleitend weiter. Solange der wilde Lauf gewährt bleibt, bleibt diese archaische Landschaft eine Insel der Diversität. Urwüchsig und voller mitreißender Kraft bewegt sich der Lech durch die Talsohle. Er schafft sich Raum, einen Freiraum.

Verena Oberhöller, Innsbruck, im August 2005

Einführung
Gemein – öffentlich – privatisiert?

Der Inhalt und die Struktur der Arbeit orientierte sich am Titel der Tagung: „WasserLos. Vom öffentlichen Gemeingut zur privaten Geldquelle?", die in Innsbruck anlässlich des Internationalen Jahrs des Süßwassers vom 14. bis 16. Mai 2003 mit der Beteiligung von Südwind Tirol, Verein Alpenweiber, Grüne Bildungswerkstatt, Institut für Politikwissenschaft und Senatsarbeitskreis Wissenschaft und Verantwortlichkeit an der Universität Innsbruck in Zusammenarbeit mit dem Haus der Begegnung und Unterstützung des Landes Tirol – Abteilung Umweltschutz veranstaltet wurde. Es ging um die gegenwärtige weltweite Tendenz zur Privatisierung der Süßwasserversorgung. Das Thema der Tagung konzentrierte sich aber nicht nur auf die Bekanntmachung der weltweiten Geschäftemacherei mit dem Wasser, sondern sollte eine Sensibilisierung für das „Los des Wassers" vor Ort bewirken.

Der Titel „WasserLos" birgt für Tirol scheinbar eine Paradoxie, denn man könnte der Meinung sein, dieses von den Vereinten Nationen ausgerufene Internationale Jahr des Süßwassers beträfe das Land Tirol in negativen Sinne nicht. Hierzulande ist Wasser im Überfluss vorhanden. Tirol gilt gemeinhin als Wasserschloss Europas. *„1,5 Milliarden Kubikmeter Quellwasser sprudeln jährlich aus dem Boden und nur etwa 0,5% dieses kostbaren Quellwassers werden tatsächlich konsumiert."*[1] Insgesamt sind in Tirol rund 10.000 Quellen bekannt, davon werden 60 Millionen Kubikmeter aus rund 6.000 Quellen genutzt. Außerdem liegen in Tirol über 600 Seen, wovon der Großteil im Hochgebirge oberhalb der Waldgrenze.

Doch die globalen Probleme zeigen sich auch vor Ort in Tirol. Der jeweilige Ortsbezug ist insofern von Bedeutung, als die gegenwärtigen globalen Vorgänge jeweils einen lokalen Ausgangspunkt haben. Einen derartigen Schwerpunkt bildete historisch wie aktuell Tirol.

---

1 Hofer, Sabine (1998): Trinkwasser. Unser wichtigstes Lebensmittel, S.10

Im Schnittpunkt zwischen den globalen und lokalen Veränderungen kristallisierte sich in meiner Arbeit ein eigener Standpunkt heraus.

Anhand von fünf Themensträngen wird die Entwicklung des Umgangs mit Wasser als „Gemeingut" mit einem Schwerpunkt für Tirol aufbereitet.

- Der historische Teil erläutert die Ursprünge der Privatisierung, die für Tirol im 15. Jahrhundert zu finden sind und führt in einem Abriss bis in die heutige Zeit.
- Ein kulturgeschichtlicher Teil stellt die Nutzung des Wassers im Lauf der Zeit in Tirol dar und dient als Rahmen zum Verständnis der historischen Veränderungen, die schleichend das „Gemeingut" zum privaten Geldquell werden ließen.
- Ein rechtlicher Teil erläutert die komplexen und teilweise spitzfindigen Wege, die die Privatisierung des Wassers bis zum heutigen Tag in Gesetzen verankern.
- Ein politischer Teil befasst sich mit den politischen Entscheidungen und Wegen von regionaler bis zur EU-Ebene hin zur globalen Privatisierung von Wasser.
- Ein ökologischer Teil beschäftigt sich mit den Auswirkungen der Wasserentnahme für den gesamten Naturhaushalt.

Zusammengenommen sollen diese fünf Teile ein Gesamtbild liefern, das aufzeigt, dass die Weichen für den Weg des Wassers in die ökonomische Verfügung multinationaler Konzerne gestellt sind – auch in Tirol.

1. Vom öffentlichen Gemeingut zur privaten Geldquelle?

Meiner These folgend stehen wir am Anfang des 21. Jahrhunderts vor der globalen Entgrenzung, der letzten Enteignung in Sachen Wasser. Das Wasser wird zunehmend in die Hände der privaten Wasserverwertungsgesellschaften und Wirtschaftsverbände geleitet. Die rasante und geplante vollständige Enteignung von Wasser als Gemeingut hat einen geschichtlichen Vorlauf: die Zwangsenteignung der Allmendgüter im ausgehenden 15. Jahrhundert und beginnenden 16. Jahrhundert ist die Basis für die „so genannte ursprüngliche Akkumulation". Theoretisch wie praktisch kann die so genannte ursprüngliche Akkumulation als allgemeine Methode der Aneignung angenommen werden. Die Methoden, wie gegen die „Gemeinheit", also das Gemeindewesen, im Prozess der so genannten ursprünglichen Akkumulation vorgegangen wurde, werden am Beispiel des „Allmenderegals" in Tirol um 1500 dargestellt (siehe: Allmendregal: Das Patrimonium).

Die Besiedlung des Talbodens wurde lange Zeit gemieden. Auf Schuttkegeln oberhalb der Auenwälder ließen sich die ersten Siedler nieder, dort, wo sie einen sicheren Zugang zu Quellen vorfanden. Die Besiedlungsgeschichte zu rekonstruieren ist somit eine historische Quellsuche, die bis in die prähistorische Zeit reicht. Alte Flur- und Ortsnamen geben Aufschluss über die ehemaligen Ansiedlungen im „Land im Gebirge" (siehe: Die Gewässernamen Tirols). Das „Gemein" wird zunehmend durch die Eroberung der römischen und germanischen Invasoren zurückgedrängt, zerstört, Flüsse und Täler kolonisiert, Wälder gerodet.

Dabei hängt die Entstehung der Gemeinde ursächlich mit der Bewirtschaftung der Allmende zusammen. (siehe: Das „Gemain": Die Bildung der Gemeinde) *„Die Nutzung des Gemeinland wird bereits in einer tirolerischen Urkunde des 11. Jahrhunderts als ‚Gimeineda' bezeichnet. In der Folgezeit ist aus dem althochdeutschen ‚Gimeineda' die Form ‚Gimain' oder ‚Gemeinde' entstanden, womit man sowohl das von einer Gemeinschaft genutzte Land wie auch die Gemeinschaft selbst bezeichnete."* [2] Die umfassende Wirtschaftsgemeinschaft – die so genannte „Urgemeinde" – zu der ausgedehnte Alm-, Berg-, Wald- und Quellgebiete gehörten, wurde später immer mehr durch die gesonderte Nutzung aufgelöst (siehe: Exkurs: Vom „Gemain" zum „Sondereigen"). Aus der Sondernutzung wurde ein „exklusives" Sondereigentum, d.h., dass nur einem bestimmten Personenkreis die Nutzung an der Allmende vorbehalten war. Durch den ausschließenden und ausschließlichen Anspruch einiger Weniger an der Allmende bildeten sich Eigentumsformen heraus, die wiederum dem Gedanken der Gemeingüter widerstreben.

Das „gemain" Wasser war immer an die örtlichen Gegebenheiten gebunden. Das Wissen um den Ursprung der Quellen, den Verlauf der Bäche und Gewässer, aber auch über sie als Gefahrenquellen waren und sind Gemeinwissen. Daraus lässt sich erkennen, ob die Haltung zur Natur ein

---

2 Wopfner, Hermann (1995): Bergbauernbuch, 2. Band, S.249

respektvoller, der Umgang mit dem Wasser und der im Wasser lebenden Mitwelt ein schonender ist. Daran geknüpft waren die basisdemokratischen Entscheidungen, wann, wer und wo Zugang zum Gemeinen, den „Commons" hatte. Geregelt wurde diese Zugangsbestimmungen in der ehrwürdigen Dorfordnung, dem so genannten „Weistum" (siehe: Allmende: „Weistum" der Gemeinde).

Erst durch die Geltendmachung des herrschaftlichen Allmendregals erfolgte die Usurpation der Gemeingüter in Tirol mit dem gesetzlichen Bruch der dörflichen Gewohnheitsrechte. Die unmittelbare Aneignung der Allmende erfolgte mithilfe der römischen Rechtsetzung und bildete den Übergang vom „res communis" zur „res publica" (siehe: Die Einführung des römischen Amtsrechtes).

Im Kapitel „Tirols Werden als Vergehen"[3] wird gezeigt, wie es zur Etablierung der neuen Herrschaftselite kam. Das Gemeingut wurde zum Herrschaftsgut: Das alte „Gemain" wurde äußerlich wie innerlich kolonisiert und politisch aufgespalten. Dieses Prinzip des „Teile und herrsche" verläuft zuerst über die Aufteilung des Raumes. Damit einher ging die Verwandlung der natürlichen wie der politischen Landschaften (siehe: Exkurs: Tiroler Landschaften).

Die Enteignung der bäuerlichen Bevölkerung in Tirol erfolgte durch die Einführung und Durchsetzung des Allmendregals. Im Kapitel II. werden die konkreten Veränderungen im Landschaftsbild Tirols in der Zeit um 1500 beschrieben. Die Flussläufe wurden zunehmend verbaut[4], ins Bild gerückt, kartografisch erfasst, planmäßig gerastert und das Land mit Kanälen[5] durchzogen. Auf dem Wasserweg wurden Unmengen von Holz für den Aufbau der Städte, für Anlegestellen, Flösse, Schleusen und Schiffe herangeschafft. Die Fließgewässer dienten als Transportwege für Heere (Krieg) und wurden zur Distribution von Waren genutzt.

Die Umgestaltung der Tiroler Landschaften war ein massiver Eingriff in das Landschaftsbild. Der geschichtliche Wandel ist ein ökologischer Wandel und muss in die allgemeinen Reflexion miteinbezogen werden, denn: *„Ein auf dem Ökosystem aufbauendes Geschichtsbild enthüllt das Unvermögen demographischer,*

---

3 Verein Alpenweiber (1995): Tirols Werden als Vergehen. Der Titel wurde von der gleichnamigen Veranstaltung des Vereins Alpenweiber zur Landesausstellung in Tirol 1995 in Stift Stams entlehnt.
4 Archen und Buhnen wurden zur Gewinnung von Land, Brücken zur Entrichtung von Zöllen und Holzrechen zum Auffangen der Holzschwemme errichtet.
5 Die planmäßige Anlage von Bewässerungskanälen wird von Ingenieuren wie z. B.: Leonardo da Vinci dokumentiert.

ökonomischer oder politischer Faktoren allein, Geschichte zu erklären."[6]
Merchants These folgend kann der Aufstieg der Territorialstaaten und des Kapitalismus nur unmittelbar mit der Ausbeutung der Gemeingüter und dem Raub einhergehen. Die Störungen und Zerstörungen der zugehörigen Ökosysteme wie Auen, Moore, Seen, Wälder und Gewässer werden zumeist nicht in ihrem historischen Transformationsprozess wahrgenommen. Der Übergang von „organischen" Weltbild hin zu einem „mechanischen", ist nach Merchant immer auch der „Tod" der Natur. Das Aufzeigen gesellschaftlichen und kulturellen Implikationen sind notwendig, um die Auswirkungen auf das Alltagsleben durch die Enteignung der Entscheidungssouveränität, durch die allgemeinen Verknappung der Gemeingüter, durch die Herstellung der quasi frühkapitalistischen und vorindustriellen Bedingungen die Lebensgrundlagen kontaminiert wurden und wie der Lebensstoff Wasser immer mehr zu einer realen Bedrohungen für alle Lebewesen einst wie heute wurde.

Die historischen Beispiele und Ereignisse in Tirol sollen zugrunde gelegt werden, um die An- und Enteignungsstrategien, die in der Literatur nach Marx als „so genannte ursprünglichen Akkumulation" bezeichnet wird, sichtbar zu machen. Die kulturhistorische Aufbereitung zeigt auch, mit welchen Methoden diese Transformationen eingeleitet wurden und wie tief sie in die Lebenswelten der Menschen eingriffen. Diese An- und Eingriffe begannen in der frühen Neuzeit mit dem Versuch, alle Lebensbereiche zu kapitalisieren und setzen sich bis zum heutigen Tage fort.

Die historischen Veränderungen im Bezug auf die Gemeingüter bilden die Grundlage für die weitere Betrachtung: Der geschichtliche Verlauf der Enteignung der „Gemeinheit" ist kein geradliniger oder eindimensionaler Prozess, sondern viel eher ein Neben- und Ineinanderfließen von gemeinem, öffentlichem und privatem Gut. Diese verschiedenen Seitenarme werden nun in den Sog des neoliberalen „Mainstream" geleitet. Historisch gesehen wurden die „gemeinen" Güter in „öffentliche" überführt und bildeten – im Nachhinein gesehen – nur den Brückenkopf für die Überführung in den „privaten" bzw. den „konzernprivaten" Bereich. Meiner These zufolge stehen wir heute wieder vor einer epochenweisenden Enteignung, nämlich jener: Vom öffentlichen Gemeingut zur privaten Geldquelle.

Die Voraussetzungen, die zur Verwandlung von Wasser als Gemeingut zur Quelle von Profit führen, müssen geklärt werden. Unter welchen Bedingungen

---
6   Merchant, Carolyn (1987): Der Tod der Natur, S.80

kommt es zu einer Privatisierung der Daseinsvorsorge und zum Verkauf von Wasser als Ware? Welche Voraussetzungen müssen hergestellt, welche Rechtsgrundlage geschaffen und mit welcher Gewalt durchgesetzt werden? Die historischen Schichten legen uns Erstaunliches frei: Der geschichtliche Verlauf der Aneignung des Wassers lässt sich bis in die Anfänge des Kapitalismus verfolgen und weist verblüffende Parallelen zur heutigen Aneignungsstrategie der Konzerne auf. Einst wie heute ist die Eroberung der Süßwasserreserven an die Enteignung aller zugunsten einiger gekoppelt. Die Abkoppelung des Wassers als materielle Grundlage unseres Daseins hin zu einer Handelsware, die fortan in einem abstrakten Geldkreislauf zirkuliert, ist sowohl historisch wie auch aktuell an der Kommerzialisierung des Wassers, der Privatisierung der Wasserver- und -entsorgung und der Liberalisierung des Marktes für Dienstleistungen in Österreich und im Speziellen in Tirol zu verdeutlichen. Insgesamt zeigt sich, dass die sogenannte ursprüngliche Akkumulation nicht nur einmal stattfand, wie generell angenommen wird, sondern erweist sich als fortgesetzter Prozess. Die sogenannte fortgesetzte ursprüngliche Akkumulation ist demnach ein Prozess, der so lange zu dauern scheint, bis nichts mehr da ist, um angeeignet werden zu können.

Die politische Brisanz in Österreich liegt in der geplanten Umstrukturierung einer bis dato für jeden selbstverständlich erfolgten öffentlich organisierten Daseinsvorsorge von Trinkwasser und Entsorgung der Abwässer. Diese Selbstverständlichkeit wird in letzter Zeit radikal infrage gestellt, und die Verfügung über die lokalen und nationalen Wasserressourcen wird bald nicht mehr selbstverständlich sein. Das hängt davon ab, inwieweit das Wasser, ein ursprünglich öffentliches Gemeingut, unter Aufsicht einer kommunalen Verwaltung der BürgerInnen bleibt. Die Wasserwerke sind Gemeinschaftswerke und nicht Konzernwerk; oder anders herum: Bemächtigen sich Konzerne der Wasserwerke, so bemächtigen sie sich auch der Menschen selbst. Wird die Selbstverwaltung der kommunalen Stadtwerke aufgehoben oder nur aufgeweicht, wird damit die Lebensgrundlage aus den Händen der Menschen vor Ort in die der Konzerne gelegt. Die laufenden Verhandlungen über den Abschluss des Dienstleistungsabkommens GATS im Rahmen der WTO führen dazu, dass die derzeit vor dem freien Markt geschützten Sektoren der öffentlichen Versorgung – Gesundheits- und Wasserdienstleistungen, Bildung etc. – den Konzernen zugänglich gemacht werden. Wasser wird zu einer Ware wie jede andere auch, die vom Gemeingut zum Handelsgut wird. Die Bedingungen für eine private Aneignung müssen jedoch im Vorfeld durch die Politik geschaffen werden. Genau das geschieht zur Zeit.

Privatisierungen weltweit und auch in Österreich laufen schon im Vorfeld des in Kraft tretenden GATS-Abkommens auf Hochtouren. Ob die staatlichen Unternehmen wie Post, Telekom, oder nun auch die Österreichische Bundesbahn, sie alle werden so schnell wie möglich noch in private Unternehmensstrukturen transferiert. Andere, einst öffentliche bzw. staatliche Einrichtungen sind schon privatisiert und umstrukturiert worden. Das heißt, all diese Bereiche sind nicht mehr eindeutig in hoheitlich öffentlicher Hand.

Für die Versorgung der Lebensgrundlagen werden „Effizienzkriterien" aufgestellt, die zu mehr Konkurrenz und Wettbewerb führen sollen – unter dem Diktat der Gewinner. Kommunale Dienstleistungen sollen „modernisiert" und nach rein betriebswirtschaftlichen Kriterien bemessen werden. Den nicht primär gewinnorientierten, gemeinnützig ausgerichteten Dienstleistungen, wie sie beispielsweise in den kommunalen Wasserwerken noch vorzufinden sind, wird „Ineffizienz" aufgrund ihrer kleinräumigen Strukturierung vorgeworfen (siehe: Die Zerschlagung der kommunalen Strukturen). Diese Strukturen werden programmatisch aufgebrochen, um sie in größere wirtschaftliche Einheiten aufgehen zu lassen (Regionalmodell).

Über die verpflichtenden öffentlichen Ausschreibungen von staatlichen Dienstleistungsaufträgen und Verträgen bzw. der Vergabe von Konzessionen verschaffen sich ausländische Dienstleister Zugang zu öffentlichen Dienstleistungen (Konzessionsmodelle). Die der öffentlichen Verwaltung unterstehenden Gemeingüter geraten dadurch immer mehr in die Fänge der privaten Aneignung. Das „öffentliche Interesse" wird von den politischen Entscheidungsträgern definiert und von den von ihnen gewiesenen Behörden exekutiert.

In diesem Zusammenhang muss man die Frage stellen, ob die nationalen Politiken und Ökonomien nicht schon längst die Handlanger für die Interessen multinational operierender Konzerne sind. Oder anders gefragt: Erfolgt die Öffnung der geschlossenen Bereiche durch die „unsichtbare Hand" (Adam Smith) der „öffentlichen Hand"? Der Schlüssel zur Erschließung der sensiblen Domänen der Daseinsvorsorge liegt in der Hand der Volksvertreter. Welches „öffentliche Gut", welche „res publica" ist hier gemeint? Diejenige „res publica", die für das Dasein ursprünglich öffentlich Vorsorge geleistet hat, die die Sicherstellung der Ver- und -entsorgung des wichtigsten Lebensmittels Wasser sowie die Bereitstellung des allgemein zugänglichen Bildungs- und Gesundheitswesens, gewährleistet hat? Oder ist diejenige gemeint, die Vorsorge im Dienste der kapitalistischen Interessen und der neoliberalen Handelspolitik leistet? Wer – im doppelten Sinne – handelt „öffentlich" und wer „gemein"?

2. Das „Recht auf Gemeinheit"

Ivan Illich untersuchte in dem Sammelband „*Vom Recht auf Gemeinheit*"[7] die Bedeutungsveränderung „gemeiner Weltbilder". Er bediente sich der Vielschichtigkeit der „gemeinen" Sprache. Denn erst das begriffliche Herantasten ermöglicht ein Begreifen, das heißt, dass Begriffe in ihrer Bedeutungsdimension erfasst werden müssen. Begriffe müssen Plastizität erlangen, also jene Form von Körperlichkeit, die die Wörter ins Leben holen und ihre Bedeutungswelten erschließen. Der Bedeutungshorizont ist nicht auf die Ebene und Fläche beschränkt, sondern muss durch Höhe und Tiefe an Raum gewinnen. Die Begriffe generieren so zu Landschaften, deren Topografie Aufschluss gibt über die Lebenswelten der Gemeinheit.

In Anlehnung an Illich verwende ich den Begriff der Gemeinheit, um auf die ursprüngliche Bedeutung „*der umweltbezogenen Grundlagen der Unterhaltswirtschaft, im Gegensatz zur Umweltnutzung im Dienste der Produktivität*"[8] hinzuweisen. Die Veränderungen der „gemeinen Weltbilder", die in die Abhängigkeit von kapitalistischer Warenproduktion führten, haben fünfhundert Jahre gedauert. Erst durch die Zerstörung der Gemeinheit konnten der Warenumlauf und die Warenproduktion zunehmend Platz greifen und die Lebenswelten beherrschen.

„*Bis ins 17. Jahrhundert meint das Wort Gemeinheit ausschließlich diese Nutzungsrechte und ihre Subjekte; erst am Ende des Jahrhunderts erhält es einen abwertende Nebenbedeutung: „unheilig, gewöhnlich, alltäglich, roh, niederträchtig*".[9] Die Abwertung des Begriffes der „Gemeinheit" tritt erst im 17. Jahrhundert auf, in seiner Bedeutung wird das, was vielen gemeinsam ist, herabgesetzt und herabgewürdigt. Die Umkehrung der realen Verhältnisse findet ihren Niederschlag in der Veränderung der Wortbedeutung. „*Was es ursprünglich meinte, ist vergessen. Nur in dieser letzten Bedeutung hat das Wort bis in unsere Tage überlebt. In der Bedeutungsveränderung, die das Wort Gemeinheit in diesem Zeitraum erfahren hat, spiegelt sich die Umwertung des Daseins.*"[10]

---

7 Ivan, Illich (1982): Das Recht auf Gemeinheit, Rowohlt Taschenbuch Verlag GmbH, Reinbeck bei Hamburg
8 Ebd., S.7
9 Illich, Ivan (1982): Das Recht auf Gemeinheit, S.7
10 Ebd., S.7

Die Verwandlung der Begriffsbedeutung von „Gemeinheit" erschließt historische Räume und reale Begebenheiten, wie sie in der „neuen Zeit" – also ab der Neuzeit – sich durchzusetzen beginnen. Im Wort Gemeinheit widerspiegelt sich demnach nicht nur ein metaphorischer Wandel, sondern ein realer Zerstörungsprozess. So lassen sich am begrifflichen Zerfall der „Gemeinheiten" die realen Zerstörungen an ihnen ablesen. *„Die ökologischen und sozialen Katastrophen sind nicht nur in Kauf genommen, nicht nur bedauerlich unvermeidbare Nebenerscheinungen anderer Zwecksetzungen. Insgeheim und tief verborgen stellen sie einen Hauptzweck dar. Sie sind Ausdruck des ‚Zerstörungs-Interesses' (E. Canetti), das noch jeder Macht, (...), ihren inneren Antrieb gibt."*[11] Dieses Zerstörungsinteresse ist heute das augenfälligste Phänomen, das in den sozialen und ökologischen Krisen – wie jener der „Wasserkrise" – sein umfassendes Ausmaß erlangt. Die lokale und globale Wasserkrise fließen im Schlusskapitel zusammen.

3. Begriffserklärung: Gemein – öffentlich – privat

3.1 Gemein

Das altgermanische Adjektiv „gemein" bedeutete ursprünglich „mehreren abwechselnd zukommend", woraus sich die Bedeutung „gemeinsam, gemeinschaftlich und allgemein" ableitet. *„Es bedeutet den Anspruch einer Gemeinde oder Gemeinschaft auf die ihr eigene Art der Umweltnutzung. Daraus hat sich dann die Bedeutung „gemeinsam, gemeinschaftlich, allgemein" entwickelt."*[12] Aus dem „Gemein" erwächst die Gemeinde, eine Gemeinschaft, die sich um die lebenswichtigen, allgemeinen Güter gruppiert, sich nach bestem Vermögen darum kümmert, sie pflegt und hegt. Rund um das Gemeingut entsteht eine

---

11 Gronemeyer, Marianne (1988): Die Macht der Bedürfnisse. Reflexionen über ein Phantom, Rowohlt Taschenbuch Verlag GmbH, Reinbek bei Hamburg, S.39
12 Illich, Ivan (1982): Das Recht auf Gemeinheit

Kultur des Pflegens[13] der Gemeingüter, die im größeren Zusammenhang eine „Tauschgabe", eine gegenseitige „Leistung", einen „Dienst" untereinander und schlussendlich ein „Geschenk", das allen zugute kommen soll, umschreibt.

Der englische Begriff „Commons" für Gemeingüter, lässt sich hingegen auf das lateinische Wort „*communis*" zurückführen, was soviel bedeutet wie: „*mehreren oder allen gemeinsam dienendes Gut*"[14]. Die kommunalen Belange sind demnach diejenigen, die alle Bewohner betreffen, die gemeinsam beraten, gemacht und dementsprechend mitgeteilt werden. Das heißt, eine Kommune bildet sich rund um die gemeinsame Bewirtschaftung und Nutzung der „Commons" und zwar insofern, als jedes Mitglied der Gemeinschaft in die Entscheidungsprozesse (basisdemokratische Entscheidungsfindung) eingebunden ist, also mit den anderen „kommuniziert"[15] (Konsensorientierung), und dass jeder im ursprünglichen Sinne „mitverpflichtet" wird, also seinen Part „mitleistet" (Mitverpflichtung). Die Pflicht und die Leistung für die Allgemeinheit findet sich im Wortstamm von „*com-munus*" wieder, das unter anderem: die Leistung, das Amt; die Abgabe, das Geschenk und den Liebesdienst umfasst.

3.2 Öffentlich

Das Öffentliche bildet nur scheinbar den Gegensatz zu privat.[16] Die Doppeldeutigkeit von privat und öffentlich trägt zur allgemeinen Verwirrung bei, aber diese Verwirrung der Verdoppelung ist gewollt. Wenn von privat im ökonomischen Sinne die Rede ist, dann ist nicht die häusliche Privatsphäre gemeint, sondern die private Aneignung, das Eigentum. Alles, was jemandem zugehört, alle seine körperlichen und unkörperlichen Sachen heißen sein Eigentum. Es gibt praktisch keine besitzlosen Güter. „*Öffentliche Güter lassen sich am*

---

13 Vgl. Duden (1989): Das Herkunftswörterbuch, S.393. Lateinisch bedeutet cultura: „Landbau; Pflege" (des Körpers und Geistes), im Sinne von Bodenkultur und Geisteskultur. Daraus lässt sich die allgemeine Bedeutung des Begriffs Kultur ableiten: „*als Gesamtheit der geistigen und künstlerischen Lebensäußerungen (einer Gemeinschaft, eines Volkes) schließen ...*". Die Frage ist und bleibt, was wird gepflegt!?
14 Ebd., S.366
15 Das lateinische Wort „communicare" meint: „etwas gemeinsam machen, gemeinsam beraten, einander mitteilen".
16 Die beiden Begriffe – privat und öffentlich – bilden ein dichotomes Begriffspaar; sie entspringen aus dem Prinzip des „Teile und herrsche".

besten im Vergleich zu ihrem Gegenstück, nämlich privaten Gütern verstehen. Als „privat" werden die Güter bezeichnet, die umgrenzbar und damit zumeist teilbar sind."[17]

Die Bestimmung, was öffentlich ist, hat sich am Privatrecht orientiert, sodass alles, was nicht als privat definiert werden kann, als öffentlich gilt. Das Privatrecht steht für sich und wird genau definiert. Vom Privatrecht aus werden alle anderen Rechte abgesondert, -geschieden und -geleitet. Daraus lässt sich ableiten, dass all das, was nicht privat ist, öffentlich ist. *„Mithin werden private Güter auch in der ökonomischen Literatur als ‚ausschließliche' bezeichnet."*[18] Es bilden sich neue Nicht-Nutzungskategorien für das Öffentliche heraus. Das *„Nicht-Ausschließende"*[19] und das *„Nicht-Rivalisierende"* definiert nun die in der öffentlichen Domäne verbleibenden Güter. Im Ausschließungsverfahren wird ermittelt, was man unter öffentlichem Gut versteht.

3.3 Privat

Schlussendlich ist es der Raub am Gemein, der zu Privateigentum führt. – Genau das meint das Wort privat. Das Adjektiv „privat" wurde im 16. Jahrhundert vom Lateinischen *„privatus"*[20] entlehnt und meint: *„berauben", „gesondert", „für sich stehend", „nicht öffentlich"*. Das Fremdwort stammt vom lat. *„privilegium"* ab, das im 13. Jahrhundert erstmals als eine besondere Verordnung, als ein Ausnahmegesetz bzw. als ein Vorrecht auftritt. Das „Sondereigen" am „Gemain" hat sich in dieser Zeit herausgebildet und wurde in private Nutzungsrechte und im 19. Jahrhundert ins Privatrecht überführt. Erst im 15. Jahrhundert wurde das freie Nutzungsrecht an eine Person, an einen Eigentümer geknüpft. Die Eignung (Umwidmung) ging immer mit einer allgemeinen Enteignung einher. Diese – aus der Sicht der Menschen – „eigentümliche"[21], kausale Verkettung von Legalisierung des Raubes mithilfe eingeführter Sonderrechte, war die Voraussetzung, dass das Gemeinvermögen

---

17 Kaul, Inge und Kocks, Alexander (2003): Globale öffentliche Güter, in: Brunnengräber, Archim (Hrsg.): Globale öffentliche Güter unter Privatisierungsdruck, S.39
18 Ebd., S.40
19 Ebd., S.40
20 Vgl., Duden (1989): Das Herkunftswörterbuch, S.551
21 „Eigentümlich" soll die Doppelbedeutung zwischen Eigentum und Eigenheit erklären, d.h. die Eigenheit des Eigentums ist es, dass es erst durch widerrechtliche Inbesitznahme des Allgemeinen entsteht.

in Privatvermögen umgewandelt werden konnte.[22] Diese erste „große Transformation"[23] veränderte grundlegend die Basis der dörflichen Gemeinschaften. Die Eigennützigkeit stand nun vor der Gemeinnützigkeit.

„Denn wenn etwas geteilt wird, wenn etwas Gemeineigentum – Allmende – ist, dann ist es ein Geben und Nehmen, und zwar ein gegenseitiges. Wenn etwas jedoch Privateigentum ist, dann kann man es verkaufen. Aber wenn Privateigentum geschaffen wird durch die Besitzergreifung der Allmende, des Gemeingutes, dann ist das die alte ‚ursprüngliche Akkumulation'."[24] Das Privileg Einzelner, sich plündernd und raubend das „Gemain" anzueignen, ist grundlegende Voraussetzung für die private Vermögensbildung, oder wie es Marx ausdrückt, die *„sog. ursprüngliche Akkumulation"*.

4. Die „sog. ursprüngliche Akkumulation" als allgemeine Methode der Enteignung

Die Überführung der öffentlichen Gemeingüter in die privatwirtschaftliche Verfügung folgt nach den Dogmen der liberalen Wirtschaftspolitik, wie sie Adam Smith und David Ricardo als Gesellschaftstheorie entwarfen. Der Anfangszyklus der „Akkumulation"[25] wird als dynamisches Prinzip der Marktkonkurrenz begriffen. Die Forderung, alle entwicklungshemmenden staatlichen Regulationen fallen zu lassen, entsprang aus der Vorstellung, dass der Markt sich über das Konkurrenzprinzip selbst reguliert, eine Theorie und Praxis, die angeblich von einer „unsichtbaren Hand" geleitet und gelenkt wird. In seiner Theorie der Akkumulation prognostizierte Smith ein linear, gleichmäßig aufsteigendes Wachstum des Marktes. David Ricardo hingegen ging noch einen Schritt weiter. Er unterstellte nicht nur eine eigendynamische Expansionsfähigkeit des Kapitals, sondern die Akkumulation wurde zu einem

---

22 Der Anspruch aller auf das „Gemain" wird im Gegenzug zu einem Sonderrecht der Gemeinden, die sich von nun an ihre Rechte erkämpfen müssen.
23 Polanyi bezeichnete den gesellschaftlichen Wandel im 16. Jahrhundert als „große Transformation".
24 Shiva, Vandana (2003): Multis privatisieren Indiens Flüsse, in: Netzwerk gegen Konzernherrschaft und neoliberale Politik: Hände weg von unserem Wasser! Wasser ist für alle da!, Infobrief, Nr. 13, S.4
25 Die Akkumulation ist ein zentraler Begriff der Politischen Ökonomie wie sie Adam Smith und David Ricardo bezeichneten.

naturgesetzlichen Entwicklungsprozess, welcher „objektiv" und „evolutionär" alle Hemmnisse von Natur aus beseitigt.

Die Marxsche These der so genannten ursprünglichen Akkumulation wendete sich gegen die *„fehlerhafte"* Annahme von Adam Smith und David Ricardo. Marx stellte deren These vom Kopf auf die Füße und behauptete, dass die ursprüngliche Akkumulation *„nicht das Resultat der kapitalistischen Produktionsweise ist, sondern ihr Ausgangspunkt"*[26]. Die sog. ursprüngliche Akkumulation wird zum Ausgangspunkt jeglicher Kapitalakkumulation, die von vornherein mit ungeahnter Brutalität vollzogen wird. Das Privileg einzelner, sich plündernd und raubend das „Gemein" anzueignen, ist die grundlegende Voraussetzung für die private Vermögensbildung, oder sog. ursprüngliche Akkumulation. Marx verglich den Stellenwert der ursprünglichen Akkumulation für die politische Ökonomie mit dem biblischen Sündenfall. *„In der wirklichen Geschichte spielt bekanntlich Eroberung, Unterjochung, Raubmord, kurz Gewalt die große Rolle."*[27]

Die Methoden, um kapitalistische Verhältnisse zu schaffen, hängen ursächlich mit dem politischen Prinzip „Teile und herrsche" zusammen. *„Die sog. ursprüngliche Akkumulation ist also nichts als der historische Scheidungsprozess von Produzent und Produktionsmittel."*[28] Die Aufspaltung der Gemeinheit, d.h. die Trennung der Menschen von ihren Gemeingütern ist die wesentliche Voraussetzung für die Kapitalakkumulation. Die „Gemeinheit" wird gewaltsam und willentlich ihrer Güter beraubt. Marx spricht in diesem Zusammenhang von der *„Expropriation des Landvolkes von Grund und Boden"*[29]. Die Enteignung der Subsistenzmittel, d.h. der Entzug der autarken Lebenssicherung, ist gleichzeitig auch die Enteignung der autonomen Lebensführung. Alle Umwälzungen nehmen hier ihren Ausgang. Die Veränderungen und Eingriffe in die unmittelbare Mit- und Umwelt sind die Konsequenz dieses Enteignungsprozesses.

Erst mit dieser Umwälzung der gesellschaftlichen Verhältnisse veränderten sich die Produktionsverhältnisse und das Verhältnis zur Natur, die nun nur mehr als Rohstofflager betrachtet wird. Die Naturgüter, deren sich die lokalen Gemeinschaften bedienten, werden zum Stoff der Warenproduktion. Die warenproduzierende Arbeit reduziert die konkreten sinnlichen Qualitäten der

---

26 Marx, Karl & Engels, Friedrich (1974): Das Kapital, 1. Band, S.741
27 Ebd., S.742
28 Ebd., S.742
29 Ebd., S.744

Stoffe, ihren „Gebrauchswert", zum abstrakten, quantitativen „Tauschwert". Sie werden aus ihren jeweiligen Zusammenhängen gerissen und nehmen die abstrakte Funktion der Wertschöpfung an. Geld wird Zweck setzend für die weitere Vermehrung von Geld. Das ist der Selbstzweck eines sich stets erneuernden Kreislaufes, welcher im maßlosen Prozess fortschreitender Selbstverwertung den gesamten „gemeinen" Lebenszusammenhang dem Diktat der Profitmacherei unterwirft. Der „Wert" wird zum „autonomen Subjekt" der Produktions- und Reproduktionsverhältnisse. Dabei wird die Verausgabung der Arbeitskraft und die „Verwertung" natürlicher Ressourcen dem Zweck der Mehrwertproduktion unterworfen. *„Die kapitalistische Produktion entwickelt daher die Technik und Kombination des gesellschaftlichen Produktionsprozesses, indem sie zugleich die Springquellen alles Reichtums untergräbt: die Erde und den Arbeiter."*[30] Letztendlich münden diese Prozesse in ökologische Krisen und schlagen sich unmittelbar in sozialen Konflikten nieder.

Die Trennung bleibt nicht äußerlich, sondern verlagert sich auch nach innen. Die Aufspaltung der ursprünglichen Einheit von Produktion und Konsumtion äußert sich in einer Zersetzung der „Gemeinheit", welche unmittelbar mit der Einziehung der Allmende zusammenhing. Im Folgenden wird die gemeinsame Bewirtschaftung der Gemeingüter als Grundlage für die Entstehung einer solidarischen Dorfgemeinschaft geschildert. Das Hüten und Pflegen der Gemeingüter unterstand der „Gemeinheit" selbst. Am Beispiel der „Weistumsliteratur" in Tirol soll der Umgang mit den Allmenden, also den allgemein zugänglichen Gütern, dargestellt werden. Diese ursprüngliche Gemeinheit beschränkte sich nicht nur auf die Praxis, sondern umfasste ein „gemeines Weltbild".

---

30 Ebd., S.529f

kristallin – Hauch – fragil
© Cornelia Kaufmann

I. Das gemeine Weltbild

1. Die historische QuellSuche: Die Gewässernamen Tirols

Otto Stolz stellte in seiner Monographie „Geschichtskunde der Gewässer Tirols"[31] fest, dass die Namen der Täler Tirols fast alle ebenso alt sind wie deren Flussnamen. Die Geschichte der Hydrographie wurde zur Suche nach den ursprünglichen Quellen einer inneralpinen Kultur. Der Historiker folgte den ersten schriftlichen Erwähnungen der Flüsse, Täler und Bäche.

Aus der Bestimmung des Ursprungs in den schriftlichen Quellen entsteht im Verlauf eine systematische Topographie der Gewässer im Tiroler Raum. *„Auf den Landkarten sind von jeher – schon im Altertum – die großen Flüsse als wichtige Linien der Orientierung, der natürlichen Gliederung der Länder und des Verkehres eingezeichnet worden: So auf der Karte des Ptolemäus von den Flüssen des späteren Tirols der Aenus (Inn), Licus (Lech) und Darus (Drau)."*[32] Verschiedene Geschichtsschreiber wie Otto von Freising (1128) und Konrad Celtes, ein Humanist, der um die Zeitenwende des 15. ins 16. Jahrhunderts lebte, wie auch der berühmte Bischof Nikolaus Kusanus, bemühten sich um eine möglichst genaue Lokalisierung des Quellgebiets des Inn. Man nahm an, dass der Inn im See bei St. Moritz entsprang. Andere Reisebeschreibungen, wie z. B. die von Ernstinger (1610) und Burglechner, verorten den Ursprung des Inn am Julierpaß im rätoromanischen Engadin in der Schweiz.

Die Talschaft Engadin hat ihren Namen vom Fluss Inn. Seine ersten schriftlichen Erwähnungen in römischer Zeit bezeichnen ihn als Ainos, bzw. Aenus. Durch jahrhundertlange Verballhornung wurde aus einer weiteren Lautänderung der Ihn, mit langem Dehnungslaut. Erst ab dem 16. Jahrhundert kommt es zur heutigen Bezeichnung Inn, doch auch das hat sich erst

---

31 Stolz, Otto (1936): Geschichtskunde der Gewässer Tirols, Schlern-Schrift, Nr. 32, Universitäts-Verlag Wagner, Innsbruck.
32 Ebd., S.143

mit der allgemeinen Schreibweise des 18. Jahrhundert völlig eingebürgert. Betrachtet man die Wortwurzel, so ist damit im Keltisch-Rätischen das „gehen, rinnen" und im Illyrischen das Flussbett oder der Hohlraum gemeint. *„Interessanterweise geht nun En, In oder An auf ein bekanntes Wort Ana oder Dana zurück, ein vorindoeuropäisches Wort, das wir z. B. in den Flüssen Donau (Danubius), Rhone (Rodanus) und sehr wahrscheinlich auch im Wort Rhein (Rhenus) wiederfinden. Die Göttin Ana/Dana ist alteuropäisch-mediterranen Ursprungs und das Wort bedeutet u.a. auch ‚Mutter', was bei matriarchalen Gesellschaften die übliche Anrede der Grossen Ahnfrau war."*[33]

Die „alteuropäischen"[34] matriarchalen Kulturen haben sich – nach Marija Gimbutas – in die exponierten alpinen Gebiete zurückgezogen. Quellheiligtümer in den Alpen bezeugen eine alteuropäische Kultur, wie beispielsweise die der Räter. Bis heute lassen sich rätische Spuren auf den Hochplateaus und Hochgebirgstälern Südtirols, der Schweiz und Österreich finden.[35] In den rätoromanischen Tälern in den Dolomiten, im Vinschgau, im Münstertal, dem schweizerischen Engadin und im Westtiroler „Oberen Gericht" konnten sich in der kulturellen und sprachlichen Vielfalt alte Flur- und Gewässernamen erhalten.

Anhand von alten Flur- und Ortsnamen konnte man die Zugehörigkeit zu einer Talschaft mit den Wasserläufen in Verbindung bringen. Zweifelsohne reichten die Wurzeln vieler Gemeindegründungen und -namen weit in die „vordeutsche"[36] Geschichte zurück, obwohl sie erst verhältnismäßig spät urkundlich Erwähnung fanden. Kaum ein Wissenschaftler spricht offen die wahren Wurzeln dieser bäuerlichen Kultur und ihrer Organisationsform an. Erst die neuere Forschung benannte die mutterrechtlichen rätischen Spuren, die als „vordeutsche" Zeit in der Literatur Erwähnung fanden. Einen Einblick in die Tiefenstruktur der Gewässer geben uns die Gewässer- und Flurnamen in Alteuropa.

„Es wurde gezeigt, dass die frühe indogermanische Gewässernamenschicht jedoch auch eine Reihe nichtindogermanische Namen, d.h. solcher, die von der

---

33 Derungs, Kurt (1999): Steinkulte und Ahnensteine in Graubünden, in: Bodini, Gianni (Hrsg.): Reitia, Arunda 51, S.14
34 Der Begriff Alteuropa wurde von Marija Gimbutas kreiert, um eine klare Unterscheidung zwischen den matriarchal organisierten „Substratkulturen" und den indogermanischen Invasoren zu treffen.
35 Vgl. Kurt Derungs, Marija Gimbutas
36 Wopfner, Hermann (1995): Bergbauernbuch, S.255

bodenständigen alteuropäischen Bevölkerung übernommen wurden, enthält."[37] Die frühen Schichten der europäischen Flussnamen vermutet Krahes, der Begründer der „alteuropäischen Hydronomie", jedoch im Dunstkreis des Indogermanischen. Gimbutas widerspricht seiner Auffassung, denn, so argumentiert sie, die alteuropäischen Gewässernamen haben sich am besten in den Substratsprachen Alteuropas wie dem Rätischen, Etruskischen[38], Baskischen oder Iberischen und Baltischen konserviert. *„Das ihr zugrundeliegende hydronymische System offenbart sich in Form gleicher oder gleichartiger Flussnamen im Baltischen, Germanischen, Keltischen, Illyrischen, Venetischen, Italienischen und marginal im Slavischen."*[39]

Die Ausformung verschiedener Sprachgruppen erfolgte erst in der zweiten indoeuropäischen Einwanderungswelle, Mitte des zweiten Jahrtausends vor der Zeitrechnung. Zu dieser Zeit kam es auch zur Ausdifferenzierung des Germanischen, Baltischen und Griechischen. Wolfgang Meid stellt als Linguist fest: *„… neben dem heutigen noch lebendigen Baskischen gab es in der Antike noch das Iberische, Etruskische, Rätische, Piktische als Reste der vorgermanischen Sprachlandschaft, und es muss daneben viele andere Sprachen gegeben haben, die für uns unwiderruflich verloren sind.*[40]" Und darüber hinaus macht Meid in seiner Sprachanalyse klar, dass die Megalithen der vorausgegangenen, steinzeitlichen Kultur im alltäglichen Leben noch lange eine große Rolle spielten, denn sie fanden ihren Niederschlag in den verschiedenen Sprachen. Die Silbe „kar" für Stein kommt in verschiedenen Bergbezeichnungen vor wie z. B. die Karawanken, Carantanien, das heutige Kärnten oder Carrara. Auch in den Silben „lap" lässt sich das steinige Erbe nachweisen so im Lapis und im Flussname Lech. Der Name Lech leitet sich von „liac" dem mitführenden Gesteinsmaterial ab. So nannten die ersten Siedler den Lech nach seinem auffälligsten Merkmal, dem steinigen Flussbett. Hingegen in römischen und mittelalterlichen Bezeichnung war er Likus, der Schnellfließende.

---

37 Gimbutas, Marija (1992): Die Enthogenese der europäischen Indogermanen, in: Meid, Wolfgang: Innsbrucker Beiträge zur Sprachwissenschaft, S.11
38 Eine enge Beziehung besteht zwischen den Rätern und den Etruskern. Insgesamt 300 Inschriften im rätischen Raum belegen, dass das linksläufig „nordetruskische" Schriftalphabet von den Rätern übernommen wurde.
39 Gimbutas, Marija (1992): Die Enthogenese der europäischen Indogermanen, in: Meid, Wolfgang: Innsbrucker Beiträge zur Sprachwissenschaft, S.10
40 Meid, Wolfgang (1991): Aspekte der germanischen und keltischen Religion im Zeugnis der Sprache, in: Innsbrucker Beiträge zur Sprachwissenschaft, S.38

Die alteuropäischen[41] Gewässernamen legen matriarchale Schichten frei. Sie weisen auf eine Urbevölkerung, eine so genannte „Substratkultur"[42] hin, die über den Alpenhauptkamm miteinander verbunden war. In den römischen Aufzeichnungen wird das Gebiet der Räter einerseits von der oberitalienischen Seenplatte bis in die hochalpinen Seitentäler der Iller und andererseits vom Bodensee dem Alpenrhein entlang beschrieben. *„Aus den althistorischen Quellen ergibt sich also, dass im alpinen Raum zwischen dem Lago Maggiore und dem Piave, zwischen dem Bodensee und dem Unterinntal Räter wohnten."*[43] Die großen, voralpinen Seen bildeten die Eckpfeiler der ehemaligen rätische Kultur, die durch die kleineren Flussläufe mit den inneralpinen Bergtälern verbunden war. Die naturräumlichen Verbindungen der südlichen und nördlichen Alpentäler verliefen immer entlang der vielen Wasserläufe, die sich wie ein Adernetz über die Alpen spannten. Laut Gleirsch besagen spätere Erklärungsversuche, wie jener von Cassiodor[44], dass sich die Herkunft des Namens Räter von retia, dem Netz, ableite.

„Zum überwiegenden Teil dürfen wir bei den Rätern Naturheiligtümer vermuten. Dabei spielten seit jeher Gewässer (Quellen, Sümpfe/Seen, Flüsse) und das Gebirge (Gipfel/Kuppen, Wälder) eine besondere Rolle."[45] Die hochalpinen Zonen waren Orte kultischer Verehrung. Das bezeugen die Depotfunde und die Opferplätze in den Alpenregionen. Vermutlich handelte es sich um Votivgaben, um Weihgaben, die der „Wassergöttin" Reitia geweiht wurden. *„Zumeist wurden sie einzeln oder in Gruppen an deren Orten, vornehmlich im Gebirge oder an Gewässern deponiert bzw. geweiht."*[46] Brandopferplätze finden sich überall auf exponierten Stellen und auch Gewässerfunde sind in großer Zahl belegt. Die rituelle Niederlegung von alltäglichen Gebrauchsgegenständen ist ein Akt der höchsten Wertschätzung und nicht ein eventuelles „Recyclingdepot", wie dies unter Prähistorikern oft angenommen wird. Vielmehr sind Schatzfunde – wie der vom Piller Sattel im Tiroler Oberland – ein „irreversibles Depot", d.h. die kultischen Geräte werden nicht in Spalten und Ritzen deponiert, sondern an den Fluss übergeben bzw. in Seen versenkt.

---

41 Gimbutas, Marija (1992): Die Enthogenese der europäischen Indogermanen, in: Meid, Wolfgang (Hrsg.): Innsbrucker Beiträge zur Sprachwissenschaft, S.5
42 Gimbutas verwendet den Begriff der Substratkulturen wie z. B.: Basken, Etrusker, Italiker, Minoer, Pikten, Räter, die die vorindoeuropäische Kultur prägten.
43 Gleirsch, Paul (1991): Die Räter, S.8
44 Ebd., S.8
45 Ebd., S.47
46 Ebd., S.47

Beweise dafür liefern uns latènezeitlicher Funde am Scheidjoch im Rofangebirge und ein weiterer in Telfes im Stubaital. In der „Räterhöhle" in Brandenberg am Scheidjoch wurde 1957 ein Quellheiligtum in einer Felsspalte mit Inschriften entdeckt, teils mit unbeschädigten Krügen und Schalen. In dem darunter fließenden Quellwasser fanden sich v. a. kostbare, kultische Gegenstände wie Fibeln, Nadeln, Dolche und Schwerte, die vermutlich an dieser Quelle geopfert wurden.

„*Die älteste Form der Naturverehrung ist die direkte Verehrung der Landschaft.*"[47] Stein und Wasser prägen die „alträtischen" Landschaften vom Engadin bis in die Dolomiten. Die rätische Restkultur ist ab der Romanisierung im Jahre 15 v. Chr. nur mehr in den Höhenlagen evident. Die alpinen Rückzugsgebiete waren auch die Stätten ihrer Göttin „Reitia", die in den Sagenkreisen als Margaretha, Madrisa, usw. auftaucht. „*Man beachte dazu auch die Bergkuppe ‚Madrisa' im Pättigau, deren Name auf Mater (Mutter) und Risa/Rita zurückgeht, mit einer entsprechenden Sage von einer schwarzen und weißen Madrisa.*"[48] Kurt Derungs beschreibt aus der Sicht der Landschaftsmythologie der Schweiz, Italiens und Österreichs[49], dass sehr häufig eine Beziehung von Orten zu einer Ahnfrau und Göttin namens Dana/Ana oder Rita/Reitia besteht.

In den verschiedenen Stein- und Wasserkulten manifestiert sich diese Natur- und Ahnenverehrung. „*Zu nennen sind die häufig vorkommenden Schalensteine, Steine, die beckenartig mit mehreren Einbuchtungen versehen sind, die teilweise auch miteinander verbunden wurden, um eine Art Rinnsystem zu erhalten.*"[50] Und weiter beschreibt Derungs den wahrscheinlichen Verwendungszweck dieser Schalensteine: „*Gerade bei horizontalen Schalensystemen können wir zeigen, daß ein kultisches Wasserspiel mit einer Flüssigkeit (Wasser, Milch, Blut) denkbar ist, zumal verbunden mit dem Datum im Festkalender des Jahreskreises, z.B. Mittsommer (Johannes-Tag).*"[51]

Die Menschen in den hochalpinen Gebieten mussten sich seit alters her der Natur fügen. Diese Fügung hatte jedoch nichts mit einem – wie so oft

---

47 Derungs, Kurt (1999): Steinkulte und Ahnensteine in Graubünden, in: Bodini, Gianni: Reitia, Arunda 51, S.20
48 Ebd., S.16
49 Dieser Schnittpunkt von Schweiz, Österreich und Italien wird als „Magisches Rätisches Dreieck" bezeichnet. Vgl. Bodini, Gianni: Reitia, Arunda 5, S.10
50 Derungs, Kurt (1999): Steinkulte und Ahnensteine in Graubünden, in: Bodini, Gianni: Reitia, Arunda 51, S.14
51 Ebd., S.14

apostrophierten – Fatalismus zu tun, sondern beruhte auf Beobachtungen und Erfahrungen. Die Erkenntnisse über die Abläufe und Geschehnisse in der Natur wurden im Jahreszeitenrhythmus als „Lostage" bezeichnet und in den christlichen Jahreskreislauf einverleibt.[52] *„Meteorologische Voraussagen gab es noch nicht. Die bekanntesten „Bauernregeln" entstammen den so genannten „Lostagen", von denen es 84 im Jahr gibt. Schon bei den alten Germanen war man der Meinung, dass das Wetter an diesen Tagen langfristig für die künftige Witterung schließen lässt."*[53]

1.1 Wasserscheide: Die fließenden und steinigen Übergänge

Das hochalpine Gebiet Tirols bestand aus einer Reihe von Landschaften, welche durch Bergflanken, schluchtartige Talengen, Talstufen, Schotterflächen und schwer überschreitbare Gewässer, wie breite Flüsse und reißende Bäche, ausgedehnte Sümpfe und Aulandschaften voneinander geschieden waren. *„Große, tief eingeschnitten Furchen durchziehen das Gebirge, sie wiesen aber kein einheitliches Gefälle auf und entwässern sich daher von einem Scheitelpunkt aus nach verschiedenen Seiten."*[54] In den Alpen entspringen die größten Flüsse Europas. Die Gewässer ergießen sich vom Berg ins Tal. Die Überdachung der Alpen war seit jeher der Wasserspeicher Europas. Die Wasserscheide ist ein topografisches Gebiet, wo sich die vielen kleinen Rinnsale und Bächlein „entscheiden", in welche Richtung sie abfließen. Sie scheiden die Einzugsgebiete zwischen Adriatischen und Schwarzem Meer.

Die alten Verbindungen über die Wasserscheide hinweg wurden in Reiseberichten, Urkunden und Weistümern erwähnt. *„In den Markbeschreibungen, die im 14. – 16. Jh. für die einzelnen Landgerichte und Gemeinden Tirols aufgezeichnet worden sind, wird ziemlich oft der Verlauf der Grenzen ausdrücklich über wasserscheidende Kämme angegeben und zwar mit bestimmten Redensarten, die mit gewissen Abänderungen immer dasselbe andeuten sollen, nämlich das Fallen des Wassers oder der Steine von einem Bergkamme aus nach beiden Seiten."*[55] Trotz der naturräumlichen Grenzen, die durch Schluchten, Klammen und

---

52 So gelten alle wichtigen Kirchentage als Lostage. Besonders erwähnenswert sind ferner Neujahr, Lichtmess (2. Februar), Matthias (24. Februar), Johannis (24. Juni), Matthäus (21. September), Michael (29. September) und die zwölf Raunächte vom Heiligen Abend bis zum Dreikönigstag.
53 http://www.kultur-radio-regional.de/bauernkalender_begriffserklaerung.htm
54 Wopfner, Hermann (1995): Bergbauernbuch, 2. Band, S.15
55 Stolz, Otto (1936): Geschichtskunde der Gewässer Tirols, S.133

unüberschreitbare Flussläufe gegeben waren, kam es häufig vor, dass aus dem innersten Tal ein Übergang, in Tirol „Joch" genannt, hinüberführte in das Nachbartal. *„Dort, wo der Gebirgskamm aus jäh abfallender Felsen und steilen Schutthalden besteht, können tief eingeschnittene Jöcher oder Schaften eine gute, für das Weidetier gangbare Verbindung zwischen beiden Seiten des Gebirgskammes herstellen; die Almweide der einen Gebirgsseite greift auf die andere Seite über und mit ihr auch das Gemeindegebiet."*[56] Diese steinigen Übergänge wurden viel benützt, weil sie oft die kürzeste Verbindung zwischen den Tälern darstellte. War der Übergang für das Weidevieh gangbar, so griff dann die Almweide vom diesseitigen in das jenseitige Tal über. Grenzüberschreitende Saumwege sind bis zum heutigen Tag mit der Nutzung der alten „Allmend" verbunden. *„Im besonders hohen Grade ist das Übergreifen der gemeinwirtschaftlichen und verwaltlichen (administrativen) Räume über die Wasserscheiden bei den Landgerichten und Gemeinden festzustellen."*[57]

Das wohl bekannteste Übergreifen über die wasserscheidende Gebirgswelt ist die alte Verbindung zwischen Ötztal und Schnalsertal. Die alte Transhumanz[58], d.h. der Viehtrieb über die Kammhöhen hinweg, reichte bis in die Vor- und Frühgeschichte zurück. Die frühesten Spuren (Brandrodungen) im Gurgeltal von 4000 v. Chr. weisen bereits auf die Nutzung der kargen und felsigen Hochweidegründe durch Schafe und Ziegen hin. Doch auch Schweine und Rinder wurden über die Jöcher in die benachbarten Talschaften getrieben. Gesicherte Belege über die *„Kultur des Steilhangs"*[59] finden sich ab der Jungsteinzeit. *„So greifen gerade aus den schon in der Urzeit besiedelten Teilen des tirolerischen Inntals zahlreiche Gemeinden in Nebentäler der Isar und des Lechs über, die jenseits der Gebirgskette liegen, welche das Inntal nach Norden begrenzen."*[60]

Die Weidnutzung der Gemeinde Imst reichte über das Hahntennjoch in die Lechtaler Alpen, also über die Wasserscheide zwischen Inn und Lech hinüber. *„Die Gemeinden Tarrenz, Imst, Zams und Stanzertal haben außerdem in den innersten Gründen jener Seitentäler des Lechs ausgedehnte Almgebiete, so*

---

56 Ebd., S.274
57 Stolz, Otto (1936): Geschichtskunde der Gewässer Tirols, S.473
58 Die Menschen zogen mit dem Vieh über die Steilhänge, immer auf der Suche nach geeigneten Weideplätzen. In der Sommerzeit wird eine Weide auf einer Höhe von 2000 Meter betrieben, den Rest des Jahres weidet man in den Niederungen.
59 Zipperle, Andreas & Rachwiltz, de W. Siegfried & Togni, Roberto (1994): Transhumanza. Weideplätze wechseln, S.7
60 Wopfner, Hermann (1995): Bergbauernbuch, 2. Band, S.275

im Tarenton (innersten Rotlech), Plötzen- und Kesseltal (innersten Namlos), Parzinn, Madau, Alperschon, Almejur."[61] Dem zufolge reichte auch das Gericht Imst mit der Urgemeinde Imst bis in die Seitentäler des Lechtals hinab. Die Nebentäler wurden lange Zeit nur als Alm- und Weidegebiet der alten Dorfsiedlungen in den Haupttälern genutzt.

Erst ab dem 13. Jahrhundert finden sich urkundliche Erwähnungen von Dauersiedlungen in den Almgebieten der Oberinntaler Urgemeinden. Demnach wurde das mittlere Lechtal vom Inntal aus – über die Wasserscheide hinweg – vom „Enterfern"[62] her als Dauersiedlung erschlossen. Auf den sonnigen Hochterrassen wurden Dauersiedlungen errichtet, deren Namen noch auf die Alm- und Flurnutzung einer älteren Kulturschicht hinweisen. *„Die Urbevölkerung hatte bereits Bergwiesen, Weiden und Almen in den Hochlagen der Haupttäler und im Inneren der Hochtäler genutzt und deswegen benannt. – So waren die Höhenlagen allenthalben mit Flurnamen erfüllt worden, welche zum Teil sogar noch in die vorromanische Zeit zurückgehen. Ein Beispiel hierfür: Das uralte Imst, das 763 als Humiste (Name illyrischer Herkunft) angeführt wird, besaß eine Reihe von Almen in den Lechtaler Alpen. Diese Almen wurden im Verlauf des 13. Jhs. mit Dauersiedlungen in der Form von Schwaighöfen besetzt."*[63]

Viele Hochtäler wurden erst verhältnismäßig spät zu Dauersiedlungen. Die Besiedlung der hochalpinen Gebiete war vermutlich auch durch eine klimatische Warmphase mit milderen Wintern und feuchteren Sommern in der Zeit zwischen 8. – 11. Jahrhundert begünstigt. Bis zur „kleinen Einszeit", die im 13. Jahrhundert begann, lag die Baumgrenze bedeutend höher als heute. *„Als wirksame Kräfte, die durch das Klima bedingt sind, kommen Wärme, Niederschlagsmenge, Luftfeuchtigkeit, Verdunstung, Schneedecke und Wind in Betracht. Neben dem Klima sind Bodenbeschaffenheit und Bodenform, welche einen bestimmten Einfluß auf die Waldgrenze, ihr Ansteigen und Absinken, nehmen. Auf die Senkung der Waldgrenze hat aber in Mittelalter und Neuzeit vor allem die menschliche Wirtschaft den größten Einfluß genommen."*[64] Die Urbarmachungen dieser Hochfluren erfolgten vornehmlich von deutschen Siedlern bzw. Walsern aus dem schweizerischen Wallis. Hierfür sei das Valsertal und das kleine und große Walsertal angeführt.

---

61 Stolz, Otto (1936): Geschichtskunde der Gewässer Tirols, Band 2, S.475
62 Enterfern ist das Gegenstück zu Außerfern, dem Namen des heutigen nordwestlichen Bezirks.
63 Wopfner, Hermann (1938): Festschrift zum 70. Geburtstag von Alfons Dopsch, in : Sonderdruck aus Wirtschaft und Kultur, S.215
64 Wopfner, Hermann (1997): Bergbauernbuch, 3. Band, S.526

Erst durch die Rodungsarbeiten der ersten deutschen Siedler wurden Dauersiedlungen, so genannte Schwaighöfe, errichtet. Der Ausbau der deutschen Siedlungen erfolgte vor allem im 11. bis ins 14. Jahrhundert in Form von Einzelhöfen. *„Ein solcher Hof wird seit alters „Ainat" oder „Einöde" genannte. Die Urhöfe, wie sie im 11. bis 14. Jahrhundert entstanden, waren geschlossene Höfe in dem Sinn, dass ihr Land ein zusammenhängendes Ganzes bildete; ihre Wirtschaft war neben der Viehzucht auf Ackerbau in solchem Ausmaß eingestellt, dass er zur Selbstversorgung ausreichte."*[65] Die alten Urgemeinden wurden auch als „Marken" bezeichnet und umschlossen teils ganze Täler. Meist war der Umfang dieser Urhöfe auch im Gelände sichtbar. Die Anordnung des Urhofes in Form der Reihensiedlung wurde häufig durch kleinere Rinnsale und Wasserläufe abgegrenzt. *„Folgte die Gemeindegrenze einem größeren Wasserlauf, so wurde zu genauer Festlegung die Mitte der Gewässer als Grenzlinie angegeben."*[66] Auffällige Grenzlinien im Gelände wie alte Wege oder Wassergräben werden in den Urkunden als Grenzen oder „Marken" angeführt. Auch Brunnen und Quellen dienten mancherorts als Grenzpunkte.

„Grenzen und Grenzzeichen galten schon in vorchristlicher Zeit als etwas Heiliges; ihre Verletzung unterlag schweren Strafen."[67] Die sakrale Grenzziehung war meist mit einem rituellen Umgehen bzw. einer Prozession zur Flursegnung verbunden. Primär sollten feindliche Gewalten abgewendet und der Segen für Flur, Weide und Wasser erbeten werden. Dieser kultische Brauch fand auch Einzug in die christliche Liturgie und wird bis zum heutigen Tag in manchen Landgemeinden zelebriert. Alte heidnische Traditionen konnten so unter einem volksreligiösen Deckmantel der Heiligenverehrung und des Marienkults überleben. Manches alte Quellheiligtum wurde in Wallfahrtskirchen „umgewandelt" und ist so im Gedächtnis der Menschen geblieben. Der Legende nach erschien meist einem Hirten die Muttergottes und wies ihm eine Heilquelle. Oft reicht die kultische Verehrung von bestimmten Quellen in vorchristliche Zeit zurück, wie das im Falle des Heiligwassers oberhalb von Igls und Maria Waldrast im Wipptal bewiesen ist.

„Wo sich keine geeigneten Naturgegenstände vorfanden, wurden Zeichen – ‚Marken' – in Steine, Felsen und Bäume eingehauen; besonders häufig wurde seit ältester Zeit ein Zeichen in Kreuzform verwendet."[68] Dort, wo die Grenzen

---

65 Wopfner, Hermann (1995): Bergbauernbuch, 1. Band, S.87
66 Wopfner, Hermann (1995): Bergbauernbuch, 2. Band, S.277
67 Ebd., S.278
68 Ebd., S.277

mehrerer Bezirke zusammentrafen, wurden ebenso viele Grenzzeichen angebracht. Auf der Alpe Fallerschein in den Lechtaler Alpen stießen drei Machtbereiche zusammen. Dokumentiert war dies auf einer Kreuzplatte mit drei gemeißelten Kreuzen, die eine dreifache Grenze markierte. Hier verliefen die Grenze der Bistümer Augsburg und Brixen, weiters die Gerichtsgrenze Ehrenberg zu Imst und die alte Gemeindegrenze zwischen Berwang und Stanzach. *„Die Grenzen der wirtschaftlichen Nutzung sind in der Folge Gemeindegrenzen geworden, das Gemeindegebiet griff über Pässe und Jöcher ins jenseitige Tal hinüber; den Gemeindegrenzen folgten die Grenzen der Pfarreien, der Gerichte und jene der politischen Bezirke."*69 Besonderheiten treten in den verschiedenen Talschaften auf, die nach der Kolonisierung durch die Bayern zu Gaugrafenschaften wurden; die alten Gaugrenzen sind heute noch mundartliche Grenzen.

1.2 Das Land im Gebirge: Tirols Werden als Vergehen

Tirol wurde im Mittelalter gemeinhin als „Land im Gebirge" bezeichnet. Der Alttiroler Raum umfasste nicht nur den heutigen Nord- und Osttiroler Teil, sondern reichte über den südlichen Alpenhauptkamm nach Südtirol sowie in das italienischsprachige Trentino, das so genannte Welschtirol. Der Gegenstand der historischen Darstellung bezieht sich jedoch stärker auf Nordtirol. In manchen Abschnitten wird aber auf die alte politische Einteilung Tirols zurückgegriffen. Die Einzugsgebiete von Inn und Etsch bildeten schon seit römischer Zeit ein einheitliches Gebiet. *„Beide Hauptabdachungen der Alpen, die nord- und südseitige, das Gebiet des oberen Inn und der oberen Etsch sind schon in der römischen Provinz Rätien und dann seit dem 7. Jh. im alten Stammesherzogtum Baiern vereinigt gewesen, in der ersteren südwärts bis zur Stelle des späteren Klausen und Meran, im letzteren bis einschließlich Bozen."*70

Das „Land im Gebirge" ist ab dem 11. Jahrhundert urkundlich belegt, wobei neben den in Bayern ansässigen Geschlechtern auch Klöster in den tirolerischen Gebieten Fuß fassten. Die Bistümer Brixen und Trient erhielten vom Stammesherzogtum Bayern die territoriale Herrschaft über das Land zwischen Inn und Etsch. Die Bischöfe von Augsburg, Salzburg, Passau, Regensburg und

---

69 Wopfner, Hermann (1995): Bergbauernbuch, 2. Band, S.15
70 Ebd., S.471

Freising – später auch Bamberg – sowie mehrere Klöster ließen sich im heutigen Tiroler Raum nieder und erweiterten ihren Besitz beträchtlich. Die Besitzergreifung des Raumes und die damit einhergehende Christianisierung verschüttete die meisten Spuren einer „heidnischen" Tradition.

Die Missionierung des Lechtals ging vom Kloster St. Mang aus. So schieden sich die Geister am Lech, wie im Zwiegespräch der Berg- und Flussgeister im 21. Kapitel der Vita des heiligen Magnus von Füssen [71] um ca. 850 n. Chr. dokumentiert: *„So machte er sich auf denn auf den Weg nach Süden, um an jenem abgelegenen Ort ein stilleres Leben zu haben. Als er sich dort zur Ruhe niederließ, da fingen plötzlich Dämonen vom nächsten Berg an, mit lautem Getöse zu brüllen und vom Gipfel herab andere Dämonen, die in den Fluten des Lechs hausten, wie aus einem Munde gleichsam beim Namen zu rufen. Als die Angerufenen sich aus der Tiefe meldeten und Antwort gaben, schrieen wiederum jene vom Berg: „Auf, auf, helft uns, diesen schlimmen Fremdling und Magier hier aus dieser Gegend zu vertreiben! Denn er hat nach der Gepflogenheit seines Gallus unsere Götzenbilder zertrümmert und uns die Leute, die uns folgten, abspenstig gemacht, und obendrein hat er noch Drachen getötet. O möge euch doch das Unrecht bewegen, das wir erleiden, auf dass wir mit vereinten Kräften diesen gemeinsamen Feind aus unserem Gebiet ganz und gar vertreiben!" Und wieder antworteten die Dämonen von unten: „Ach, was erzählt ihr da von euren Bedrängnissen! Das wissen wir schon aus unseren eigenen Nöten! Denn sein Engel drückt uns im Wasser nieder, so dass wir noch nicht einmal wagen konnten, aus dem Wasser zu steigen, geschweige denn, ihm auch nur ein Haar zu krümmen. Kaum hat er nämlich den Namen des Herrn aus seinem Munde ausgesprochen, da schlägt uns sofort der Engel mit Feuerpeitschen und zwingt uns zurück. Deswegen können wir weder euch, noch uns selbst helfen. Denn dieser hier ist ein starker Streiter, dass unsere Tücken nicht einmal eine Faser seines Gewandes treffen können."*[72]

Anhand der Urkunden, den so genannten „Urbaren", kann das ungefähre Alter der Erschließung und Gründung von Siedlungen datiert werden. *„Zur Zeit, da die ersten Ansiedler in unseren Tälern sich niederließen, wurden die Auen von der Siedlung gemieden; diese sucht die Niederterrassen, Schuttkegeln und Hochterrassen (Mittelgebirge) auf."*[73] Zur damaligen Zeit war das Inntal eine

---

71 Die letzten Reste einer „Frauenkultur" wurden geopfert. Bis zum heutigen Tag finden sich die Spuren des Allgäuer Heiligen in den Orts- und Flurnamen: der Mangtritt am Lusaltfelsen in der Lechschlucht südlich von Füssen oder der St. Mang-Sessel, eine Höhe im Lechtal bei Reutte.
72 Walz, Dorothea (1989): Auf den Spuren der Meister. Die Vita des heiligen Magnus von Füssen, S.95
73 Wopfner, Hermann (1995): Bergbauernbuch, 1. Band, S.109

von vielen Bächen, Gießen, Tümpeln und Mooren durchzogene Aulandschaft und prägte das Bild im heutigen dicht besiedelten Inntal. *„Beiderseits des Inn war einen Auenlandschaft, ein mehr oder weniger breiter Erlenbestand, der besonders im Überschwemmungsgebiet zwischen den Altwässern gedieh. Das Flussbett war breiter als heute. Der Inn floss ungeregelt, bald da, bald dort. Dazwischen lagen wie Inseln Sand- und Schotterbänke, wie es die alten Landkarten erkennen lassen."*74

Im Zeitenfluss erfuhr der Lauf des Inn mannigfache Änderungen. In vielen Windungen und Schlingen mäanderte der Fluss in der breiten Inntalfurche, oft wechselte er seinen Lauf und breitete kleinere und größere Seitenarme – so genannte Altarme – aus. Die Wasseradern verzweigten sich am Talboden wie ein gewobenes Netz, das den Talboden durchfeuchtete und versumpfen ließ. Das Auengelände stand zeitweilig bei Regengüssen unter Wasser und war den periodisch wiederkehrenden Überschwemmungen ausgesetzt. Das Wasserangebot in den Auen schwankte im jahreszeitlichen Rhythmus. Es bildeten sich immer neue Gerinne, die durch die Strömung des schnell abfließenden Wassers entstanden. Altarme, Kehrwasser und Seitenarme verlagerten sich je nach Wasserstand und stauten zeitweilig das Wasser auf. In den weiter entfernten Bereichen dehnte sich ein Auwaldgürtel aus, wo sich nach Rückzug von Hochwässern feiner Sand ablagerte. In der Nähe des Flussbettes befanden sich weitläufige Schotter- und Weichholzauen. Die reißenden Gebirgsbäche transportieren vom Berg ins Tal das Geröll, das im Mündungsbereich abgelagert wurde. Im Einflussbereich der Wildbäche entstanden die so genannten Schuttkegel, jene Aufschüttungen, die als erstes besiedelt wurden. Die Flusstäler selbst waren lange Zeit ein Lebensraum für wasserliebende Pflanzen wie Erlen, Weiden und Pappeln sowie Tiere.

Im Wort Au steckt auch die „Ache", also der kleine Fluss, der mäandriert und Seen und Tümpel bildet. Au bedeutet ebenes Gelände an Gewässern, Flüssen und Bächen und auch Seen und wird in diesem Sinne als Grundwort zur Bezeichnung einzelner Talböden verwendet. Die Talweide in der Au trug meist den Namen der nutzungsberechtigten Landgemeinde wie z. B. die Höttinger, Völser oder Silzer Au. *„Da vielfach in ehemaligen Auen ständige Ansiedlungen angelegt wurden, erhalten sie auch diese nach der Au ihre Eigennamen."*75 In den alten Flur- und Ortsnamen klingt die Beschaffenheit der Talsohle heute noch an. Das Dorf Afling westlich von Innsbruck wird in den

---

74 Gemeinde Völs (1991): Völser Dorfbuch, S.195
75 Stolz, Otto (1936): Geschichtskunde der Gewässer Tirols, S.274

Urkunden des 11. Jahrhunderts als „Avelunges", die Örtlichkeit bei den langen Wassern, bezeichnet. Mit den bayerischen Herren kamen auch die bayerischen „Bauleute", die sich vor allem in den großen Flusseinzugsgebieten niederließen. Die Gründungen der deutschsprachigen Siedlungen erkennt man heute an den Endungen der Ortsnamen. Die Urbarmachung des Tiroler Raumes war im 11. Jahrhundert bereits abgeschlossen.

Die weitere Schaffung von neuem Lebensraum erfolgte durch das Roden bzw. „Reuten" [76]. Dafür wurden ab nun Au- wie Hochwälder großflächig abgebrannt und abgeholzt, um Siedlungen in den Hochtälern wie in den Flusstälern zu erbauen.

Die Inntalsohle wurde ursprünglich als Siedlungsraum gemieden, da das sumpfige Terrain als ungesund galt. Die ältesten Siedlungen im Innsbrucker Becken – aber auch andernorts – befanden sich demnach an den Schuttflanken und Hangterrassen, oberhalb der Talsohle wie beispielsweise Hötting und Mühlau. Auf den Terrassen oberhalb der Flusslandschaft waren die Menschen vor etwaigen Überschwemmungen geschützt und hatten einen leichteren Zugang zum Quellwasser. Der ursprünglich von den Wässern des Inn und der Sill wild durchflossene Talboden hingegen wurde bis in die zweite Hälfte des 12. Jahrhunderts nicht besiedelt, jedoch bereits landwirtschaftlich erschlossen. *„Erst allmählich hat man auch hier begonnen, die Ufer der Flüsse durch Dämme zu sichern und ihnen dadurch ein bestimmtes Bett zu geben, zuerst nur an gewissen Strecken, wo sich dies leichter machen ließ, und dann durchgehend auf den ganzen Lauf."* [77]

Die ersten großflächigen Rodungen im Augebiet hängen ursächlich mit der Gründung der Stadt Innsbruck im 12. Jahrhundert zusammen. Grund für die Errichtung der Stadt Innsbruck inmitten einer von Erlen und Dorndickicht umgebenen Auvegetation war der Bau einer Brücke, die über den Inn führte. Die große „Hofmark" [78] Wilten – das heutige Stift Wilten – betrieb die Innfähre, besaß somit das exklusive Fährrecht. Der Markgraf Berchtold von Andechs forderte vom Stift Wilten den Guthof von Amras, das unein-

---

76 In Österreich, Südbayern und der Schweiz war der Ablaut „reuten" gleichbedeutend mit dem aus dem Niederländischen stammenden Verb „roden". Die zu „reuten" dazugehörige mittelhochdeutsche Wortwurzel „rieten" verrät den Zusammenhang zu den Begriffen „ausrotten, vernichten und verwüsten, Vgl. Duden (1995): Das Herkunftswörterbuch, S.597
77 Stolz, Otto (1936): Die Geschichtskunde der Gewässer Tirols, S.273
78 Eine Hofmark waren grundherrliche Gerichtsbezirke, dessen Insassen zum Teil noch im 15. Jahrhundert als abhängig galten. Demgemäß entbehrten sie die politische Freiheit und waren am Landtag nicht vertreten. Vgl.: Wopfner, Hermann (1995): Bergbauernbuch, 2. Band, S.127

geschränkte Mühlenmonopol und das Augelände des heutigen Altstadtgebiets ein. Schlussendlich kam es zu einem Tausch und Berchtold ließ 1180 die Brücke über den Inn errichten, die auch namensgebend für die Stadt war.

Das Land im Gebirge wurde einem politischen Raumbegriff unterworfen, der das Land in verschiedene „politische Landschaften" untergliederte. Das Inntal beispielsweise wurde schon früh mit der Grafschaft Inntal assoziiert. Die Talschaft bezog sich immer auf die Bewohner – im Falle des Inntals also auf die Inntaler. Für das Tal des Inns ist die Bezeichnung „Inntal" seit dem 8. Jahrhundert in verschiedenen Formen belegt. Die Grafschaft im Gebirge des bayerischen Geschlechtes, der Andechser, endete an der Melach bei Kematen. Seit dem 13. Jahrhundert wird die Teilung des Inntals in ein Unter- und Oberinntal in den Urkunden erwähnt. *„Die Grafschaft, die im Inntal die Grafen von Andechs seit dem 11. Jahrhundert besessen haben und die laut einer Angabe von 1239 von der Melach, dem Sellrainer Talbach, bis zum Ziller gereicht hat, wird in einer Urkunde von 1232 als „Comitia vallis Oeni inferioris", Unterinntal also bezeichnet."*[79] Die Grafschaft im Inntal wurde von den natürlichen Bächen und Flüssen, sowohl politisch wie religiös, geschieden. Bis heute ist beispielsweise der Ziller die Grenze zwischen der Diözese Innsbruck – früher Brixen (Südtirol) – und Salzburg. Die bayerischen Vögte erschlossen den Raum des Inntals und nahmen ihn in Besitz. *„Gemäß dieser, wie gesagt, auf die Zeit der ersten Landnahme und Niederlassung der Baiuwaren, mitunter noch auf die Rätoromanen zurückgehenden Verhältnisse ist der Inn wie früher auch heute noch in seinem ganzen Verlaufe von Kufstein bis Haiming – abgesehen nur von den Städten Kufstein und Innsbruck – Grenze zwischen den auf beiden Ufern liegenden Gemeinden, und war es früher zwischen den alten Markgenossenschaften, Urpfarren und Schrannen."*[80]

Die großen Flussläufe waren meist die Trennungslinien zwischen den Landgerichten. Das „obere Gericht", d.h. der oberste Teil des Inntals, dort wo der Inn das Engadin verlässt und bei Landeck eine merkliche Richtungsänderung vornimmt, wird politisch vom Inntal geschieden. Kirchlich gehörte es zum Vinschgau und damit zum Erzbistum Chur (in der Schweiz), politisch war es seit dem frühen Mittelalter der fränkischen Provinz Rätien einverleibt, und später gehörte es zum Herzogtum Schwaben. Ab dem 15. Jahrhundert verblieb dieser Teil beim Freistaat Graubünden im rätoromanischen Einflussbereich. Die naturräumliche Einheit des rätoromanischen Kulturkreises

---

79 Stolz, Otto (1936): Geschichtskunde der Gewässer Tirols, S.10
80 Ebd., S.469

konnte sich aufgrund der topografischen Gegebenheiten über eine sehr lange Zeitspanne behaupten. Viele romanische Namen vor allem in den Hochlagen weisen noch auf die ehemalige Weidenutzung der vordeutschen Bevölkerung hin. In jenen Landschaften des mittleren und westlichen Tirols, in welchen sich die rätoromanische Bevölkerung länger behaupten konnte, tritt eine ausgebildete Selbstverwaltung früher in Erscheinung.

2. Das „Gemain": Die Bildung der Gemeinde

Seit dem 16. Jahrhundert begann die Enteignung der gemeinschaftlichen Nutzung des Wassers durch hoheitsrechtliche Aneignung. Im Mittelalter gab es keinen grundsätzlichen privatrechtlichen Anspruch, weder von Seiten der Kommunen, noch von Seiten des Herrschers. Der „gemaine"[81] Wassergebrauch war ein an Haus und Hof gebundenes Nutzungsrecht. Bereits in den ältesten Urkunden wird die Nutzung auf der „Gemain" als Zubehör der einzelnen landwirtschaftlichen Betriebe aufgeführt und die Benutzung im hauswirtschaftlichen Sinne festgeschrieben. Anhand der „Pertinenzformel" eines Hauses kann man das Alter der beinhalteten Rechte am Zubehör wie Wasser-, Weide- und Waldnutzung ablesen. Diese Rechte sind Allmendrechte. Der Begriff Allmend lässt sich aus dem schwäbisch-alemannischen Siedlungsraum ableiten. *„Allgmain" ist eine Nebenform von ‚Allmende', jener Bezeichnung des Gemainlandes, wie sie im schwäbisch-alemannischen Gebiet noch heute üblich ist und allgemein in den wissenschaftlichen Sprachgebrauch aufgenommen wurde."*[82] Eine analoge Bezeichnung findet sich in lateinischen Urkunden der rätoromanischen Talschaften. „Communis" entspricht anfänglich dem im deutschen Sprachgebrauch erwähnten Ausdruck „Gemain".

Unter „Gemain" verstand man die wirtschaftliche Nutzung durch die dörfliche Gemeinschaft. Als „Gemain" galt der freie Zugang zu den Gemeindeweiden, -wäldern und -gewässern. „Gemain" als Adjektiv kennzeichnet Land- und Wasserwege, die von Bewohnern eines Tales genutzt wurden. „*Wasser-*

---

81 Die Verwendung des Wortes „gemain" soll als Unterscheidungshilfe dienen, um auf die alte Rechtspraxis hinzuweisen, die eben nicht an eine Person oder Gebietskörperschaft gebunden ist.
82 Wopfner, Hermann (1995): Bergbauernbuch, 2. Band, S.249

gräben zur Bewässerung von Wiesen und Äckern, sogenannte Bäche, die von den Gemeindeangehörigen für ihre Zwecke genutzt wurden, galten als „gemain" (als der Gemeinde gehörig) und wurden, wenn sie von einer Dorfgemeinde genutzt wurden, als „Dorfbäche" bezeichnet. Als „gemain" galt auch das Wasser von Quellen, die auf Gemeindeland entsprang."[83] Die Sicherstellung des freien Zugangs und die Regelung der gemeinsamen Nutzungsrechte oblagen den lokalen, bäuerlich strukturierten Gemeinschaften.

Die Bauern organisierten sich in „Nachbarschaften"[84] bzw. im Verband der Gemeinde, die ursprünglich im Sinne einer Wirtschaftsgemeinschaft fungierte. Solche „Wirtschaftsgemeinden" umfassten oft das gesamte „Gemain" einer Landschaft, also Alp, Berg, Wald und Wasser. Die Nutzung des „Gemains", d.h. nicht in Sondernutzung stehenden Landes, wurde schon bei der Begründung der Ansiedlung bestimmten Regelungen unterworfen. Somit glichen die Gemeinden auf dem Land „bäuerlichen Genossenschaften", also bäuerlichen „Wirtschaftsverbänden".

Die Gemeinde ist demnach von der gemeinsamen Bewirtschaftung des Gemains in den Talschaften abzuleiten. Unter „Gemein" versteht man jenen Grund und Boden, der von den Bauern gemeinsam genutzt wurde. Meist handelte es sich um extensiv bewirtschaftete Almen, Wälder, Weiden, Auen und Gewässer. Weitere Rechte, die den Gemeinden als Allmendnutzungen zustanden, waren die Waldrechte, die Benützung von Wegen und Stegen, die Jagd, der Fischfang und auch die Gewinnung von Rohstoffen wie Stein, Lehm und Sand. Das Recht über die Verwendung des Wassers zu Brunnenleitungen, Viehtränken, zur Bewässerung der Felder, zur Anlage von Wasserschutzbauten, zum Betrieb von Mühlen und Sägen etc. wurde von den Gemeinden in Anspruch genommen und dementsprechend verwaltet. Mit den Wassernutzungsrechten der Gemeindeangehörigen war aber auch die gegenseitigen Obsorge über die gerechte Zuteilung des Nutzwassers zur landwirtschaftlichen Bewässerung, die gemeinsame Instandhaltung der Wasserleitungen und der Schutz der Siedlungen vor Hochwasser verbunden.

„Die Gemeinde war ein Verband gleichberechtigter Genossen."[85] Ursprünglich hatte jeder Allmendnießer die gleichen Pflichten, aber auch die gleichen Rechte an der Dorfflur. Die Flur setzt sich aus verschiedenen Gewannen[86], d.h.

---

83 Ebd., S.251
84 Ebd., S.255
85 Ebd., S.256
86 Der Begriff Gewann leitet sich vom Mittelhochdeutschen „Gewande" ab und meint ein Feld.

Grundkomplexen zusammen, die wiederum aus kleineren und größeren Parzellen (Teilstücke) bestehen. Nachdem die Geländebeschaffenheit in einem Gebirgsland nicht immer gleichartig ist, musste die Zuteilung der Nutzung an die einzelnen Dorfmitglieder dermaßen erfolgen, dass alle *„in jedem Gewann seinen gleichen Anteil an gutem und schlechten Boden erhalten."* [87] Jeder Bauer hatte nun ein Teilstück in einer Gewann, die im Gemenge mit den anderen Parzellen lag. Der jeweilige Anteil an diesem Gemengelager wurde immer wieder aufs Neue ausgelost. In anderen Gegenden rotierte die Nutzung am Gemain, so dass keiner zu kurz kam. Dieses Rotationsprinzip wurde in manchen alten Aufzeichnungen – wie z. B. im Pustertal – als „rechter Kreis" bezeichnet. Gemeint war damit auch die Einhaltung der festgelegten dörflichen Vorschriften über die Zeiten des Anbaus, der Bewässerung und der Ernte in der Dorfflur. In den Dorfordnungen wurde penibel auf das Wege- und Zufahrtsrecht geachtet, das den Zugang zu den einzelnen Feldern gewährte. Um Streitigkeiten vorzubeugen, wurden gemeinsam die Zeiten, in denen der Anbau und die Ernte stattfanden, geregelt, so dass in der übrigen Zeit das Vieh auf die Heimweide aufgetrieben werden konnte. Für diese Bestimmungen findet sich in der Literatur der Ausdruck „Flurzwang", d. h. dass die Bindung der Einzelwirtschaften an die Ordnung und Regelung durch die Gemeinde gebunden waren.

„Das Dorfsystem hat die Organisation der Almendnutzung zur Voraussetzung." [88] Eines tritt in Wopfners Ausführungen klar hervor: Die „gemainen" Kooperationen bilden sich, in Form von Nachbarschaften bzw. im erweiterten Sinn als Gemeinden auf Grundlage der Allmend. Die Allmend, das All(en)gemeine diente der Gemeinschaft als Referenz des ökonomischen und politischen Handelns. Das heißt, dass die Handlungsorientierung der Gemeinden und Kommunen auf die Bewahrung und Pflege der gemeinsam verwalteten Lebensgrundlage ausgerichtet war und nicht etwa auf die Plünderung bzw. den Raubbau der Gemeingüter.

Die Urgemeinde, Mutterpfarreien und Gerichtsbezirke deckten sich oftmals in Tirol. *„Viele der großen, alten Markgenossenschaften und Urgemeinden wurden zu Pfarrein; Urgemeinde und Urpfarre decken sich in ihren Grenzen. Weil die Gemeinde zugleich Kultverband war, verwenden alte Weistümer die Bezeichnung „Pfarre" an Stelle von „Gemeinde"* [89] Ihre kultische und wirtschaftliche

---

87 Wopfner, Hermann (1995): Bergbauernbuch, 2. Band, S.256
88 Wopfner, Hermann (1906): Das Almendregal des Landesfürsten, S.7
89 Wopfner, Hermann (1995): Bergbauernbuch, 2. Band, S.309

Bedeutung wird später durch eine politische erweitert.[90] „*Als Gemeinschaft, welche die Nutzung der Gemain regelt und Anlagen zum Vorteil ihrer Angehörigen erstellt, tritt die Landgemeinde urkundlich erst seit dem 12. Jahrhundert deutlich in Erscheinung.*"[91] Die Bildung der Landgemeinden geht, laut Wopfner, von der Nutzung des unverteilten, d.h. nicht in Sondernutzung stehenden Landes, aus. Das Sondereigen an dem vorerst Gemein(de)eigen kann erst im ausgehenden 16. Jahrhundert angenommen werden.

Die Tirol Gemeinden[92], wobei diese Bezeichnung selten verwendet wurde, organisierten sich intern. Sie entschieden, wie sie sich organisierten und was sie innerhalb ihrer Gemeinschaft regelten. Um etwaigen willkürlichen Ausbeutungen entgegenzuwirken, wurde die gemeinsame Nutzung der Gewässer – für Fischfang, zur Bewässerung der Felder und den Antrieb für Mühlen bzw. Sägemühlen, etc. – in der Dorfallmende verankert. Dazu zählten auch die so genannten „Wasser-Waale", Wassergräben die von den hochalpinen Quellgebieten in die Trockengebiete zu Bewässerungszwecken der Wiesen und Äcker abgeleitet wurden.

Die Fassung und auch die Aufteilung von Wasser waren ein gemeinsames Anliegen der benachbarten Bauern, denn ein Bauernhof ohne Wasser war wertlos, wie ein altes Tiroler Sprichwort besagt.[93] Ein Bauer allein konnte das komplexe und verzweigte Wasserleitungssystem nicht aufbauen, geschweige unterhalten. Eigens dafür bestellte die Gemeinde einen „Wasserer" oder „Waaler", der das von den Gemeindeangehörigen für ihre Zwecke zu nutzende Wasser beaufsichtigte. Seine Aufgabe war es ferner, den Allmendegenossen eine gerechte Verteilung von Brauch- und Nutzwasser nach einem bestimmten zeitlichen Modus zuzuteilen. Die Pflege und Wartung der meist hölzernen und offenen Gerinne waren für die Gemeinschaft ein hoher, aber lebenswichtiger Aufwand. Nur mit gegenseitiger Hilfe konnte das Gemeinschaftswerk über Jahrhunderte aufrechterhalten werden.

Die Erhaltung und Verwaltung von Wasserleitungen war Kernpunkt der dörflichen Organisation und fand ihren Niederschlag im ehrwürdigen Dorfrecht. Wopfner stellte fest: „*Die Regelung der Wasserrechte nahmen die*

---

90 Vgl. Liehl, Heide (1968): Die Alpwirtschaft im tirolerischen Lechtal in Geschichte und Recht, Wirtschaft und Brauch, S.31
91 Wopfner, Hermann (1995): Bergbauernbuch, 2. Band, S.255
92 Je nach Region sprach man von Nachbarschaften, Oblai, Stab, Malgrei, Kreuztracht, Rotter, Viertel, Hauptmannschaft, Reigat usw.
93 Vgl. Bodini, Gianni (1993): Wege am Wasser: Entlang den Lebensadern der Vinschgauer Bergbauern, S.24

Gemeinden in Anspruch; die Dorfordnung trafen Bestimmungen über die Verwendung des Wassers zu Brunnenleitungen, Viehtränken, zur Bewässerung, zum Betrieb von Mühlen sowie über Wasserschutzbauten."[94] Damit es zu keiner Übernutzung der Gemeingüter kam, gab es eine Dorfordnung, die bei nötiger Schonung den Nutzungszugang an den so genannten Banngewässern für die Dorfgenossen einschränkte.

Exkurs: Vom „Gemain" zum „Sondereigen"

Ganze Täler umschließende Markgenossenschaften gab es in vielen Landschaften Tirols, vorwiegend in den westtirolerischen Gebieten. So bildeten die Gemeinden im tirolerischen Lechtal lange Zeit eine einzige „Gemeinheit" oder Großgemeinde, die über gemeinsame Almen und Pfründe verfügte. *„Nachdem an der gleichen Stelle auch Vorweiderechte bis ins untere Lechtal erwähnt werden, und sich vereinzelt auch andere Hinweise auf eine alte Wirtschaftsgemeinschaft der ganzen Gemein im Lechtal finden (s.u.), ist anzunehmen, dass ursprünglich tatsächlich eine Alpmarkgemeinschaft für das ganze Tal bestanden hat, und sich das Sondereigentum der kleineren Wirtschaftsgemeinden des 17./18. Jhs. erst allmählich über Sondernutzungsrechte herausgebildet hat."*[95]

Durch die Auflösung der Großgemeinden in kleinere Fraktionen sonderten sich Nutzungsrechte aus dem Gemain ab, die ihrerseits von den Teilgemeinden als Realbesitz und/oder als Zubehör der Teilgemeinden betrachtet wurden. Daraus entwickelte sich eine Art Sondernutzung an der Allmende, die vorerst stets in gleichen „Losteilen" unter den Allmendnießern aufgeteilt wurde. Der Zufall verfügte über die Zuweisung der „gesonderten Nutzungen". Veranschaulichen möchte ich diesen Sachverhalt an den Almrechten. Ungefähr alle zwanzig Jahre wurde neu ausgelost, wem welche Alpe zufiel. Damit wurde zwischen den Teilgemeinden ein Nutzungswechsel auf den Almen vollzogen. Bestand diese wechselseitige Nutzung nicht, kam es meist dazu, dass die Nutzung der Almen mit bestimmten Gütern verbunden wurde. *„Die Inhaber dieser Güter bildeten nunmehr innerhalb der Gesamtgemeinde einen engeren Kreis*

---

94 Wopfner, Hermann (1995): Bergbauernbuch, 2. Band, S.302f.
95 Liehl, Heide (1968): Die Alpwirtschaft im tirolerischen Lechtal in Geschichte und Recht, Wirtschaft und Brauch, S.32

von Nutzungsberechtigten, also eine Sondergemeinschaft, an die im Laufe der Zeit das Eigentum an der betreffenden Alm überging. "[96]"

Aus der Sondernutzung wurde im Laufe der Zeit ein Sondereigentum. Das Ausscheiden aus dem „Gemain" führte ab Mitte des 15. Jahrhunderts zur Umwandlung der Besitzrechte, wie sie im Kapitel „Gemeinheitsteilung" nachgezeichnet werden. Mit der landeshoheitlichen Besitzergreifung des einst herrenlosen und unverteilten, d.h. nicht in Sondernutzung stehenden Landes, vollzog sich die sukzessive Teilung des Gemains. Das „Recht auf Gemeinheit" wurde durch die Einengung der fürstlichen Nutzungsrechte geschmälert. Ursprünglich hatte jeder Dorfbewohner, der einen eigenen Haushalt hatte, das Recht auf die Nutzung des Gemains. Besonders das Recht, das Vieh in einem festgelegten Zeitraum auf die Heimweide zu treiben, stand allen Gemeindeangehörigen zu. Im Laufe der Zeit wurde dieses Recht wie andere Nutzungen an der Gemain zu einem Realrecht, *„d.h. es wurde derart mit einer Liegenschaft – einer „Reale" – verbunden („radiziert"), dass sich aus dem Erwerb der Liegenschaft auch das Recht der Weidenutzung ergab."* [97]

Das Realrecht bedeutete, dass die persönliche Nutzung mit einer Sache – dem so genannten „Reale" – verbunden war. *„Die persönlichen Nutzungsrechte wurden dadurch zum Realrecht; es ist mit einer Sache (einem „Reale"), in unserem Fall mit einem bestimmten Bauerngut oder dem mit seinem Bauernhaus, allenfalls auch mit dem Platz, auf welchem dieses stand, also mit seiner „Hofstatt", derart verbunden, dass mit dem Erwerb des Gutes, Hauses oder Hausplatzes auch das Recht an der Allmende erlangt wurde."* [98] Der Umfang des Nutzungsrechtes hing primär von der Größe des zu bewirtschaftenden Gutes ab. Die Heimweide durfte nicht mit mehr Vieh „bestoßen" werden, als auf dem Gut überwintert wurde. Erst ab dem 15. Jahrhundert sah man sich veranlasst, die Zahl der Nutzungsberechtigten zu beschränken, um die Heimweide nicht überzustrapazieren.

Mit der Verdinglichung des Nutzungsrechts wurde die *„die Personalgemeinde zu einer Realgemeinde."* [99] Diese Umformung hatte ihr Vorbild in der römischen Rechtssetzung, denn das alte Recht am „Gemain" war zu einem *„Recht an fremder Sache"* [100] geworden. Das Weiden im Wald des Landes-

---

96 Wopfner, Hermann (1997): Bergbauernbuch, 3. Band, S.417
97 Wopfner, Hermann (1997): Bergbauernbuch, 3. Band, S.266
98 Wopfner, Hermann (1995): Bergbauernbuch, 2. Band, S.286
99 Ebd., S.286
100 Wopfner, Hermann (1997): Bergbauernbuch, 3. Band, S.266; Vgl. Grass 176, S.82ff.

fürsten, dem späteren Staatswald, war nach dieser neuen Auffassung nur mehr ein Dienstbarkeitsrecht oder ein Servitut an die Gemeinde oder an einzelne Bauernhöfe.

3. Allmende: Das „Weistum" der Gemeinde

Basis für die Nutzungsberechtigung der Allmende war ein ausgeklügelter autonomer Rechtskodex. Diese bäuerliche Rechtsordnung nannte man in Tirol und in den österreichischen Erbländern „Weistümer". Und wahrlich, es war eine weise Ordnung, die das Gemeinwesen autark regelte. Zwei bis drei Mal pro Jahr wurde eine Versammlung einberufen, die man „ehehaft Tading", „Dorfrecht", „gemaine Pauernschaft oder Nachperschaft" oder einfach „Gemain" nannte.[101] Die Teilnahme an diesen Dorfversammlungen war für alle Allmendegenossen verpflichtend. Ausgenommen waren nur diejenigen, die durch „höhere Gewalt" bzw. durch die Arbeit am Acker verhindert waren. Im Falle des unentschuldigten Fernbleibens wurde eine geldliche Buße eingehoben. Daran lässt sich auch die Bedeutung der dörflichen Versammlung erkennen, bei der die alten Rechte am „Gemain" gewiesen wurden. Alle wichtigen Angelegenheiten bezüglich der Allmendenutzung kamen dort zur Sprache, auch die etwaigen Verletzungen und Übertretungen der Allmenderegeln. Das Recht der bäuerlichen Weistümer war Volksrecht oder Gewohnheitsrecht, das allen verständlich und anschaulich war. *„Die Weistümer sprechen so, wie der Bauer zu sprechen pflegte."*[102] Das gute alte Recht galt als grundsätzlich unveränderlich.

„Obrigkeitliche Anordnungen wurden den Versammelten verlautbart und öffentliche Anklagen (Rügen) über rechtswidrige Vorgänge im Gemeindewesen mussten hier vorgebracht werden."[103] Als Rechtsmittel diente die Öffentlichmachung bzw. das Anprangern der Rechtsbrecher. Das Rechtsurteil selbst wurde nicht vom Richter oder vom gewählten Dorfmeister gefällt, sondern von den dafür bestellten Geschworenen. Die Rechtsfindung war ursprünglich

---

101 Vgl. Wopfner, Hermann (1995): Bergbauernbuch, 2. Band, S.294
102 Ebd., S.105
103 Ebd., S.292

konsensuell zu entscheiden, erst ab dem 15. Jahrhundert kristallisierte sich ein mehrheitlicher Entscheid heraus. Wenn das Schöffengericht darüber befand, wurden, wenn nötig, eine öffentliche Rüge ausgesprochen, Geldbußen angelastet oder unliebsame gemeinnützige Tätigkeiten dem Angeklagten aufgebürdet. Doch wurden seitens der Gemeindemitglieder keine Freiheitsstrafen verhängt, oder nach dem Amtsdeutsch zu sprechen, keine strafrechtliche Verfolgung eingeleitet. Die Mitglieder der Gemeinschaft selbst regulierten den Missbrauch im Fall eines Vergehens eines Allmendemitglieds.

„In Tirol wurde dieser Vorgang der Feststellung des Rechtes als ‚Öffnen' bezeichnet."[104] Die „Öffnung" des dörflichen Rechtes erfolgte durch die Dorfältesten, die als Zeugen des Gewohnheitsrechtes in Erscheinung traten. Sie wiesen der nächsten Generation das *„gute, alte Recht"*[105], das über Generationen als unveränderliches Gesetz überliefert wurde. *„Das Recht der Weistümer war seiner Entstehung nach eine organische Bildung, war Recht „das mit uns geboren".*[106] Lange bevor die Weistümer in schriftlichen Aufzeichnungen vorlagen, tradierte sich das alte Rechtswissen in mündlicher Form. Durch die regelmäßige Abhaltung der „ehehaft Tading" prägte sich das Dorfrecht tief in das Gedächtnis der Allmendenießer ein. Die Rechtskenntnisse der Bauern über ihre autonome Satzung waren dementsprechend lebendig und im Alltag präsent und wurden ebenso als Gemeingut der dörflichen Gemeinschaft behandelt. Die Gemeindemitglieder waren vor der Ersetzung des Weistumrechtes durch das Amtsrecht politisch wie rechtlich informiert und in einer wechselseitigen Verbundenheit den anderen Dorfmitgliedern verpflichtet. Das reziproke Verhältnis der Allmendegenossen untereinander wie auch das Verhältnis zur Natur waren von einer verantwortlichen, respektvollen und schonenden Haltung geprägt.

Der Übergang von einem dörflich kommunal verwalteten Nutzungsrecht zu einem landesherrlichen Verfügungsrecht vollzog sich nicht durch die Verleihung eines Rechtstitels, sondern durch die zunehmende Machtergreifung und -durchsetzung der erstarkten Landesfürsten in der Grafschaft Tirol. *„Das Amtsrecht, wie es zu Ausgang des Mittelalters in der Form von landesfürstlichen Gesetzen und Ordnungen in zunehmender Ausdehnung auftrat, war vielfach nicht Festlegung alten Rechtes, sondern Rechtsschöpfung seitens der landesfürst-*

---

104 Ebd., S.263
105 Ebd., S.264
106 Ebd., S.265

lichen Regierung. Es galt bei den Bauern nicht als gutes Recht, sondern als eine willkürliche, dem alten Recht abträgliche Satzung."[107] Das Satzungsrecht der tirolerischen Gemeinden zur Selbstregierung war ein über Generationen übertragenes Recht, das nicht von einer übergeordneten Gewalt verliehen wurde. Das Gemeinderecht bestand neben dem Landes- oder Gerichtsrecht.

Die Inanspruchnahme des Herrschaftsrechtes bestand insofern, als die Inhaber der Gerichts- und Landesherrlichkeit stellvertretend für den König den Schutz seiner Untertanen nach feudaler Manier gewährleisten mussten. *„In der jüngeren Zeit – etwa seit Mitte des 16. Jahrhunderts – wird mit der Zunahme behördlichen Einflusses auf die Abfassung der Weistümer auch deren Sprache gelegentlich dem Amtsstil angepasst."*[108] Nicht zuletzt kam es deshalb ab dem 15. Jahrhundert zur Niederschrift und Dokumentation der autonomen bäuerlichen Rechte, die von nun an durch das Herrschaftsrecht – im wahrsten Sinne des Wortes – besiegelt wurden.

Die Rechte der Grund- und Landesherren hingegen beruhten im Mittelalter zumeist auf rein vermögensrechtlichen Verpflichtungen, die die Bauern gegenüber den Grundherren hatten. (siehe: Gemeinheitsteilung – „Teile und herrsche") Ihre persönliche Freiheit war nicht betroffen. Die Tiroler Bauern kannten großteils keine Leibeigenschaft und wurden demgemäss auch als „freie Bauern" verstanden. Sie bildeten in der politischen Landschaft einen eigenen Stand und anerkannten die Allmendhoheit der Landesfürsten. *„Die bäuerlichen Nutznießer der Allmende erkannten in ihren Rechtsordnungen, den früher erwähnten Weistümern, das Recht des Landesfürsten an der Allmende an; sie betrachteten es als ein Herrschaftsrecht, aber als Recht, das seinen Inhaber auch verpflichtet, d.h. ihm die Pflicht auferlegte, die bäuerlichen Gemeindegenossen in der Nutzung der Gemain oder Allmende zu schützen."*[109] Die gegenseitige Anerkennung wurde am Ende des Mittelalters – in Tirol um ca. 1500 – zusehends brüchig. Die Behauptung, dass unter das landesfürstlich anerkannte königliche Hoheitsrecht auch die Verfügungsmacht über die Substanz und Nutzung der Allmende fällt, kam einer Usurpation gleich. Die widerrechtliche Inanspruchnahme der lokalen herrschaftsfreien Güter, gepaart mit der Anmaßung der öffentlichen Gewalt, über diese zu verfügen, soll im weiteren am Beispiel der ehemaligen Grafschaft Tirol nachgewiesen werden.

---

107 Ebd., S.266
108 Ebd., S.106
109 Ebd., S.283

Exkurs: Die Tiroler Landschaften

„Mit der Ausbildung der Grafschaft Tirols war an die Stelle des Personalitätsprinzipes das Territorialitätsprinzip getreten: das Recht fragte nun nicht mehr nach der Abstammung, sondern nach der Zugehörigkeit zum Lande."[110] Die Zugehörigkeit zu einer politischen Landschaft – den Tiroler Landschaften bzw. Landständen – bildete sich im späten Mittelalter heraus. Der Begriff Landschaft umfasste zuerst die Bevölkerung eines Landes, und wurde erst später auf die politisch handlungsfähigen Bewohnerinnen und Bewohner eingeengt – im Sinne der Landstände. Schon vor der Ausbildung der politischen und territorialen Einheit Tirols hatten die Landstandschaften der Tiroler Bauern umfassende Rechte zur Selbstregierung in Orts- und Gerichtsgemeinden. Die Gerichtseinheiten – wie das heute noch bekannte Obere Gericht – umfasste in der Regel eine Vielzahl der Gemeinden in Landschaften, denen die Verwaltung des „Gemains" unter dem Vorsitz eines Richters oder Pflegers unterstand. Der gemeinsame Wald- und Weidebesitz, die Erhaltung der Verkehrswege und Wasserbauten oblagen den „Gemeinden".

„Das Recht der Tiroler Landesvertretung, der „Tiroler Landschaft", wurde bereits 1342 in einem großen Freiheitsbrief beurkundet, den der Tiroler Landesfürst Ludwig aus dem Hause der Wittelsbacher (1342 – 1361) ausgestellt hat."[111] Die Tiroler Landschaften hatten hiernach das Recht der Steuerbewilligung sowie der aktiven Mitarbeit und Teilnahme an der Landesgesetzgebung im so genannten Landtag. *„Die älteren Landesgesetze oder Landesordnungen regelten zunächst nach Bedarf nur einzelne Gegenstände des Rechtes. Die Vertretung des Bauernstandes am Landtag wirkte sich in der Gesetzgebung zum Vorteil des Bauernstandes aus."*[112] Die Tiroler Landesgesetze bzw. Landesordnungen wurden meist vom Landtag abgefasst. Der „offene Landtag" tritt urkundlich etwa Mitte des 15. Jahrhunderts auf, zuvor sprach man von „Landschaft" als Bezeichnung für die Vertretung des Landes. *„In dieser Bezeichnung „Landschaft" oder „gemeine Landschaft" findet die tirolerische Auffassung ihren Ausdruck, dass der Landtag das ganze Land, nicht bloß einzelne Stände vertrete."*[113] Im Landtag vertreten waren auch die Bauern als vierter Stand.

---

110 Ebd., S.100
111 Wopfner, Hermann (1995): Bergbauernbuch, 2. Band, S.125
112 Ebd., S.108
113 Ebd., S.126f.

Der Bauernstand stellte den Großteil der Bevölkerung dar. Ihre politischen Tätigkeiten entfalteten sich institutionell in zwei Formen: *„Die Landschaften der Bauern (genauer gesagt, der Gerichte, Ämter und Vogteien) in größeren Territorien und die sogenannten Landschaften, die bäuerlichen Genossenschaften im territorialen Rahmen je einer Herrschaft (Territorialgenossenschaften)."*[114] Die alten Rechte und Landesfreiheiten, die den Bauern 1342 gewährt wurden, mussten von den Herrschern bei Amtsantritt bestätigt werden, bevor den Landesfürsten die so genannten Erbhuldigung geleistet wurde. Die Verletzung der Landesfreiheit galt *„als Verletzung des guten, alten Rechtes."*[115] Dazu zählte Wehrfähigkeit, die Selbsthilfe und vor allem die Selbstregierungsrechte der Gemeingüter. Im Gegenzug musste die Bestätigung des alten Dorfrechtes durch die Gerichts- bzw. Landesherrschaft eingeholt und von ihr sanktioniert werden.

Nur in den so genannten Landfriedensgesetzen konnte der Landesfürst in die Rechte der Gemeinden eingreifen. *„Die verschiedenen Landfriedensgebote vermochten sich aber nur allmählich durchzusetzen, da die öffentliche Gewalt, die Staatsgewalt, zunächst noch in erster Linie den Schutz gegen äußere Feinde als Hauptaufgabe betrachtete, während der Schutz des inneren Friedens noch vielfach autonomen Verbänden wie der Sippe, der Nachbarschaft oder Gemeinde überlassen wurde."*[116] Im feudalen Mittelalter beschränkte sich die Verfügungsmacht auf den Rechtsschutz im „Landfrieden". Der „Landfrieden" sollte das „gemeine Volk" vor gewalttätigen Übergriffen auf die Allmende schützen, die deren Lebensunterhalt bildete. Im germanischen, alten Recht bedeutete *„Friede(n)" den Zustand der ungebrochenen Rechtsordnung als Grundlage des Gemeinschaftslebens; dieser konnte für das ganze Land (Land-, Königsfriede) oder für einen bestimmten Bezirk (Burg-, Marktfriede) gelten; noch heute sind Land- und Hausfriedensbruch juristische Begriffe."*[117] Das wichtigste Landesrecht, das im großen Innsbrucker Landtag 1511 von den Landschaften eingefordert wurde, war, *„dass der Landesfürst ohne Wissen und Willen der Landschaft keinen das Land berührenden Krieg anfangen oder durch Streitkräfte des Landes führen durfte."*[118] In diesem Gesetz schlugen sich durchaus die realen politischen Erfahrungen der Bauern nieder, denn die Bauern stellten laut Wehrverfassung die Landesverteidigung.

---

114 Blicke, Peter (1970): Bäuerliche Landschaft und Landstandschaft, in: Günther Franz, Geschichte des Bauernstandes, S.151
115 Wopfner, Hermann (1995): Bergbauernbuch, 2. Band, S.130
116 Ebd., S.103
117 Duden (1989): Das Herkunftswörterbuch, S.205
118 Wopfner, Hermann (1995): Bergbauernbuch, 2. Band, S.140

4. Die sog. ursprüngliche Akkumulation in Tirol

4.1 Allmendregal: Das Patrimonium

Das ursprünglich königliche Edikt, im Reichsschluss von 1158 als „Constitutio de Regalibus" festgeschrieben, galt zunächst nur für Italien und fand durch die lehensrechtlichen Grundsätze Eingang in die Eigentumsrechte der Landesherren von Tirol. Nach Schaffung der territorialen Einheit Tirols unter Meinrad II gingen die gräflichen Rechte und damit auch das Allmenderegal an den Tiroler Landesfürsten über. Die Geltendmachung der Verfügungsmacht wurde erst ab dem 15. Jahrhundert durchgesetzt. Das Königsrecht, kurz Regal genannt, konnte unter diesen Umständen und Vorzeichen auch finanziell nutzbar gemacht werden.

„*In Anschluss an ihre gerichtsherrlichen Rechte hatten die Grafen und Immunitätsherren jene Schirm- und Verfügungsgewalt über die Almend erlangt, die sich dann nach Entstehung der Landeshoheit durch die Aufsaugung des allmählich verblassenden königlichen Almendregals zu einem landesherrlichen Almendregal auswuchs.*"[119] Das Allmenderegal war die Verfassung der Landesfürsten, die Festlegung, die Festschreibung und die Verrechtlichung der ihm an der Allmende zustehenden Rechte, die sich zum Eigentum im Sinne des römischen Rechtes verdichteten. Diese Regalität [120] gewährte den Landesfürsten die „faktische" Verfügungsmacht über Wald, Wiesen und Wasser.

Das landesfürstliche Recht an den Gewässern erstreckte sich über die Fischerei, die Jagd in den Auen, die Bewässerungsanlagen und die Flüsse als Transportwege. „*Was nun die Nutzung der Flüsse betrifft, ist zunächst zu bemerken, dass einzelne Nutzungsrechte, insbesondere das Fischereirecht, welches ursprünglich wohl meist von der Gemeinde oder den Ufergrundbesitzern geübt wurde, seit dem 15. Jahrhundert allmählich in den meisten österreichischen Ländern ein Regal (Dominicalrecht) der ehemaligen Grundherrschaften (Obrigkeiten) geworden ist.*"[121]

---

119 Wopfner, Hermann (1906): Das Almendregal des Landesfürsten, S.24
120 Regalität meint den Anspruch einer Regierung auf den Besitz von Hoheitsrechten.
121 Randa, Anton (1891): Das Österreichisches Wassergesetz im Bezug auf die ungarische und ausländische Wassergesetzgebung, S.14

Die hoheitlichen Ansprüche weiteten sich auf ehemals frei zugängliche, „herrenlose" Gemeingüter aus und wurden in der Folge als „Patrimonialgüter" deklariert. Das Patrimonium ist das im römischen Recht verankerte vaterrechtliche Erbgut, das durch die römisch katholische Kirche im Laufe des Mittelalters als „Patrimonium Petri" rezipiert wurde. Die Installierung der patrimonialen Herrschaft diente als Grundlage zur Legitimation der Enteignung. Enteignung ist in einem Lehenssystem im althergebrachten Sinne nicht möglich, denn alles ist sozusagen nur geliehen und nicht patrilinear übertragbar oder vererbbar. Die feudale Rechtsauffassung des ausgehenden Mittelalters wurde von landesherrlicher Seite durch Rechtsbrüche und Aneignungspolitik gewaltsam aus den Fugen gerissen.

Die säkulare Herrschaft berief sich auf das theologische Konzept der katholischen Kirche mit dem Anspruch: Wer die Quellen besitzt, besitzt auch die Macht. Meist waren es auch die Klöster, die im feudalen Titularsystem – kraft ihrer Eigenschaft als Hüter des Erbes Petri – die Wasserquellen besaßen. Mit dem Erstarken der weltlichen Macht, namentlich der Grafen von Tirol und Görz, die aus dem erbitterten Kampf gegen die klerikalen Bischöfe in Brixen als neue Herren hervorgingen, übertrugen sich die lehensrechtlichen Ansprüche auf sie. Doch die neuen Herren begnügten sich nicht mit der nominellen Macht an der Allmende. Sie ergriffen die faktische Macht und eigneten sich die Güter der Allmende sukzessive an. Mit dem Hebel der Macht brachen sie das alte Gewohnheitsrecht der Bauern.

Das Gewohnheitsrecht wurde umgemodelt und in eine römische Rechtsverfassung gegossen. Die Einführung des römischen Rechts markiert den Übergang zwischen Mittelalter und früher Neuzeit. In der zweiten Hälfte des 15. Jahrhunderts gehörten zehn „doctores" dem Regierungskollegium Herzog Siegmunds von Tirol an. *„Die deutschen und auch die Tiroler Landesfürsten begannen seit der zweiten Hälfte des 15. Jahrhunderts, Rechtsgelehrte, die an den Universitäten herangebildet waren, die sog. ‚doctores', als Beamte und Richter an leitenden Stellen zu verwenden. Durch die ‚doctores' wurde die ‚praktische Rezeption', d.h. die Anwendung des römischen Rechtes, in Regierung und Rechtsprechung durchgeführt."*[122] Das römische Recht, mit dem die italienischen Rechtsgelehrten befasst waren, bot ab der Regierungszeit von Herzog Sigmund von Tirol (1439 – 1490) eine Handhabe, um das alte Landesrecht zu schmälern. Das ging so weit, dass Sigmund aufgrund der hohen Schulden mit den Bayern über einen Verkauf des Landes an sie beriet. Daraufhin musste Erzherzog

---

122 Wopfner, Hermann (1995): Bergbauernbuch, 2. Band , S.110

Sigmund abdanken, und auf Wunsch der Stände erhielt Maximilian die Erbländer Tirol und Vorlande.

Maximilian trat zusätzlich 1493 als Nachfolger seines Vaters, Kaiser Friedrich III., die Regentschaft über das Heilige Römische Reich an. *„Das ‚Heilige Römische Reich Deutscher Nation' war nach Ansicht des Mittelalters der Nachfolger des alten Römerreiches. Aus dieser Ansicht heraus erwuchs, was man die theoretische Rezeption des römischen Rechtes bezeichnet, nämlich die Ansicht, dass dem römischen Rechte auch in Deutschland Geltung zuzuerkennen sei."*[123] Bestärkt wurde das römische Recht mit der Aufwertung des „römisch-deutschen" Kaisertitels, der v. a. in der habsburgischen Familientradition die Legitimierung ihres eigenen Herrschaftsanspruches über die deutschen und ehemaligen italienischen Länder bestätigen sollte. Im Blickfeld von Maximilian waren nicht die einzelnen kleinen Grafschaften, sondern die Schaffung eines neuen Imperiums.

Maximilians Herrschaftsanspruch erstreckte sich als Kaiser des Heiligen Römischen Reiches Deutscher Nation über den Hauptalpenkamm. Der bekannte deutsche Humanist Konrad Celtes beschrieb in seiner um 1500 verfassten ersten Ausgabe des „Descriptio Germaniae": *„(…) den Inn als laut rauschend (Oenus sonans) und die Etsch als reißend (rapidis undis); da diese in den deutschen Alpen entspringen und zur Adria fließen, verkündigen sie dem stolzen Venedig, dass sie sich dem deutschen Herrscher (Germanus tyrannus) beugen müsse. Dieser im Sinne der Politik Kaiser Maximilians gelegene Satz ist von dem Gedanken eingegeben, dass der Lauf der Flüsse die Ausdehnung der Staaten bestimme, (…)."*[124] Venedig sollte sich der Macht Maximilians beugen. Doch die Markusrepublik Venedig verweigerte Maximilian 1507 den Durchmarsch zur Kaiserkrönung in Rom. Daraufhin kam es zum Krieg gegen Venedig, der von 1508 bis 1516 dauerte und im Frieden von Brüssel 1517 beigelegt wurde.

Die Landesbeschreibungen des 16. Jahrhunderts implizierten machtpolitische und territoriale Ausdehnungen entlang der Flussläufe. Der Topos der Landschaft hing ursächlich mit einem Herrschaftsanspruch zusammen. Dokumentiert wurde die Territorialsicherung anhand von Karten. Mit den Anfertigungen von Landkarten wurde auch immer ein territorialer Anspruch erhoben. Die Expansionspolitik verlief anhand der Darstellung der Einzugs- und Einflussgebiete. Mit den Anfertigungen der Landkarten wurden auch immer territoriale Grenzziehungen vorgenommen.

---

123 Ebd., S.109
124 Stolz, Otto (1936): Geschichtskunde der Gewässer Tirols, S.136

Seit dem 16. Jahrhundert vermehrten sich die Berichte über die Durchfahrt von Militärtrupps in Tirol. 1532 berichtete Abraham Kern aus Wasserburg in seinem Tagebuch von einem 20.000 köpfigen, spanisch-italienischen Heer, das von Hall in Tirol gegen die Türken Richtung Wien imbarkierte. Zehn Jahre später schifften die päpstlichen Truppen auf der Wasserstrasse Inn entlang. Im Sommer 1594 fuhren 4.000 Mann und in den Monaten Juli, August folgten gar über 12.000 Mann Fußvolk und zusätzlich 3.000 Reiter dem Weg entlang des Inn abwärts der Donau zu. Weiters wurde am Wasserweg Kriegsmaterial transportiert. Legendär ist der Transport der damals größten Geschütze [125], „Purlepaus" und „Weckauf" auf dem Wasserweg nach Kufstein. Sie kamen bei der Eroberung 1504 der heute zu Tirol zählenden Bezirke Kitzbühel, Kufstein und Rattenberg zum Einsatz.

Das schnelle Vorrücken und Vorwärtskommen der Militärzüge auf den Wasserstrassen Richtung Süden, aber auch Richtung Schweizer Grenze wurde immer wieder in den historischen Quellen angeführt. Truppendurchzüge, -einquartierungen und -versorgung stellten eine enorme Belastung für die Bevölkerung dar. Das Ausmaß der Plünderungen wirkte sich für die Zivilbevölkerung verheerend aus, „... *denn die habsburgische Armee verbreitete in dem Dreißigjährigen Krieg in den Dörfern großes Leid und die Pest.*"[126]

Für die Organisation der militärischen Operationen war die Wasserstrasse von großer Bedeutung. Der Fluss erwies sich als vorzügliche Heerstraße, da man einerseits am Wasser sicher vor dem Feinde war und auch sicher gehen konnte, dass diese Nachschubstrasse nicht zerstört werden konnten. Nicht zuletzt deswegen mussten die Wasserstrassen dem Herrscher bzw. später einer „staatlichen" vereinheitlichten Administration unterstellt werden. Die Behörden, Ämter und Verwaltungsstrukturen entstanden mit dem frühneuzeitlichen Staatswesen, das den gestiegenen administrativen Anforderungen des Kriegswesens Rechnung trug. Der massive Aus- und Umbau an den Flüssen wurde hierfür detailliert geplant und kartiert.

Die Anfertigung von Karten hatte meist einen militärischen Grund. Die militärische Standortbestimmung und die Überbrückung des Lech waren Ausgangspunkte für die spezielle kartografische Detaildarstellung. So vermutet Richard Lipp, dass die Karte des Lechtals zwischen Reutte in Tirol und Füssen von 1559 aufgrund der Einfälle der Schmalkalden (1546) und die Truppen des

---

125 Die Kanonengießerei war in Innsbruck angesiedelt und Kaiser Maximilian I., „der letzte Ritter und erste Kanonier", ließ in Innsbruck die Kanonen für seine Eroberungskriege anfertigen.
126 Schubert, Kurt und Heyn, Hans (1988): Der Inn. Gebirgsfluss dreier Länder, S.9

Kurfürsten Moritz von Sachsen (1552) zurückzuführen sei. Die Legende gibt Aufschluss über Archenbauten, Brücken, Grenzsteine, Ortsgebiete und Überschwemmungsgebiete.

4.2 Die Einführung des römischen Amtsrechtes

Die Klagen zu Zeiten Kaiser Maximilians I mehrten sich, dass die heimischen Rechte missachtet werden. *"Der Unwille war aber nicht durch ein bedeutsameres Eindringen fremden römischen Rechtes in die Rechtssprechung und Gesetzgebung verursacht; der tiefere Grund all dieser Klagen lag in jener Umbildung von Staats- und Regierungsgewalt, in jener Ausbildung eines neuen Amtsrechtes, wie sie zu Ausgang des Mittelalters in Tirol wie auch in anderen deutschen Ländern an den Tag traten. ‚Kampf um das alte Recht' wurde zum Schlagwort der Widerstandbewegung."*[127] Der Kampf ging letzten Endes um die alten autonomen Rechte der Gemeinde und Gerichte, welche durch das Amtsrecht beschränkt wurden. Der unmittelbare Eingriff in das bäuerliche Wirtschaftsleben betraf die Allmendrechte, die Rechte an der „Gemain".

Die Neurezeption des römischen Rechtes entsprach den Rechtssatzungen der dörflichen Verbände in keiner Weise, sie wurde als Bürde und Einschränkung empfunden. Es mehrten sich die Klagen der Bevölkerung, die vor allem in der Präsenz der ausländischen Rechtsgelehrten eine Opposition zu ihren heimischen Rechten sahen. *"Die Rechtsgelehrten erschienen den Landesfürsten als geeignete Werkzeuge für die Durchsetzung jener Neuordnung, welche Staats- und Fürstengewalt verstärkten und das autonome Recht zurückdrängten."*[128] Es waren auch die Rechtsgelehrten, die das alte Recht zum Unrecht und das Unrecht zum Recht erklärten und das römische Recht hierzulande implementierten.[129]

Josef Wimpfling, ein elsässischer Humanist, formulierte im 15. Jahrhundert Skepsis, die im Volk kursierte: *"Mächtiger noch als im Gerichte sind sie im Rate der Fürsten, wo sie schon viel länger im Geheimen wirken und alles umkehren und verwirren, was durch die Weisheit der Vorfahren geordnet und zu*

---

127 Wopfner, Hermann (1995): Bergbauernbuch, 2. Band, S.111
128 Ebd., S.110
129 Die neuzeitliche Rechtspraxis hatte sich in Italien anhand der Inquisitionsmethoden wie das „peinliche Verhör" in den Hexenprozessen herausgebildet und wurde in ein herrschaftlich legitimiertes Rechtssystem umgewandelt.

Recht bestand."[130] Der Zorn richtete sich nicht direkt gegen die Landesfürsten, sondern gegen die landfremden Berater, Beamten und Rechtsgelehrten. Das volksfeindliche Amtsrecht wurde dementsprechend abgelehnt.

Vorerst kam es in Tirol noch nicht zu einer völligen Aufnahme des römischen Rechtes wie in anderen deutschen Ländern. Das römische Recht bestand neben den einheimischen Statuten, erlangte jedoch zunehmend subsidiäre Geltung. Nach dem germanischen Gesetz gab es ein mehrfaches „Eigentum", das durchaus nebeneinander bestehen konnte. In Tirol wie auch in den Pyrenäenlandschaften anerkannte man das Hoheitsrecht, das aber nicht als Eigentum des Landesherren, sondern allein dem Schutz der Gemeindegenossen diente. Hingegen das römische Recht kannte nur das unbeschränkte Herrschaftsrecht einer Sache an. *„Die Vorteile des römischen Rechtes bestanden in seiner scharfen, klaren Begriffsbildung und seiner logischen durchgebildeten Systematik. Das römische Recht stand aber mit germanisch-deutscher Rechtsanschauung und deutschem Rechtsgefühl vielfach im Widerspruch."*[131]

Nur in seltenen Fällen gestand man dem alten Dorfweistum, und zwar einzig in Bestimmungen, die nicht ausdrücklich in der Landesordnung erfasst wurden, noch eine gewisse Rolle zu. Ein Kompromiss, der aber nicht über die Bedeutung und die Tragweite der rechtlichen Umdeutung hinweg sieht, denn: *„So galt etwa ab dem 16. Jahrhundert in großen Teilen Europas römisches Recht. Allerdings war das rezipierte Recht nicht identisch mit dem römischen Recht der Antike: Es war in zahlreichen Punkten im Laufe des Rezeptionsprozesses verändert und mit Rechtsgedanken anderer Herkunft vermischt worden. Weil das Recht, das auf der Rezeption und Umgestaltung des antiken römischen Rechts beruhte, den verschiedenen Staaten und Regionen Europas gemeinsam war, nennt man es Ius Commune oder Gemeines Recht."*[132]

Diese neue, sich konsolidierende Staatgewalt der Landesfürsten setzte sich nach oben gegen die Macht des Reichs durch und zwang nach unten die autonomen Gemeinden, Teile ihrer eigenen Kompetenzen aufzugeben. Viel von dem, was später als öffentliche Aufgabe betrachtet wurde, war lange Zeit den Gemeinden überlassen. *„Dem autonomen, korporativen Recht und so auch jenem der bäuerlichen Weistümer tritt in der Neuzeit die Ausbildung der landesfürst-*

---

130 Wopfner, Hermann (1995): Bergbauernbuch, 2. Band, S.112
131 Wopfner, Hermann (1995): Bergbauernbuch, 2. Band, S.110
132 In der Form des Gemeinen Rechtes hat das römische Recht in Europa gegolten, bis es durch die Zivilrechtskodifikationen des 18. und 19. Jahrhunderts abgelöst wurde. In manchen Gebieten Deutschlands galt es bis zum Inkrafttreten des Bürgerlichen Gesetzbuches am 1.1.1900. http://www.jura.uni-sb.de/Rechtsgeschichte/Ius.Romanum/RoemRFAQ.html

lichen Gewalt zur absolutistischen Staatsgewalt feindselig gegenüber."[133] Erst mit dem Einsetzen des Frühkapitalismus um 1440 übernahm die staatliche Macht Aufgaben, die vorher in den Dorfgemeinschaften erledigt wurden. Mit der Schaffung eines territorialen Staates werden die verschiedenen gemeinen Lebensformen aufgebrochen.

Mit dieser Rechtsverschiebung war es den Landesherren erlaubt, alleinig über die Wald- und Wasserbelange zu verfügen, sie zu regulieren und nach ihrem Gutdünken zu nutzen. *„Das Verfügungsrecht des Landesfürsten über die Wasserkräfte der Almend, das anfangs neben jenem der Almendgenossen und ohne Widerspruch gegen dasselbe auftrat, wurde nunmehr analog anderen landesfürstlichen Rechten an der Almend zu einem ausschließlichen umgebildet."*[134] Das Wasserregal ging auf Landesherren über und wurde partikularrechtlich bestimmt, indem das gemaine Recht gewaltsam zurückgedrängt wurde. Die Verleihung des Wasserrechtes erfolgte ab nun in Form der Erbleihe. Das Recht der gemeinsamen Wassernutzung dörflicher Kooperationen war beschnitten. Anhand der Beschränkung der bäuerlichen Jagd- und Fischereirechte, der Anlage von Teichen und künstlichen Seen, der Weidebeschränkungen in den Auen, der Eindämmung zwecks Uferschutz auf landesfürstliches Geheiß, der Schiffbarmachung der Gewässer, der Triftreglung, der Beschlagnahmung der Wälder und der Einziehung der wasserbezogenen Nutzungsrechte wie die der Bewässerung und der Wasserkraftnutzung soll im folgenden Kapitel der Prozess der Enteignung skizziert werden.

4.3 Die Jagd auf die Allmende

Die Ausübung der Niederjagd sowie das Recht des Vogelfanges waren für alle – ausgenommen waren die Bergknappen – untersagt. Der bäuerliche „Jagdrechtsame" war aufs Strengste verboten, während eine Wildhegung seitens der Landesfürsten verhängt wurde. Die Bauern unterliefen diese Maßnahme, die als große Einschränkung empfunden wurde. Trotz barbarischer Strafen wie Augenausstechen oder sofortiges Erschießen ließen sich die „Wilderer" nicht beirren, ihr altes Jagdrecht weiter auszuüben. Die volkstümliche Auseinandersetzung des Försters bzw. Jägers mit den umtriebigen Wilderern hat sich

---

133 Wopfner, Hermann (1995): Bergbauernbuch, 2. Band, S.108
134 Wopfner, Hermann (1906): Das Almendregal des Tiroler Landesfürsten, S.64

bis in die heutige Zeit als „Mythos" erhalten. *„Die Beschränkung oder gänzliche Beseitigung ihres Jagdrechtes machte den Bauern auch den Schutz gegen Wildschaden unmöglich, was umso schwerer empfunden wurde, als unter Maximilian I. eine unsinnige Hegung des Wildes Platz gegriffen hatte. In der Nähe Innsbrucks kam es so weit, dass, wie ein glaubwürdiger Bericht meldete, die Gemsen bei Zirl bis in die Felder der Talebene herabkamen und dort sich gütlich taten."* [135]

Es war den Bauern nicht nur das Jagen nach Rotwild untersagt, sie durften sich auch nicht gegen die weidenden Tiere in den Niederungen durch Einzäunung schützen. Der Schutz galt alleinig dem Wildbestand, der in eigenen Tierparks von Pflegern beaufsichtigt und genau registriert wurde. Ein solcher Tiergarten, der eigens zur Hegung des Wildes angelegt wurde, befand sich im Westen der Residenzstadt Innsbruck, dem heutigen Flughafengelände. Die Parkjagd, die Jagd in einem wilddicht eingefriedeten Gebiet, war zu dieser Zeit en vogue. Die Jagd war ein fürstliches Vergnügen. Im Jagd und Fischereibuch des Kaiser Maximilian werden die Jagd- und Fischgewässer zu diesem Zwecke programmatisch angeführt. Maximilian selbst nannte sich „der große Weidmann" und trug den Titels des „Obersten Jägermeisters des Heiligen Römischen Reiches". In einigen propagandistischen Schriften wie dem „Theuerdank" und „Weisskunig", dem „Geheimen Jagdbuch", dem „Tiroler Fischereibuch" etc. ließ er sein Inventar an den Gemeingütern festschreiben und gab auch genaue Anweisungen bezüglich der Verwaltung derselben.

4.4 Das Fischen nach der Allmende

Ähnlich wie bei der Jagd war es mit der Fischerei bestellt. Die Beschränkung der Fischerei durch das königliche Bannprivileg[136] wurde analog zum Jagdregal umgestaltet. Das Fischen in den heimischen Gewässern durfte nicht überall ausgeübt werden und war nur auf das Angeln mit einem bestimmten Gerät beschränkt. Die landesfürstliche Fischzucht war den Normalbürgern ab dem 15. Jahrhundert nicht mehr zugänglich, und es gibt Berichte, wie sich die Bevölkerung gegen diese Maßnahmen zur Wehr setzte. Eine Episode soll hier kurz Erwähnung finden. Seit alters her stand den schwangeren Frauen das Recht zu, am Achensee für den Eigenbedarf zu fischen. Ein Aktenvermerk im

---

135 Ebd., S.102f
136 Unter Bann verstand man die Strafe, die über den widerrechtlichen Gebrauch verhängt wurde.

Kloster Georgenberg lässt die dissidente Haltung der Bäuerinnen erkennen. *„Im Jahre 1536 beschwerten sich der fischereiberechtigte Abt vom Stift Georgenberg und der Fischmeister bei der Regierung, dass jetzt zehn bis zwanzig Bauernweiber zugleich kämen, vier bis fünf Strohsäcke und Bettzeug aneinander knüpften und ohne alle Bescheidenheit fischten, so dass sie ein, zwei, sogar drei Wasserschaff voll kleiner Brutfische fingen und großen Schaden anrichteten. Die Regierung möge sie in ihre Grenzen weisen."*[137] In ihre Grenzen wurden nicht nur die Frauen gewiesen, sondern das gesamte Volk. Die Fischkost war auch in der damaligen Zeit ein kostengünstiges Nahrungsmittel der Bauern. Wie sehr sich das alleinige Fischereirecht der Landesfürsten auf die Ernährungssituation der Tiroler Bevölkerung auswirkte, kann man in den krisenhaften Hungerperioden dieser Zeit erkennen. Umso verblüffender erscheint die landesfürstliche Argumentation: *„(...), dass er aus den verschiedenen Seen ‚zur Notdurft seiner Kuchel' fischen lassen kann."*[138] Grosse Bankette mit der ganzen Hofgesellschaft wurden an den großen Seen zelebriert, wie am Achensee oder dem Plansee im Außerfern. Künstliche Seen und Parks entstanden, in denen die Landesfürsten ihrer Lust am Jagen und Fischen frönten. Einige Bilddokumente von Jörg Kölderer, dem Hofmaler Kaiser Maximilians, stellen die dort abgehaltenen Festgelage dar.

Es war auch Maximilian, der einen standortfremden Fischbestand in Tirol ansiedelte. Erst kürzlich hat man im Kühtaier Gossenköllesee eine Forelle entdeckt, die noch von den von Maximilian verwendeten Populationen – dem danubischen[139] Typ – abstammen dürften. *„Maximilian hat begonnen, Seen mit Fischen zu besetzen, wo auf natürliche Weise niemals eine Einwanderung stattfinden kann. Insofern hat er die größte Umweltveränderung für diese Seen verursacht."*[140] Weiter Psenner: *„Das Einbringen von ‚Aliens' ist der schwerste Eingriff, den der Mensch bei diesen Ökosystemen machen kann."*[141] Diese ökologische Veränderung ist somit schon vor 500 Jahren unter Kaiser Maximilian eingeleitet worden. Am See zu Völs möchte ich diese landschaftlichen Eingriffe abhandeln, die bis zum heutigen Tag ein Problem darstellen.

---

137 Niederwolfsgruber, Franz (1992): Kaiser Maximilians I. Jagd- und Fischereibuch, S.58
138 Ebd., S.52
139 Der danubische Typ stammt aus der Donauregion und ist in den kalten Gebirgsflüssen nicht heimisch.
140 Global Change. Jahr des Wassers. Roland Psenner, Limnologe an der Uni Innsbruck, über die Situation und Zukunft der Tiroler Hochgebirgsseen. In: Echo. Tirols erst Nachrichtenillustrierte, 5. Jg. September Ausgabe, 28.8.2003, S.48
141 Ebd., S.48

4.5 Die Anlage von Teichen und künstliche Seen

Die Errichtung einer Vielzahl von Teichen zur Aufzucht von Fischen ist ab der Regentschaft von Erzherzog Sigmund belegt. Es wurden nicht nur die Gewässer beschlagnahmt, es entstanden auch künstlich angelegte Seen. Einer dieser künstlichen Seen war der „See zu Vels", ein 30 ha großer künstlich gestauter See im heutigen Völs westlich von Innsbruck, an der Landstraße Richtung Kematen. Das künstliche Fischgewässer wurde auf Anweisung des Erzherzogs Siegmund 1478 angelegt und anfänglich nach ihm benannt. Siegmundslust, so hieß der See zu Völs, diente ausschließlich zur Erholung und zum Vergnügen der Landesfürsten. Eine besondere Lust war für ihn und sein Gefolge die Hetzjagd des Wildes in den See. Das Fischen und das Jagen wurden unter Siegmund zu einem exklusiven Hochrecht der Landesfürsten umgewandelt mit der Begründung, man müsse den Wild- und Fischdieben das Handwerk legen. Eigene Fischmeister und Seehüter machten das alleinige Recht der Landesfürsten geltend, indem sie nicht davor abschreckten, mit härtesten Strafen gegen die einheimische Bevölkerung vorzugehen. Doch dieser umfassende Anspruch war nicht von Dauer. Nach dem Tod von Kaiser Maximilian und dem niedergeschlagenen Bauernaufstand unter Michael Gaismair kam es kurzzeitig zur Rücknahme der völligen Inanspruchnahme der Gewässer. Die Neuaufteilung wurde nun an die Verleihung des Wasserrechts in Form der Erbleihe gebunden. Auf Basis der neuen patrilinearen Rechtsordnung musste die Wasserfrage mit den Gemeinden neu verhandelt werden. Die alten dörflichen Ordnungen trafen nun endgültig auf eine veränderte rechtliche Situation. Streitigkeiten zwischen den Gemeinden bezüglich der Bewässerung der Felder tauchten nun vermehrt auf, doch die Klärung der „Wasserfragen" wurde nicht mehr auf den „Gemeindeversammlungen" bzw. in den „Gemeindestuben" getroffen, sondern von nun an in den „Amtsstuben" geregelt.

Als es zur Anlegung des künstlichen Sees 1478 kam, mussten die Völser Bauern ihre Weide- und Wasserrechte abtreten. Der Axamer Bach, die Melach und der Völser Gießen wurden in den künstlichen See eingeleitet – das gesamte Wasser floss in den riesigen artifiziellen See. Frischwasser war für den seichten See von Nöten, da kein natürliches Quell- noch Grundwasser den See speisten. Für die Völser Bauern war die Abzwackung der Gemeindegewässer durchaus ein existenzielles Problem, denn ohne ausreichend Wasser konnten sie ihre Felder nicht regelmäßig fluten und der Ernteertrag ging rasant zurück. Somit waren wiederum die Völser gezwungen, das Wasser für ihr Feld von

Kematen, der Nachbargemeinde – gegen die Entrichtung eines Grundzinses – herzuleiten. Zusätzlich gab es häufig Klagen und Beschwerden der Anrainer des Sees, deren Wiesen infolge der Durchfeuchtung sumpfig und moosig wurden. Der Ertrag dieser Felder minimierte sich zusehends und die versumpften Weideflächen machten den Völsern schwer zu schaffen. Im Jahre 1770 kam es zur Trockenlegung des Völser Sees. Bis zum heutigen Tag hat man mit dem sumpfigen Untergrund in der Völser Seesiedlung zu kämpfen.

4.6 Auen, Moore und Sümpfe

Es gelang lange Zeit nicht, die Auenlandschaften in eine „effiziente" Dauerweide umzufunktionieren. Deshalb war die Inntalsohle geraume Zeit noch weitflächig mit einem Auwald bedeckt. Die Auen waren einst unbesiedelte Gebiete, deren Nutzung den Bauern vorbehalten war. Die Auen gehörten formal den Landesfürsten. *„Die Auen galten in Tirol gleich den Gemeinde- und Bannwäldern als der Verfügungsgewalt des Landesfürsten unterworfen, wie die amtliche Aufzeichnung von 1480 von ‚all awen, all gemeinen, all pannwäld' sagt. In den Beschwerden der Gemeinden im Jahre 1525 wird auch die Anziehung dieses landesfürstlichen Rechtes auf die Auen berührt."*[142] Die Bauern forderten zu mindestens das Recht ein, in den Auen zu holzen und ihr Vieh weiden zu lassen, denn die Auen dienten zunächst als Weideland für Rinder, Pferde, Schafe und Schweine. Dort tränkten die Bauern ihr Vieh und bezogen vor allem Winterfutter. Die Auen waren in früherer Zeit von hoher Bedeutung für die Unterhaltswirtschaft. Die Jagdgebiete für Niederwild, Fasane, Wildschweine befanden sich vorwiegend in den lichten Auwaldböden. Auch das Fischen in den Seitenarmen der Flüsse, in den so genannten Giessen, war für die Selbstversorgung der Bevölkerung lebensnotwendig. Aber auch Weiden zum Korbflechten wurden für den alltäglichen Gebrauch geschnitten, Sand und Steine für den Hausbedarf entnommen. *„Die Auen und Möser waren Gemein (Allmend) nicht bloß der angrenzenden Siedlungen, sondern auch entfernter Gemeinden drinnen in den Nebentälern. Als „Gemein" unterstanden Auen wie Möser dem Obereigentum des Landesfürsten; ihre Rodung war an landesfürstliche Zuweisung gebunden."*[143] Die Urbarmachung der Auen war mit einem

---

142 Stolz, Otto (1936): Geschichtskunde der Gewässer Tirols, S.274
143 Wopfner, Hermann (1995): Bergbauernbuch, 1. Band, S.110

hohen Arbeitsaufwand verbunden. Der Fluss und die ihm zuströmenden Seitenbäche mussten zunächst eingedämmt werden. Dafür bauten man so genannte „Archen"[144], übereinander geschichtete Steinkästen, die durch Hölzer zusammengehalten wurden. Man benötigte für die Wasserschutzbauten eine beträchtliche Menge an Holz, damit man die Hochwässer abhalten konnte.

Erst im 16. Jahrhundert begann man die Ufer zu sichern, in dem Archen, Buhnen und Dämme errichtet wurden. Die Instruktionen Kaiser Maximilians vom 30. April 1507 an den Fischmeister lauteten, dass dieser alle Gießen[145] und Auen von Hall bis Telfs verarchen und hegen soll. Die Flüsse wurden nun allmählich eingedeicht, um dem Lauf der Gewässer ein festgelegtes Bett zu geben. Die Seitenarme und Auen wurden dadurch immer mehr eingenommen und nach menschlichem Ermessen reguliert.

Die Schutzbauten gegen Hochwasser galten nun als Präventivmaßnahme. So erlebten die Hochwasserbauten v. a. im 16. Jahrhundert einen Aufschwung, einem Jahrhundert, das von Unwetterkapriolen und Schlechtwetterphasen besonders betroffen war. Die ersten technischen Innovationen dieser Zeit fanden auch an den Flüssen Tirols ihre Anwendung. Der neu eroberte Siedlungsraum in den Talsohlen machte weiterführende Schutzvorkehrungen vonnöten. Buhnen und Archen konnten den Menschen aber nur ungenügend Sicherheit bieten. *„Immerhin ist durch die ständige Erweiterung und Verstärkung dieser Bauten im Laufe der Jahrhunderte bis zur Jetztzeit der Schutz gegen Hochwasser immer mehr erhöht und die Gefahr der Überschwemmungen immer mehr zurückgedrängt worden, ohne aber die äußeren Katastrophen abwenden zu können."*[146]

Die „Inwertsetzung" der Auen begann erst im 16. Jahrhundert mit der kanalartigen Verbauung von Bächen und Flüssen. Die Auwälder wurden gerodet und als „Neubruch" oder „Einfang" in das „Privatleben" einzelner Bauern übertragen, die ihrerseits dem Fürsten dafür einen Zins entrichten mussten. Die Verarchung verhinderte die Bildung von Inseln und Schotterbänken; das Überschwemmen, also das „Überrinnen", „Verrinnen" und „Verfließen" wurde eingedämmt. Die Verbauung der Auen erhöhte wiederum die Hochwassergefahr für die Gebiete am Unterlauf.

---

144 Das Wort Arche leitet sich vom Lateinischen arca = Kasten ab.
145 Gießen sind langsam fließende Wasserläufe, die meist durch Grundwasser gespeist werden und nach einem ruhigen Fließen in den Hauptfluss münden.
146 Stolz, Otto (1936): Geschichtskunde der Gewässer Tirols, S.280

4.7 Holztrift und Flößerei

Große Teile des Waldreichtums am Oberlauf des Lechs und an den Zuflüssen standen im Besitz des Hochstiftes Augsburg. Vor allem im 16. Jahrhundert stieg der Holzbedarf in Augsburg exorbitant. 1550 erwarben die Augsburger Abstockungsrechte im Lechtal bei Stanzach, Forchach, Namlos und Fallerschein. Mittels der Wasserwege wurden 1565 im Namloser und Fallerscheinertal – in Zahlen ausgedrückt –132.000 Bäume und ein Jahr danach 182.000 Bäumstämme getriftet. Die natürliche wie auch die künstliche Holzschwemmung zog die Fischerei und auch die Länden und Brücken arg in Mitleidenschaft. Beschwerdebriefe über die entstandenen Schäden durch das lose triftende Prügelholz wurden immer wieder aktenkundig. Schlussendlich wurde die temporäre Ferntrift seitens der Augsburger aufgrund der Vielzahl an Klagen eingestellt.

Der Lech wurde 1548 als *„ain naturlicher grosser wasserfluß"* charakterisiert, welcher *„der felsen und stein halber mit schiffen nit, aber mit flossen gar vill und treffenlich gebraucht werde. (...) und dass der Lech ‚ein seer streng laufend und reysend wasser (bevorab so er mit dem Regen- und Schneewasser gereicht) sey, desshalber derselbigt den Nachpern, so daran mit irenn guttern stossen, merklichen schaden zufiege'. Und da ‚der Lech sich täglich verendere' und ‚so offt ein gross gewesser kom... ein sonnder Bachmutter' mach (,,,).“* [147]

Der Lech wurde als unbändiger, reißender Fluss beschrieben, der das Landschaftsbild nachhaltig prägte, indem er tagtäglich seinen Lauf veränderte. Aus dem Text geht die damals häufige Nutzungsart des Fließgewässers hervor: die Flößerei. Weiters wird erwähnt, dass der Charakter des Lech als Grenzscheide umstritten war; denn er wurde ursprünglich als „herrenlos", nämlich als *„ain gemain wasser"* bezeichnet. Der Lech war der große Landschaftsgestalter. Ein anderes Rechtssprichwort besagte, dass der Lech „geb und nem". Die Geländegewinnung und deren Verlust wurde immer mehr zu einem politischen Machtspiel zwischen den Anrainern. Verträge wurden geschlossen und durch Pläne illustriert. Die Gemäldekarte hatte eine doppelte Funktion: Seit dem 16. Jahrhundert ist das Bild visuelles Vorstellungsmittel im Dienste der Akten. Sie bezeugte und beurkundete das Recht. Und sie stellte einen wahren Sachverhalt in strittigen Angelegenheiten dar. Die richtige und genaue Wiedergabe des Geländes diente zur Veranschaulichung des gegenständlichen Streitfalls.

---

[147] Christoff Amberger (um 1505 – 1562), Ferdinandeum 96 586, S.138

Das Fähr-, Floß- und Triftrecht war einst eine Angelegenheit die den örtlichen Kommunen unterstand. Die „gemeine" Benutzung für den Transport wurde jedoch durch den Anspruch des Hoheitsrechtes geschmälert. Für die Überfahrt mit der Fähre machte der Landesfürst das Straßenregal geltend, das ihm die Oberaufsicht gewährte. „*Nur mit seiner Zustimmung durften neue Brücken erbaut und Mautabgaben für ihre Benutzung eingehoben werden.*"[148] 1464 verlieh der Landesfürst dem Markt Reutte das Recht, eine Brücke an der Stelle zu errichten, wo einst die Fähre über die Furt übersetzte.

Für die Schifffahrt eignete sich der Oberlauf des Lech wohl nicht, da die Stromschnellen und Engen und nicht zuletzt der unbeständige Flusslauf, der sich, wie oben erwähnt, ständig verlagert und in den Wintermonaten zuwenig Wasser aufweist. Das kalte, kalkhaltige Lechwasser war für die Flößerei und für die später einsetzende Trift besonders geeignet, denn bei den niedrigen Wassertemperaturen saugte sich das Holz nicht so schnell voll. Otto Stolz berichtete von einer Floßbinderei bei Vils, wo das angelandete Prügelholz für den weiteren Transport auf der Wasserstrasse zusammengebunden wurde. Die Floßlände war seinen Ausführungen nach auch gleichzeitig ein Warenumschlagplatz. Waren aller Art wurden flussabwärts nach Augsburg und den anrainenden Lechgemeinden geflößt.

Die Holztrift von den weiter entfernten Waldgebieten zum Lech setzte erst ab dem 16. Jahrhundert ein, als die landesfürstliche Verordnung die Hochwälder in den Seitentälern des Lechtals einzog. „*Außerdem wurde die Trift aus den nur aufwendigen zu betriftenden Seitenbächen erst notwendig, als der Waldbestand in der Nähe des großen Flusses ausgezehrt war.*"[149] Für die Anlieferung des Holzes von den Bergwäldern wurden bei allmählicher Steigerung des Holzbedarfes infrastrukturelle Maßnahmen ergriffen wie beispielsweise die Errichtung von Holzriesen, Klausen und Triftkanäle. Die Haller Saline und die Berghütten, die im ganzen Land zahlreich vorhanden waren, verschluckten eine Unmenge an Holz für die Verhüttung. Eigens dafür wurde der Höhenunterschied über den Fernpass hinweg mittels verschiedener Holzriesen überwunden. „*Aus dem Lechtal stammende und für die Saline in Hall bestimmte Trift-Hölzer wurden über Jahrhunderte hin in Ehenbichl oberhalb von Reutte angeländet und auf einem eigens dafür gebauten Weg bis zum Fernboden bei Nassereith geschafft. Von dort führte eine Wasserriese, die aus dem Fernbach*

---

148 Raster, Bernhard (1979): Der Lech. Nutzung und anthropogenen Veränderungen des Lechs in historischer Zeit, S.91
149 Ebd., S.108

Wasser erhielt, über Brennbüchel zum Inn hinab, wo die Hölzer dann auf dem Inn bis zur Haller Saline getriftet wurden."[150] Diese aufwendige Holzbeschaffung war notwendig, nachdem die Wälder im Engadin und Oberinntal schon rücksichtslos abgeholzt wurden. Der Raubbau durch die Abholzung für die Salzpfanne in Hall zeigte sich im Lechtal durch die starke Verkarstung der Berge. *"Wie aus der Anichkarte hervorgeht, hat um 1770 der Wald im Gramaistal noch bis zum Kogelsee und zum Roßkarsee hinaufgereicht; heute liegt die Baumgrenze etwa 200 bis 300 Meter tiefer."*[151]

Die Abnahme des Waldbestandes hatte zur Folge, dass die Erosion im Oberlauf der Seitenflüsse und auch die Aufschotterungstätigkeit im Lechtal zunahmen. Durch die Steilheit des Geländes und die Waldlosigkeit konnte der Boden die Niederschläge nicht mehr aufnehmen, und es kam immer wieder zu großen Überschwemmungen, Vermurungen und Lawinenabgängen. 1817 wurde der Lech durch eine Lawine aufgestaut und überschwemmte so große Teile des Talbodens. *"Zweifellos bringen diese Lawinen aber auch enorme Mengen Geschiebe mit, die entweder direkt in den Lech gelangen oder von den Seitenbächen mit den Hochwässern in den Lech abgeführt werden."*[152] In keinem anderen Tal Tirols wurden so aufwendige Lawinenverbauungen errichtet, wie im tirolerischen Lechtal.

Die Erhöhung des Gewässerabflusses durch das stoßweise abfließende Triftgewässer beim Klausenschlagen führte zur Mitnahme einer erheblichen Menge an Sand und Schotter. *"Wie weit die talbreite Aufschotterung unterhalb von Stanzach von eben diesen Triften auf dem Namloser Bach stammt, der bei Stanzach in den Lech mündet, oder doch wesentlich durch die plötzliche Talweitung nach der Engstelle am Beichlstein gegenüber Stanzach bedingt ist, lässt sich nur schwer entscheiden."*[153] Sicher ist, dass das Ausmaß der entstandenen Schäden bei der übermäßigen Holztrift vor allem die einheimische Bevölkerung traf, die für die Ausbesserungsarbeiten immer wieder herangezogen wurde. Die Errichtung und Wartung von Klausen, Triftkanälen und künstlichen Rinnen war ein beträchtlicher zusätzlicher Arbeitsaufwand.

---

150 Ebd., S.111
151 Ebd., S.121
152 Ebd., S.123
153 Ebd., S.122

4.8 Die Bewässerung – Wasser wassern

Das „Wasser wassern" war in den inneralpinen Trockengebieten von höchster Bedeutung und weit verbreitet. Die Bergwiesen wurden bewässert, damit sie einen höheren Ertrag erbrachten. Mit dem guten „Wässer-Wasser" wurden die Bergmähder nicht nur durchfeuchtet, sondern auch mit dem feinen Schlamm gedüngt. *„In hohem Maße ist bei dem weißlichen Schmelzwasser der Gletscher (Gletschermilch) der Fall, das das fein Zerreibsel (Detritus) aus dem Untergrund der Gletscher führt."*[154] Die Wasserzuleitungen für Nutzwasser sind vermutlich recht alt und werden in Urbaren des 13. und 14. Jahrhunderts als Aquädukte benannt. Die Ursprünge der Wasserleitungen befanden sich vor allem in den Teilen Tirols, wo das romanische Erbe der Räter noch besonders präsent war.

Ein ausgeklügeltes Waalsystem ermöglichte, dass jeder Allmendangehörige Wasser aus den hölzernen Wassergeleiten auskehren durfte. Das Nutzwasser wurde von kleineren Seen oder anderen Fassungsstellen auf einer Höhe von 2000 bis 2800 Metern eingekehrt und dann in einem aufwendigen Graben-, Rinnen- und Röhrensystem den einzelnen Fluren zugeführt. Das Auskehren einer bestimmten Wassermenge wurde in den dörflichen Weistümern auf das Genaueste geregelt, nämlich wer und wann seine Felder fluten durfte. Diese Bewässerungsordnung nannte man „Wasserrode". Unter der „Rode" versteht man die Reihenfolge, in welcher die Bewässerung der einzelnen Äcker und Wiesen vorgenommen wurde. Das wiederkehrende Wässerungsrecht erfolgte in einem bestimmten Nacht- und Tagesrhythmus, nach Stand der Sonne und des Schattens. *„Die richtige Handhabung der Wasserordnung hat eine lange Vertrautheit mit dem Vorgang bei der Bewässerung zur Voraussetzung, eine Vertrautheit, wie sie oft nur alten Bauern aufgrund langer Erfahrungen zuteil geworden ist."*[155] Unbefugtes Auskehren von Bewässerungswasser wurde mit schweren Strafen geahndet und verfolgte manchen bis über den Tod hinaus, wie einige Sagen und Legenden aus dem Vinschgau berichten.

Die Wassergeleite, wie wir sie für die landwirtschaftliche Nutzung kennen, wurden auch für andere Zwecke eingesetzt. *„Die Wasserwaale hatten gelegentlich auch gewerblichen Betrieben sowie sonstiger Nutzwasserlieferung, so zum Waschen, Tränken und namentlich zur Feuerbekämpfung zu dienen."*[156] Unter Aufsicht des landesfürstlichen Hofes wurde der Ausbau der Wassergeleite gestellt.

---

154 Wopfner, Hermann (1997): Bergbauernbuch, 3. Band, S.350
155 Ebd., S.364
156 Ebd., S.352

Hinsichtlich der Verwendung von Bewässerungsanlagen trat bereits im 14. Jahrhundert das Verfügungsrecht der Landesfürsten über das fließende Wasser auf, doch stand es neben dem Allmendrecht der Gemeinden. Der Landesfürst baute sein Hoheitsrecht zu einem Obereigentumsrecht aus und versuchte, das Verfügungsrecht über die Gewässer in der Gemeinde für sich stärker geltend zu machen. *„In manchen Fällen ging er so weit, bestehende Wassernutzungsrechte der Gemeindegenossen zu beschränken oder ganz aufzuheben."*[157] Erst ab dem 15. Jahrhundert rissen die Landesherren das Wässerungsrecht ohne Rücksichtnahme auf alte Ordnungen an sich. *„So verfügte bereits um 1463 der tirolische Landesfürst Herzog Sigismund eine Beschränkung der Wasserentnahme aus dem Weißenbach (aus dem Halltal),…"*[158] Was noch schwerer wog, war, dass der Landesfürst nun Verleihungen von Wasserrechten auf dem Weg von Verträgen, Verkauf und Tausch an Privatpersonen übertrug. Auf jeden Fall war ab dieser Zeit das Recht der Wasserkraftnutzung für den Betrieb von Sägemühlen an die landesfürstliche Bewilligung geknüpft.

5. Mühlenordnungen: Wasser auf den Mühlen des Gesetzes

Die Kraft des Wassers kam als erstes unter die Räder der „Mühlenordnung". Die ersten Sonderrechte sind die Mühlordnungen des 15. bis 18. Jahrhunderts, die sich teilweise auch auf die Regelung der Staurechte bezogen. Die erste „gesetzliche" Mühlenordnung wurde von Kaiser Ferdinand I. 1553 erlassen. Nach dem Codex Austriacus bestanden in Österreich weitere Mühlenordnungen aus den Jahren 1572, 1576, 1618, 1643, 1672.[159] Die Neuheit dieser Ordnungen bestand darin, dass für die Errichtung wie für den Betrieb einer Mühle eine behördliche Genehmigung eingeholt werden musste. Erstmals wurde für die private Errichtung, bzw. den Betrieb die behördliche Bewilligung verpflichtend.

---

157 Ebd., S.361
158 Ebd., S.354
159 Wiedemair, Johann (2003): Geschichte und inhaltliche Entwicklung des österreichischen Wasserrechtes, S.4

Die Nutzung der Wasserkraft kannte man vorerst nur im kleineren hauswirtschaftlichen Gebrauch. Bei der Mühlenordnung ging es vordergründig noch nicht um den „Rohstoff" Wasser, sondern um die Kontrolle des Mahlens von Korn, also um eine Art Lebensmittel-Kontrolle. *„Für den Betrieb der Mühlen enthält die Landesordnung von 1532 und 1573 ausführliche Bestimmungen, hauptsächlich, um Übervorteilungen der „Mahlgäste" durch die Müller zu verhindern."*[160] In mittelalterlichen Urkunden – den so genannten „Urbaren" – wurden Mühlen als Zubehör von Landgütern angeführt. *„Die Berechtigung zum Betrieb einer Mühle wurde ursprünglich vom Landesherrn, später auch vom Grundherrn, der das Mühlenregal verliehen hatte, erteilt."*[161] Neben dem Regalrecht, das die Bischöfe von Brixen 1179 vom Kaiser verliehen erhielten, war auch die Nutzungsbefugnis der Mühlen als „Gemain" bekannt. *„Bereits im 12. und 13. Jahrhundert war ein Konflikt um die Nutzung und Kontrolle von Energiegewinnungstechniken erkennbar."*[162] Die Benutzung der herrschaftlichen Wassermühlen als Energiequellen zum Mahlen wurde jedoch meist als eine „Reale", d.h. eine Sache bzw. eine Gegebenheiten der dörflichen Gemeinschaften betrachtet. Viele Ortsnamen lassen sich auf den Betrieb von Mühlen zurückführen, wie etwa der heutige Innsbrucker Stadtteil Mühlau.

Die Mühlen waren meist direkt an kleinen Bächen mit starkem Gefälle errichtet worden, um den Betrieb ihrer Räder sicherzustellen. Der Antrieb mit fließendem Wasser war schon lange bekannt und wurde auch in vielfältiger Weise genutzt. Die Nutzung des Wassers umfasste den Betrieb von Mühlen, Sägen, Stampfen von Fruchtkernen wie Öl, Mohn, Hirse, Gerste, Leinsamen, Hammerschmieden, Poch- und Hebewerke für Bergwerke. Unter Mühlen verstand man vorwiegend Triebwerke aller Art, die zum Mahlen des Korns, aber auch in anderen Gewerben wie z. B. in den Papiermühlen zum Einsatz kamen. In der Neuzeit wurde die wirtschaftliche Bedeutung und die Kontrolle der Wasserkraft zunehmend wichtiger.

Die Gewerbe, die seit jeher mit Wasserkraft arbeiteten, waren an den Bachlauf gebunden; ihr Nutzungsrecht war ein „realer"[163] Gemeingebrauch, d.h. es war unmittelbar ein an Haus und Hof gebundenes Recht. *„Die Wassernutzungsrechte sind zumeist mit bestimmten Höfen oder auch mit einzelnen Grund-*

---

160 Stolz, Otto (1936): Geschichtskunde der Gewässer Tirols, S.323
161 Wiedemair, Johann (2003): Geschichte und inhaltliche Entwicklung des österreichischen Wasserrechtes, S.3
162 Merchant, Carolyn (1987): Der Tod der Natur, S.58
163 Real ist eine Ableitung von lateinisch „res": „Sache, Ding". Unter Realitäten verstand man die dinglichen wie sachliche Lage, die Gegebenheiten, die Wirklichkeit.

stücken als Realrecht untrennbar verbunden."[164] Dieses Realrecht musste ab dem 15. Jahrhundert gegen Entgelt in Erbpacht oder gegen Erbzinsleihe erkauft werden. Die Erbleihe wurde an den Betrieb einer Mühle und ihrer wirtschaftlichen Nutzung geknüpft. Die Einholung der Zustimmung über die Wassernutzung war nun nicht mehr ein gewohnheitsrechtlicher Anspruch der den Landgemeinden und den einzelnen Höfen überlassen war, sondern wurde an eine Bewilligung durch den Grund- bzw. Landesherren gekoppelt. Mit dieser Änderung wurden das lehensrechtliche Verhältnis aufgekündigt und eine Kapitalisierungsprozess in Gang gesetzt. Der erste Schritt zur Akkumulation war getan.

Mit der Einführung des Erbzinsleihe (siehe Exkurs: Gemeinheitsteilung: Teile und herrsche) wurden die Gegenleistungen für die Bauern immer größer. Die Belastungen für die Bauern erhöhten sich, da die landesherrlichen Steuerforderungen nach oben geschraubt wurden, *„…weswegen die Bauern sich vielfach auf frühere Zustände, auf das ‚alte Recht' beriefen."*[165] Sie pochten auf ihr Gewohnheitsrecht und die Beschwerden, dass die „Ehrungen"[166] einen Bruch mit dem alten Lehenverhältnis darstellten. Das Leihgut wurde nun alljährlich wieder verliehen und war meist mit der Erhöhung des Pachtzinses[167] gekoppelt. So konnte der Landesfürst über seine obersten Aufsichtsorgane – die Forst- und Seemeister – alle Aktivitäten der Bauern kontrollieren und etwaige bäuerliche Konkurrenten ausschalten. *„Daß die Ausnützung von Wasserkräften zu Ausgang des Mittelalters ganz allgemein an Einholung eines landesherrlichen Konsenses und Entrichtung eines bestimmten Zinses geknüpft wurde, musste umsomehr als ungehörige Neuerung empfunden werden, als die Zeit, wo der Landesfürst sein Recht an den Gewässern noch wenig oder gar nicht geltend gemacht hatte, noch mancherorts in frischer Erinnerung war."*[168] Die Erinnerung an bessere Zeiten war durchaus noch lebendig und präsent. Die „ungeheuren Neuerungen" läuteten die Neuzeit ein. Der Übergang um 1500 war ein völliger Bruch mit der alten Gemeinordnung. Dieser Bruch wurde von „oben" herbeigeführt. Der Landesfürst setzte sich ins Recht und ermächtigte sich selbst, über die „herrschaftslosen" Güter zu verfügen. Zur Durchsetzung der herrschaftlichen Rechte bedurfte es eines Ordnungsstabes, der systematisch die öffentliche Expropriation durchführte.

---

164 Wopfner, Hermann (1997): Bergbauernbuch, 3. Band, S.361
165 Tiroler Landesausstellung (2000): Circa 1500, S.38
166 Mit den Ehrungen waren zusätzliche Abgaben für die längerfristigen Leiheverhältnisse verbunden.
167 Wopfner, Hermann (1906): Das Almendregal des Landesfürsten, S.38
168 Wopfner, Hermann (1995): Bergbauernbuch, 1. Band, S.102

Exkurs: Gemeinheitsteilung – Teile und herrsche

"Zunächst erfolgte bereits im 14. und 15. Jahrhundert einen Aufteilung der großen Urhöfe."[169] Die Aufteilung der alten Besitzgemeinschaften fand vor allem in den ältesten Dorfsiedlungen statt. Wopfner vermutete, dass die Auflösung der alten Bauerngüter, die sich aus stammesverwandten Familienverbänden gebildet hatten, aus dem Druck einer allgemeinen Bevölkerungszunahme im 16. Jahrhundert resultierte. Der Grund der Aufteilung war seiner Meinung nach der „Landhunger", der nicht mehr durch die Ausdehnung, sondern durch Teilung und Intensivierung des Ackerbaus erfolgte. Die Aufteilung der Urhöfe erfolgte im 15. Jahrhundert zunächst in zwei bis vier Teilgüter. Die Zerstückelung erreichte sodann bis gegen Ende des 18. Jahrhunderts ihren Höhepunkt. Das führte auch dazu, dass mit der Teilung oder mit dem Verkauf von bäuerlichen Gütern die Wasserrechte und andere Rechte aus der Gemeinde aufgeteilt wurden.

In machen Tälern war die Besitzerssplitterung in ein Vielfaches – beispielsweise im osttirolerischen Außer-Villgraten Tal von einem Vierundzwanzigstel bis zu einem Sechsundneunzigstel eines alten Flurhofes – schon so weit gediehen, dass die Bruchteile eines Hofes eine selbstständige Unterhaltswirtschaft verunmöglichte. Trotz der Aufteilung der Urhöfe in mehrere Teilstücke (Parzellen) konnte sich die Erinnerung an die Urhöfe erhalten. In den Urbaren wird der Urhof noch als Einheit betrachtet. *„Die Zinsgüterverzeichnisse, die so genannten Urbare, behandelten den Urhof auch nach seiner Auflösung in mehrere Bauerngüter als Einheit, der Urhof in seinem alten Umfang erscheint im Urbar häufig als das mit Zins belastete Objekt."*[170]

Die erbliche Leihe im Mittelalter wurde zur Bewirtschaftung und Nutzung gegen bestimmte, dem Herren zu leistende Abgaben und Frondienste überlassen, fiel jedoch nach dem Ableben an den Gutsbesitzer zurück. *„Unter Erbzinsleihe verstehen wir die Überlassung von Grundstücken seitens des Eigentümers oder eines verfügungsberechtigten Besitzers an andere zu erblichem Nutzungsrecht gegen bestimmte Leistungen."*[171] Die freien Leihen konnten auf Zeit oder aber

---

169 Wopfner, Hermann (1938): Güterteilung und Übervölkerung tirolerischer Landbezirke im 16., 17., 18., Jahrhundert, S.203
170 Wopfner, Hermann (1995): Bergbauernbuch, 1. Band, S.142
171 Wopfner, Hermann (1903): Beiträge zur Geschichte der freien bäuerlichen Erbleihe Deutschtirols im Mittelalter, in: Gierke, Otto (Hrsg.): Untersuchungen zur Deutschen Staats- und Rechtsgeschichte, S.1

auf erbliche Leihen fußen. Man nannte dieses Lehensverhältnis „Prekarie", ein auf Widerruf verliehenes Gut, das wohl nicht rechtlich aber faktisch ein erbliches Nutzungsrecht gewährte. Seit dem Ausgang des Mittelalters gestaltete sich die Entwicklung derart, dass die Großgrundbesitzer die „Bauern übervorteilten", indem sie den Bauern die Nutzungsrechte absprachen. *„Andererseits ward die Einziehung der Bauerngüter auch dadurch ermöglicht, dass die Gutsherren dort, wo bisher die Erblichkeit des Nutzungsrechtes nur faktisch bestanden hatte, sich auf den Rechtstandpunkt stellten und nach dem Tode des Nutzungsberechtigten das Gut nicht mehr weiter verliehen."*[172] Eine Teilung grundherrlicher Güter war nach dem tirolerischen Erbbaurecht nur möglich, wenn der Grundherr der Teilung zustimmte.

Die Zahl der Bauerngüter ist allerdings nicht bloß durch die Teilung der Urhöfe erhöht worden, sondern auch durch die Zuweisung und den möglichen Erwerb einzelner Grundstücke durch Betriebsansiedlungen. *„Durch die Ausbreitung gewerblicher Betriebe in den Landgemeinden wurde die Entstehung von Kleingütern und die Besitzersplitterung gefördert, da die Gewerbetreibenden gewöhnlich bemüht waren, wenigstens einen kleinen Grundbesitz zu erwerben."*[173] Die frühesten gewerblichen Betriebe in den tirolerischen Landgemeinden waren vor allem an den verkehrsbegünstigten Durchzugsstraßen und an den Wasserläufen zu finden, namentlich das Gewerbe der Müller und der Schmiede. Im 16. Jahrhundert kam vermehrt der Betrieb von Sägemühlen dazu und auch Gerber, Fassbinder, Rädermacher, Fleischhauer und Bader ließen sich an den fließenden Bächen nieder. Dementsprechend stieg die Zahl der Söllhäusler.

In den Tiroler Weistümern nannte man derartige Kleingüter Söllgüter, welche öfters nur aus Haus und Garten bestanden und nicht zum Unterhalt der Familie ausreichten. Seine Inhaber bezeichnete man als Sölleute oder Söldner.[174] Die meisten Söllbesitzer waren Bergknappen, Handwerker, Holzarbeiter und Taglöhner. *„Mit dem Aufkommen des Bergbaues entstanden in den umliegenden Landgemeinden zahlreiche Söllhäuser der Bergleute. Die Regierung wies ihnen – sehr zum Verdruss der Bauern – Bauplätze für den Hausbau und kleinere Grundstücke für den Garten auf dem Boden der Allmende an."*[175] Die starke Zunahme der Gewerbegebiete am Land, so Wopfner, und die

---

172 Ebd., S.4f.
173 Wopfner, Hermann (1995): Bergbauernbuch, 1. Band, S.149
174 Vgl. dazu Ortsnamen wie z. B.: Söll, Sölden.
175 Wopfner, Hermann (1995): Bergbauernbuch, 1. Band, S.150

Zersplitterung des Grundbesitzes förderten sich wechselseitig und gingen Hand in Hand. Auch nach dem Niedergang des tirolerischen Bergbaus in der zweiten Hälfte des 16. Jahrhunderts verbesserte sich die Lage für die Bauern nur kurzzeitig.

Seit dem 15. Jahrhundert stellten die Tiroler Bauern den vierten Stand im Landtag. Der Einfluss des bäuerlichen Landstandes wird in den Landesordnungen ersichtlich. *„Als im Jahre 1525 der großer Bauernaufstand losbrach, schlug sich die Masse der wirtschaftlich weniger sichergestellten Bauern, vor allem der Kleinbauern, zu den Aufständischen. Dieser „Pofel" (von lat. Populus = Volk), wie damals die Regierung geringschätzig diese Masse nannte – heute würde man etwa von Proletariat sprechen – war in der Hauptsache Träger der Umsturzbewegung, während die wirtschaftlich besser Gestellten unter den Bauern zwar auch für Neuerungen und Ausbau der Volkherrschaft waren, ihre Ziele aber auf friedlichen Wege zu erreichen strebten."*[176] Vor allem nach den Bauernkriegen von 1525 machte man den Tiroler Bauern in der Landesordnung von 1526 weit reichende Zugeständnisse, die jedoch kurz darauf wieder zurückgenommen wurden. An die Stelle der aufgehobenen Landesordnung von 1526 trat die Verordnung 1532, die bis ins 18. Jahrhundert in Kraft blieb. In dieser Landesordnung wurde ein gewisser Vorbehalt gegen die Güterteilung niedergeschrieben. Der Anschluss der Tiroler Bauern an die Schweizer Eidgenossen stand noch zu Beginn des 16. Jahrhunderts *„ als Schreckgespenst vor den Augen der tirolerischen Regierung"*.[177]

Die einstweilige Einschränkung der Güterteilung, die in der Landesordnung von den bäuerlichen Landständen nach dem Bauernkrieg von 1526 erwirkt wurde, wurde kurz darauf wieder gelockert, denn die Teilung der Güter war immer ein finanzieller Vorteil für die Gutsherren. *„Die Güterteilung führte zu vermehrten Abgaben an den Grundherren aus dem Titel der Besitzänderung. Häufig verlangten die Grundherren für ihre Einwilligung in die Teilung eigene Teilzinse."*[178] Oft beklagten die Weistümer, dass der grundherrliche Eigennutz die weitere Zerteilung der geschlossenen Gemeindefluren fördere. Die ehemaligen selbständigen Güter sind zu Zugütern, zu so genannten Söllgütern umgewandelt worden.

---

176 Wopfner, Hermann (1995): Bergbauernbuch, 1. Band, S.156
177 Wopfner, Hermann (1903): Beiträge zur Geschichte der freien bäuerlichen Erbleihe Deutschtirols im Mittelalter, in: Gierke, Otto (Hrsg.): Untersuchungen zur Deutschen Staats- und Rechtsgeschichte, 67. Heft, S.173
178 Ebd., S.211

In den Landschaften, wo die deutsche Besiedlung nachweisbar stärker durchgedrungen war, hat sich ab dem 16. Jahrhundert das so genannte Anerbenrecht herausgebildet. Im Tiroler Unterinntal ging diese Recht auf den Anerben, also an den ältesten oder jüngsten Sohn über. Das Anerbenrecht entstammt – nach den Mutmaßungen von Wopfner – dem „*germanischen-deutschen Familiengedanken*"[179], der das Familien- oder Stammgut als Grundlage für den Bestand der Familie und für das Ansehen in der Gemeinde betrachtete.

Daraus erwächst und leitet sich die Erbsitte des männlichen Anerben heraus und schlägt sich in der geschlossenen Hofstruktur nieder. Der unteilbare Familienbesitz zwang die anderen Erbberechtigten ihr „Hoamatl" (=Heimat) zu verlassen. Man nannte sie die „Weichenden", denn sie mussten das brüderliche Gut verlassen und wurden mit einer geringen Abfindung, einer so genannten „Hinausgabe" abgefertigt. Die weichenden Geschwister verdingten sich vorwiegend im bäuerlichen Handwerk oder aber als Knechte und Mägde.

Von Interesse ist, dass sich diese Erbfolge im 16. Jahrhundert erst herauszubilden scheint, denn in den Landesordnungen von 1532 und 1573 wurde der Grundsatz des gleichen Erbrechtes aller Kinder noch bemerkt, „*wenn auch mit einer gewissen Beschränkung des Erbrechtes der Töchter am Grundbesitz.*"[180] Die Bevorzugung des Erben wurde vorerst abgelehnt und noch kaum praktiziert. Das änderte sich im Laufe des 17. und 18. Jahrhundert grundlegend.

Aufgrund der topografischen Gegebenheiten an steilen Hängen ist die Bewirtschaftung von kleinen Parzellen von Vorteil, denn die Kultivierung verlangte einen höheren Aufwand von Arbeit gegenüber den Gütern in den Niederungen. Eine andere Erbgepflogenheit herrschte demgemäß im Tiroler Oberinntal vor. Die Erbteilung erfolgte zu gleichen Teilen. Die Durchsiedlung der Alemannen und die rätoromanische Urbevölkerung kannten nur das egalitäre Prinzip der gleichen Teilung. „*In solchen Gebieten alter Güterteilungssitten empfindet es der Bauer heute noch geradezu als Ungerechtigkeit, ein Kind im Sinn des Anerbenrechtes vor allen anderen zu bevorzugen.*"[181] Ein Bericht des gebürtigen Fisser Landesrats Ilmer verdeutlicht, dass bei dieser Art der Erbteilung alle Gemeindebewohner ein außerordentliches Interesse am Wohl der

---

179 Wopfner, Hermann (1995): Bergbauernbuch, 1. Band, S.158
180 Wopfner, Hermann (1995): Bergbauernbuch, 1. Band, S.164
181 Ebd., S.188

Gesamtgemeinschaft haben. *"Gegen die Verarmung und zu starke Zersplitterung ist in diesen Dörfern ein Riegel vorgeschoben. Die Feuerstätten (selbständige landwirtschaftliche Betriebe) sind nämlich eingeforstet, ein neues Bauernanwesen kann in einer solchen Gemeinde nicht entstehen, weil einer Einforstung oder der Nutznießung an den Gemeindewaldungen und den Gemeindeweiden die Zustimmung von der Gemeinde nie erteilt würde. Das ganze Gemeindeterritorium hat daher eine bestimmte Anzahl von Besitzern, die den Nutzgenuß an den Gemeindewaldungen, Gemeindeweiden und Gemeindealpen haben. Die Anzahl der Besitzer kann sich wohl vermindern, nie aber über ein bestimmtes Maß hinaus vermehren."*[182] Die Errichtung von neuen Wohn- und Wirtschaftsgebäuden war in den bäuerlichen Gemeinden, in denen die Allmendnutzung lebensnotwendig war, nicht oder nur kaum vorgesehen. *"Das Nutzungsrecht an der Allmend oder Gemein war als Realrecht mit einer genau festgelegten Zahl alter Häuser verbunden; die Gemeinde argwöhnte, dass die Inhaber der neuen Häuser über kurz oder lang ähnliche Rechte wie die Besitzer der alten Häuser beanspruchen würden."*[183] Ab dem 16. Jahrhundert kam es in manchen Landschaften des westlichen Tirols zu Hausteilungen, da es verboten war, neue Feuerstätten, also Wohnhäuser zu errichten.

Damit einher ging auch die Umwandlung von Weideland in Wiesen oder Wiesenmähder in Äcker. Auenlandschaften wurden zunehmend in Weide- und Kulturland umgewandelt. *"Die Neuanlage zahlreicher Höfe auf dem Boden der Gemein oder Allmende, so besonders auch auf Almen und Voralmen hatte die Fläche, die bisher der Weide gedient hatte, gemindert, auf der anderen Seite aber die Zahl der auf Weidenutzung angewiesenen Betriebe erhöht."*[184] Diese Erweiterung, die durch die zahlreichen Brandrodungen erfolgte, ging vor allem auf Kosten des Waldes. *"Führte die Rodung zur Gewinnung von Acker, Wiesen oder Weide, so war die Vernichtung des Waldes in der Regel eine dauernde."*[185] Aufgrund der Verwüstung des Waldes stellte man schon Mitte des 15. Jh. beispielsweise im Stanzertal fest, dass der Schaden am „communis silva", dem gemeinen Wald schon sehr weit fortgeschritten sei und der Wald unter Aufsicht der Förster gestellt werden müßte.

---

182 Ilmer: Menschen und ihre Lebeweise im Oberen Gericht, Zeitschrift „Tirol", III. Folge, Jg. 1932, Heft 1/2, S.34 f., in: Wopfner, Hermann (1995): Bergbauernbuch, 1. Band, S.193f.
183 Ebd., S.209
184 Ebd., S.104
185 Ebd., S.105

Nährboden – angeschwemmt
© Cornelia Kaufmann

II. Die Verknappung der Gemeingüter

1. Forstregal

Einen Wald, der unter die persönliche Nutzung des Königs fiel, bzw. privilegierten Personen oder Klöstern zugesprochen wurde, nannte man im Mittelalter „Forst".[186] Mit der Einforstung des Waldes wurde seitens des Königs ein Eigentumsanspruch erhoben. *„Durch Überweisung von Forsten an einzelne Personen oder Anstalten haben dann auch diese das Eigentum am Forst erlangt."*[187] So gingen Teile des gemeinen Waldes auf einzelne Personen, Höfe oder Klöster über, die durchaus als Privatwälder bezeichnet werden können.

Zum „eigentumsrechtlichen" Schutz des Forstes wurde seitens der landesfürstlichen Forstaufseher der Forstbann über alle nicht eindeutig zugewiesenen Wälder verhängt. Das waren meist die so genannten Hoch- und Schwarzwälder[188], die am oberen Teil des Berghanges aufragten und nicht leicht für die bäuerliche Gemeinschaft zugänglich waren. Die Abstockungs- und Rodungsbewilligungen wurden meist nur zur Deckung des Holzbedarfes von Saline, Berg- und Hüttenwerken erteilt. Die Verleihung von Rodungsbemächtigungen wurde nun gesetzmäßig vorgenommen. *„So ermächtigte unter anderem der tirolerische Forstmeister Karl von Spauer im Jahre 1492 die Gemeinde Natters, in ihrem Gemeindewald ein großes Stück zu roden."*[189]

Ab 1440 wurden in Tirol so genannte Waldbereitungen zur Kontrolle und Genehmigung des Einschlages durchgeführt und eine Reihe von Waldordnungen für die Nutzung und Pflege der Allmend- und Amtswälder erlassen.

---

186 Forst leitet sich auf das lateinische Wort „forestis" zurück und bezeichnet den Vorgang der Einforstung „forestare".
187 Wopfner, Hermann (1997): Bergbauernbuch, 3. Band, S.536
188 Unter Hoch- und Schwarzwälder versteht man vor allem die Nadelgehölz wie Lärchen, Fichten, Tannen und Föhren, die vor allem in den höheren Bergregionen beheimatet sind.
189 Wopfner, Hermann (1997): Bergbauernbuch, 3. Band, S.106

"Ziemlich genau ab 1500 begannen die deutschen Landesherren einer nach dem anderen, Forstordnungen zu erlassen, die oftmals nicht nur für die Domanialwälder, sondern für alle Wälder des Landes galten; das führte zu anhaltenden Konflikten mit den Landständen."[190] Am Höhepunkt des Raubbaus wurden die ersten Waldordnungen erlassen; der Zugang zum Wald wurde reguliert und verrechtlicht.

"Seit dem 16. Jahrhundert stellten die Landesherren und ihre Juristen die Herrschaft über die großen Wälder wie selbstverständlich als ein uraltes Regal hin, obwohl es sich dabei in Wahrheit um eine neue Konstruktion auf brüchiger Traditionsbasis handelte."[191] Die neu eingesetzten italienischen Rechtsgelehrten legitimierten den umstrittenen Anspruch über alle Forste des Landes mit der Oberaufsicht über die bäuerlichen Allmendewälder, *„mehr noch jedoch mit einem von ihnen behaupteten einreißenden Holzmangel, der das ganze Land bedrohe."*[192] Auf die vom „Feuergewerbe" produzierte durchaus reale Verknappung des Holzes reagierten die Landesregenten mit dem Erlass einer Waldordnung. Der „Waldschutz" sollte zur Wahrung des so genannten „Gemeininteresse" dienen: *„In einer Zeit, in der die Öffentlichkeit durch den Buchdruck, die Reformation und die Kommunikationsnetze der Humanisten zu einer Macht wurde, war es geboten, fürstliche Interventionen mit dem Gemeinwohl zu rechtfertigen."*[193] Die Legitimationsstrategie, Verordnungen im Interesse des Gemeinwohls zu benützen, mutet sehr „modern" an. Zu dieser Rechtfertigungsstrategie kommt hinzu, dass sich über die Herstellung der Ordnungsmacht die Territorialherrschaft stärker konsolidierte. *„Die Geschichte der Forstordnungen lässt sich als Geschichte ihrer Übertretungen schreiben; der Erlass neuer Forstordnungen wird oft damit begründet, dass die bisherigen nicht mehr eingehalten werden."*[194]

Die Holzbenutzungsrechte besaßen schon um 1500 westlich und östlich des Ziller die Tiroler Landesfürsten. Nach ihrer Verwendung wurden die landesfürstlichen Wälder geschieden in „Forste" und Amts- und Bergwerkswälder, je nachdem, ob sie unmittelbar zur Deckung des landesfürstlichen Holzbedarfes oder jener von Salinen und Bergwerke dienten. Nach einem 500 Jahre währenden Kampf zwischen Gemeinden und Landesfürsten wurden

---

190 Radkau, Joachim (2000): Natur und Macht. Eine Weltgeschichte der Umwelt, S.167
191 Ebd., S.167
192 Ebd., S.167f.
193 Ebd., S.168
194 Ebd., S.169

1847 durch die Waldpurifikation vom Staat die Wälder, an denen er nur das mittelbare Eigentum besaß, den Gemeinden und Interessentschaften übergeben. Die Tiroler Bauern gaben den Wald nicht kampflos auf. *„Die Tiroler Markgenossenschaften erlangten 1847 nach einem über 500 jährigen Rechtsstreit gegen die Grafen von Tirol und danach die habsburgischen Kaiser den Sieg und das Eigentum an ihren Wäldern."*[195] Aus den Wäldern im unmittelbaren Obereigentum des Landesfürsten gingen später die Reichs- oder Staatsforste, seit 1920 Bundesforste hervor. Es ist dies im Zillertal z.b. schwach die Hälfte der Gesamtwäldfläche (siehe: Exkurs: Geldquelle). Bis zum heutigen Tag haben sich diese Rechte grundbücherlich erhalten. Die Anteile an den Wäldern wurden zurückgegeben. Durch die zurückerworbenen Rechte der Teilwaldbesitzer konnte z. B. ein kürzlich geplantes Golfplatzprojekt in Imst[196] verhindert werden.

In manchen Gebieten kam es zu einem regelrechten Holzmangel. *„Die Wäldereinziehung zu Gunsten der Berg- und Hüttenwerke war eine so starke, das selbst in der waldreichen Umgebung des Achensees die Untertanen über mangelhafte Deckung ihres Holzbedarfs klagten."*[197] Mit der zunehmenden Holzknappheit kam es zunächst zu einer Beschränkung der freien Holznutzung auf bestimmte Teile des „gemainen" Waldes. Genau festgelegt wurde die Zahl der Stämme oder Holzfuhren, die der Nutzungsberechtigte aus dem Wald bringen durfte. Manche Teile des Gemeindewaldes wurden unter Bann gestellt, d.h., dass ohne die Einholung einer Bewilligung nicht geholzt werden durfte, auch nicht für den Eigenbedarf. *„Der Nachweis, dass der Wald als Zubehör eines Bauerngutes genannt wurde, wurde nicht genügend anerkannt, um das bäuerliche Eigentum an einem solchen Sonderwald zu behaupten."*[198] Der bäuerliche Nebenerwerb der Holztrift und Flößerei wurde ab nun unter Kartell der Bergreviere gestellt und die Nutzung für den Eigenbedarf von Wald und Wasser schmerzlich eingeschränkt. Gerechtfertigt wurde das Einziehen der einst herrenlosen Güter durch das Argument, man müsse den Wald vor Forstfrevel der Allmendnießer schonen. *„Die Bauern haben den Vorwurf der übermäßigen Abholzung und Holzverschwendung oft und mit Recht an ihre Fürsten zurückgegeben."*[199]

---

195 Ebd., S.171
196 Klocker, Christoph (2004): Golfsport in Tirol, S.48f.
197 Wopfner, Hermann (1906): Das Almendregal des Landesfürsten, S.101
198 Ebd., S.541
199 Radkau, Joachim (2000): Natur und Macht. Eine Weltgeschichte der Umwelt, S.171

Der oberste Forstmeister erklärte die Wälder als Bannwälder und ließ mit härtesten Strafen gegen die Bauern vorgehen. Überwachen und Strafen war das Motto der landesfürstlichen Kammer. *„Der Versuch, den Herzog Siegmund gelegentlich gemacht hatte, Forstfrevel einkerkern zu lassen, hat unzweifelhaft große Aufregung hervorgerufen, da solches Vorgehen mit der Rechtsauffassung des Volkes im grellsten Widerspruch stand; werden doch die Weistümer nicht müde zu betonen, dass ansässige Personen wegen „ehrlicher Sachen", d.h. wegen strafbarer Handlungen, die nicht krimineller Natur sind, verhaftet werden dürfen."*[200]

Die Kriminalisierung der bäuerlichen Bevölkerung schritt voran und wurde brachial exekutiert. Unter der Herrschaft von Kaiser Maximilian wurde das erste Strafgesetzbuch auf deutschem Boden, die so genannte „Maximilianische Halsgerichtsordnung" von 1499 erlassen. Die Landesfürsten schufen per Verordnung und mit Hilfe eines neu eingeführten Verwaltungsstabes die gesetzlichen Rahmenbedingungen, die den Siegeszug des Kapitalismus einleiteten. Die landesherrliche Macht war mit dem Allmendregal im Besitz der ersten „Lizenz zum Plündern".[201] Die Enteignung der bäuerlichen Allmendrechte ist die Voraussetzung für die Herausbildung einer neuen Wirtschaftsordnung, des Kapitalismus.

„In den zwölf Artikeln des Bauernkriegs von 1525, dessen Ursache nicht zuletzt in Waldkonflikten zu suchen ist, versichern die aufständischen Bauern, die von ihnen geforderte Rückgabe der Wälder an die Gemeinden würde nicht deren Rodung zur Folge haben, da die Gemeinde über gewählte ‚Verordnete' über den Holzschlag wachen würde."[202] Für die Bauern war der Wald nicht nur zur Beschaffung von Brennmaterial von Bedeutung, sondern auch als Futterquelle, Weideplatz für das Vieh und als Bauholzlieferant. *„Aus ökologischer Sicht gibt es Gründe zu einer Neubewertung der Rolle der Bauern in der Waldgeschichte."*[203]

Die Bauern nutzten die gemeinen Wälder, um ihren Lebensunterhalt zu sichern, das heißt, sie betrieben keinen Raubbau. *„Wenn sich die Bauern entgegen der Weisung der Förster nicht die Mühe machten, den Waldboden von ‚totem Holz' zu säubern, sondern entgegneten, das Totholz dünge den Waldboden, so hatten sie, ökologisch gesehen, nicht unrecht. Wenn sie die ‚Plenterwirtschaft' mit Einzelstammentnahme je nach Bedarf festhielten, statt den Wald schlagweise abzu-*

---

200 Wopfner, Hermann (1906): Das Almendregal des Landesfürsten, S.104
201 Der Begriff leitet sich vom gleichnamigen Buchtitel ab: Mies, Maria & Werlhof, Claudia von (2003): Lizenz zum Plündern. Das Multinationale Abkommen über Investitionen „MAI"
202 Radkau, Joachim (2000): Natur und Macht. Eine Weltgeschichte der Umwelt, S.171
203 Ebd., S.172

holzen, so förderte diese ‚unordentliche' Waldnutzung, die von Forstleuten als ‚Plünderwirtschaft' geschmäht wurde, die natürliche Verjüngung des Waldes."[204] In diesem Sinne waren die Bauern diejenigen, die den Wald „nachhaltig" bewirtschafteten und nicht die ab dem 15. Jahrhundert herrschende Forstwirtschaft. Die Art von Nachhaltigkeit wie sie in der Forstwirtschaft betrieben wurde, bestand nur darin, die Dauer der Abholzung zu verlängern, indem man die monokulturelle und schnellwüchsige Fichten aufforstete, anstatt die alte Form der bäuerlichen Plenterwirtschaft weiter zu betreiben. (siehe: Nachhaltigkeit und Ökologisierung)

2. Bergregal

Ab der Mitte des 15. Jahrhunderts erlangte der Schwazer Erzbergbau überregionale wirtschaftliche Bedeutung. Der Abbau am Falkenstein und Eiblschrofen warf schon 85% der gesamten Silberproduktion aller europäischen Bergwerksreviere ab.[205] Nebenbei erwähnt trug das Schwaz auch den Beinamen „Mutter aller Bergwerke" ein. Tirol zählte somit am Beginn der Neuzeit zu den reichsten habsburgischen Erbländern, – doch die Landesfürsten wussten diesen Reichtum zu schmälern. Schillernde Figuren in der Geschichte Tirols waren Erzherzog Siegmund, der „Münzreiche", und sein Nachfolger Kaiser Maximilian. Es waren auch diese beiden, Siegmund und Maximilian, die das Allmendregal an sich rissen und den Bergbau allerorts förderten. Ihre luxuriöse Hofhaltung und die kostspielige Kriegsführung brachten sie in desaströse finanzielle Nöte. Immer mehr Darlehen wurden von den Augsburger Handelsgesellschaften an die Habsburger vergeben. Mit der zunehmenden Verschuldung kam es schließlich 1515 zu einer Verpfändung der Schwazer Silber- und Kupferproduktion an die Augsburger Bankiersfamilie der Fugger. *„Mit diesem jüngsten Verpfändungsvertrag entstand das erste*

---

204 Ebd., S.170
205 Silber aus Schwaz gelangte über die Fuggereien bis in die Sahara, wo es bis zum heutigen Tag im Umlauf ist. Vgl. Gert Müller (2003): Schwazer Silber in der Sahara? 2. Internationales Bergbausymposion Schwaz Silber – Schwaz 2003: Wasser Fluch und Segen, 25. 09.2003

europäische Kupfermonopol, denn auch das ungarische Kupfer war – über die Fugger – in die Geschäfte der Augsburger Handelsgesellschaften einbezogen. "206 Die Intensivierung des Bergbaus in Tirol setzte in der Mitte des 15. Jahrhunderts ein, mit der Praxis der „stillen Teilhaber", *„die aufgrund der hohen Investitionskosten bei der Erschließung neuer Bergwerke und bei den technisch immer aufwendigeren Pump-, Förder- und Verhüttungsanlagen notwendig wurden."*207 Die Augsburger Bankiers der Fugger übernahmen die Produktion im Silberbergwerk in Schwaz. Der Zusammenhang zwischen Kapital- und Monopolbildung sowie den Machtverhältnissen wird in Tirol besonders sichtbar. *„Habsburg wird im 16. Jahrhundert zur Weltmacht auch aufgrund der Ausbeutung der Bergwerke in Tirol, Ungarn und Böhmen. Das deutsche Großkapital wiederum kann durch seine profitablen Montan-Beteiligungen als Kreditgeber von Fürstentümern auftreten. Der Bergbau ist eine der wichtigsten Machtquellen."*208 Die Landesfürsten, die mit faktischer Gewalt das Berg- und Wasserregal an sich rissen, finanzierten mit Hilfe der privaten Geldgeber ihre Kriegszüge und weiteten ihren Machthorizont aus.

Nun war die Handelsgenossenschaft der Fugger in der Lage, die Absatzregeln europaweit zu diktieren, und sie setzten den Kupferpreis fest, wohlgemerkt, ohne selbst im Erzabbau tätig zu sein. Die Monopolstellung der ausländischen Kapitalgeber hat sich auch politisch niedergeschlagen. *„Welche Macht sich in den Händen der Fugger konzentriert, kann man daraus ersehen, dass sie, als es nach dem Tod Kaiser Maximilians darum ging, wieder einen Habsburger auf den Königsthron zu setzen, den Kurfürsten die unvorstellbare Bestechungssumme von 600.000 Gulden auf den Tisch legten. Von diesem immensen Betrag mussten die Habsburger 415.000 Gulden Schwazer Silber zurückzahlen."*209

Ein anderes Moment in der Herausbildung des Kapitalismus ist die Freisetzung der Arbeitskräfte und ihre Ausbeutung. Die Knappen wurden von aller Herren Länder angeworben, von anderen Bergwerken abgezogen, sozusagen als „Gastarbeiter" importiert. Sie waren so genannte Sölleute, das heißt sie waren landlos und damit nicht in einer Gemeinde eingebunden.210 Für sie

---

206 Palme, Rudolf & Ingenhaeff, Wolfgang (1995): Stollen, Schächte, fahle Erze. Zur Geschichte des Schwazer Bergbaus, S.58
207 Ebd., S.71
208 Ebd., S.72
209 Ebd., S.60
210 Noch heute wird nach diesem Prinzip vorgegangen. Die mobilen Plünderungstrupps brechen die örtlichen Tabus und Schutzmaßnahmen, die die indigene Bevölkerung über Jahrhunderte aufrecht erhielt.

galten andere Gesetze (Berggesetz), andere soziale Verbindungen, so genannte „Bruderschaften" (Männerbünde) und neue Institutionen (Versicherungen für Knappen), die das Leben der Bergleute regelten. Die Bergarbeiter wurden in verschiedene Kategorien eingeteilt, denn der arbeitsteilige Bergabbau erforderte sowohl Hilfsarbeiter, die nur für die Aufrechterhaltung des Stollenbetriebs verantwortlich waren, als auch Spezialisten, die eigentlichen Knappen, die mit Eisen und Schlägel in den Berg vordrangen, um die Erze zu schürfen. Die Arbeitsbedingungen im Untertagbau waren generell äußerst hart und gefährlich. Vor allem das Wasser, das aus allen Ritzen hervorquoll, machte den Bergknappen schwer zu schaffen. Zur Beseitigung des eindringenden Wassers in die unterirdischen Stollen „...*standen rund um die Uhr bis zu 600 Wasserschöpfer im Einsatz, die in einer langen Menschenkette das in Eimer gefüllte Wasser aus dem Berg beförderten.*"[211] Diesen Vorgang der Entwässerung nennt man in der Bergmannssprache: „lösen". In kaum einem anderen Gewerbe lagen Fluch und Segen des Wassers so eng beieinander wie im historischen Bergbau. Der Kampf gegen die Überflutung der Gruben gehörte zum Alltag der Bergleute.

„*Mit dem 1491 angeschlagenen Sigmund-Erbstollen – heute zum Teil als Schaubergwerk ausgebaut – wurde der tiefste Einbau am Falkenstein betrieben. Da die Erze unvermindert in die Teufe anhielten, musste man für die Trockenhaltung des Schachtreviers schon bald auf die Technik „Wasser hebt Wasser" zurückgreifen. So wurden die Wässer des Bucher Bachs über ein etwa fünf Kilometer langes ober- und untertägig vorlaufendes Rinnwerk zu den Wasserkünsten geleitet, wo sie dann sinnvoll abgearbeitet wurden.*"[212] Erst mit dem Wasserschöpfrad[213] konnte man das ständige Problem des eindringenden Wassers lösen; – auch das der aufsässigen Knappenschaft. Die Wasserknechte wussten, dass ohne ihre Dienste der Förderbetrieb stillstand und bei jedem Streik wirtschaftliche Einbußen für die Gewerken und somit auch für die Landesfürsten entstanden. Vorkehrungen zur Eindämmung der Streiks wurden mit der Erteilung von Privilegien getroffen. So gab Kaiser Maximilian I. (1490 – 1519) den Bergknappen die völlige Steuerfreiheit, gewährte ihnen das Erstkaufrecht am Schwazer Markt, verschonte sie bei Rechtsdelikten. Er verlieh ihnen das Recht des freien Fisch- und Vogelfangs, das seit der Einführung des Allmend-

---

211 Palme, Rudolf & Ingenhaeff, Wolfgang (1995): Stollen, Schächte, fahle Erze. Zur Geschichte des Schwazer Bergbaus, S.22f.
212 Gstrein, Peter: Rinnwerke und Schwazer Wasserkunst, 2. Internationales Bergbausymposion „Schwaz Silber – Schwaz 2003: Wasser Fluch und Segen, 25.09.2003
213 Diese technische Errungenschaft galt zur damaligen Zeit als Weltwunder, die in vielen Darstellungen dokumentiert wurde.

regals der Landesfürst für sich allein beanspruchte. Darüber hinaus waren die neu angesiedelten Bergknappen der Verpflichtungen gegenüber den Gemeinden enthoben, an den einberufenen Gemeindeversammlungen teilzunehmen und sich nach dem Weistum, der dörflichen Satzung, zu richten. Von Amts wegen her waren die neuen Siedler nicht an die alten Nutzungsrechte gebunden. Die dörfliche Aufsicht hatte somit keine Handhabe bzw. Weisungsmacht über deren Schalten und Walten. *„Mochten die Bauern immerhin als altes Recht weisen, dass jede Ansiedlung von Sölleuten auf Almendboden an die Zustimmung der Gemeinde gebunden sei, mochten sie auch das Recht der Almendnutzung für solche Ansiedler auf das engste beschränken, das landesfürstliche Amtsrecht ließ sich durch Rücksicht auf derartige Satzungen des autonomen Rechtes nicht beirren.*[214] Diese Widersetzung gegen das Gemeingesetz wiederum führte zu enormen sozialpolitischen Problemen innerhalb der Tiroler Bevölkerung.

Während die Allmendgenossen immer stärker unter der Repression der landesfürstlichen Pfleger litten, kam es zu einer fortschreitenden Verknappung ihrer Lebensgrundlagen. Was den Knappen großzügig zuteil wurde, blieb den Bauern verwehrt. Am Beginn des 16. Jahrhunderts verschlimmerte sich die Situation für die Bauern dermaßen, dass sie von einem passiven Widerstand allmählich zu einem aktiven übergingen. Die Konflikte zwischen Bauernschaft und Bergarbeitern kulminierten in den Tiroler Bauernkriegen von 1525. *„Die Bauern erhoben sich in bewaffnetem Aufstand, um die Rückkehr zur Selbstverwaltung der Gemeinschaftsressource und deren Kontrolle durch die dörflichen Aufseher zu erzwingen."*[215] Die Einforderung der bäuerlichen Rechte mit Waffengewalt scheiterte allerorts, nicht zuletzt deshalb, weil der amtierende Landesfürst geschickt die beiden oppositionellen Kräfte, die aufständischen Bauern gegen die revolutionären Knappen, ausspielte. Mit der Verfassung der Meraner Artikel versuchten die Bauern auf Rechtswegen ihre alten Rechte zurückzufordern. Der Eingriff in das bewährte kommunale Rechtsverständnis drückte sich in der Verfassung dieser Artikel aus, die im Anschluss an die Bauernrevolte des Jahres 1525 formuliert wurden.

Die Schleusen für den sozialen Aufstieg öffneten sich nur kurzfristig für einige Bürger- und Gewerkenfamilien, die sich im Bergbau profilieren konnten. Der Großteil der Bevölkerung profitierte nicht am neuen Bergsegen und litt unter Hunger, Krankheiten und Unterdrückung. Die Tiroler Bauern stellten die überwältigende Mehrheit in der Bevölkerung dar und sie hatten von jeher

---

214 Wopfner, Hermann (1906): Das Almendregal des Landesfürsten, S.107
215 Merchant, Carolyn (1987): Der Tod der Natur, S.63

eine besondere Stellung, denn sie waren nie Leibeigene. Dieser Umstand ist fast einzigartig in Europa. Der Tiroler Bauernstand hatte eine eigene Vertretung in den Ständeversammlungen, im Landtag.[216] Die soziale Stellung der Bauern war dementsprechend stark. Mit der Schaffung der territorialen Einheit Tirols wurde diese Stärke von der neuen politischen und institutionellen Elite geschwächt. Umso weniger verblüfft es, dass die Tiroler Bauern Anhänger des föderativen und republikanischen Modells der Schweizer Konföderation, welche auch oft als „Bauernrepublik" in der Geschichte Erwähnung findet, waren. Die „Bauernkriege" waren Ausdruck der widerständischen Gesinnung, die durch das Mitwirken in der politischen Arena und durch Verhandlungen mit dem jungen Ferdinand I[217] kein so blutiges Ende nahmen wie andernorts.

3. Wasserregal

Um 1500 kam es in Tirol unter den Vorzeichen des kapitalistisch orientierten ausbeuterischen Umgangs mit Natur zur Ausbildung des Wasserregals, das zur Steigerung der wirtschaftlichen Wertschöpfung beitrug. *„Zur Ausbildung dieses Regals trug vor allem die Steigerung des wirtschaftlichen Wertes der Wasserkräfte bei, welche durch deren Bedeutung für das aufblühende Bergwerks- und Hüttenwesen bedingt war. Die Wasserkräfte kamen für dasselbe namentlich in Betracht, insofern sie zum Holztransport und zur Aufbereitung des gewonnenen Erzes verwendet wurden."*[218]

Das Wasser war Voraussetzung für die Montanindustrie, ihre Verfügung Bedingung für den Transport. *„Das Flößerei- und Triftwesen nahm seit jener*

---

216 Ebd., S.224
217 Ferdinand I. trat nach dem Tod des Kaiser Maximilian I. (1509) das Erbe als Landesfürst in der Grafschaft Tirol an. Sein Bruder Karl V. wurde 1519 Kaiser des Heiligen Römischen Reiches, dessen Wahl die Fugger mit Geldern aus den Schwazer Silberminen finanziert hatten. Ferdinand stammte aus Spanien und sprach kein Wort deutsch. Er hatte für die Tiroler nicht viel übrig. Nur einige wenige Zugeständnisse wurden den Bauern nach 1525 zuteil. Allen Ansässigen und allen im Bergbau Tätigen wurde das Fischen mit bestimmten Geräten erlaubt, bzw. die Jagd mit der Armbrust (Enten und Wildtauben) in sehr beschränktem Maß zugelassen.
218 Wopfner, Hermann (1906): Das Almendregal des Landesfürsten, S.64

Zeit eine steilen Aufstieg; immer mehr Flüsse und Bäche wurden durch Beseitigung natürlicher Hindernisse trift- und flößbar gemacht."[219] Das Holz wurde von allen Teilen Tirols nach Hall bzw. nach Schwaz geflößt. Eigens dafür angelegte Kanäle, Holzrechen und Häfen zeugten bis ins 20. Jahrhundert von der enormen Holzzubringung via Wasserweg. Anhand der zwei zur damaligen Zeit sehr bedeutenden Städte Schwaz und Hall werden die Handelsgebaren exemplarisch skizziert.

„Der Holzrechen von Hall, jene Flusssperre, an der sich die Floßhölzer für die Saline stauten, setzte der Schifffahrt in Tirol Anfang und Ende."[220] Hall war der End- und der Kopfhafen für die Innschifffahrt. Das Haller Wirtschaftsleben war auch aufs engste mit dem Inn verbunden und dem damit einhergehenden Transport- und Handelswesen. Das Salz bildete die wirtschaftliche Grundlage der Stadt Hall. Im Jahre 1260 verlegt man die Saline vom Eingang des Halltals an die Gestade des Inn. Dort wurde das Schwemmholz für die Sudpfannen der Saline aufgefangen und gestapelt. Die Salzsole wurde mittels Holzrohren in einer Wasserlösung vom Berg ins Tal geleitet und in der Sudpfanne zum Verdampfen gebracht, so, dass nur das „weiße Gold" übrig blieb. In der alten Bergbautechnik behandelte man das salzhaltige Gestein mit Wasser und schöpfte die Lösung von Hand aus in die Gerinne zur Sudpfanne.

Ab dem 15. Jahrhundert ersetzte man das Wasserschöpfen durch die neuen Techniken der Ableitung. Die Hohlräume im Berg wurden mit Wasser gefüllt und mittels Rohrleitungen, die mit dem darunter liegenden Stollen durch ein Ventil verbunden waren, ausgeschwemmt. Damit konnte man in kürzerer Zeit mehr Salz ins Sudhaus bringen, das wiederum zur Steigerung der Wertschöpfung beitrug. Im ausgehenden Mittelalter und weit in die Neuzeit hinein stellte der Salzabbau die wichtigste Einnahmequelle in der Grafschaft Tirol dar. Mit der Einführung des Salzmonopols lukrierte der Landesfürst einen erheblichen Finanzerlös. Der Reinerlös der Saline in Hall war teils höher als der aus dem Schwazer Silberbergbau.

Das Salzamt in Hall hatte großes Interesse an einem gut ausgebauten, schiffbaren Inn, denn die Schiffe aus Bayern und Innerösterreich[221] brachten Getreide und im Gegenzug kaufte man das Salz. Neben Salz wurden vor allem Wein aus Südtirol, Schnittholz, Bretter, Kalk, Wolle, Kupfer, Blei und Fertig-

---

219 Radkau, Joachim (2000): Natur und Macht. Eine Weltgeschichte der Umwelt, S.168
220 Schubert, Kurt und Heyn, Hans (1988): Der Inn. Gebirgsfluss dreier Länder, S.9
221 Lange Zeit sagte man in Tirol: „Wir fahren ins Österreichische", denn Tirol war eine Grafschaft und assoziierte sich nicht mit dem innerösterreichischen Erbländern.

produkte aus Eisen in Naufahrt, d.h. flussabwärts geschifft. Dem grenzüberschreitenden Import kam eine bedeutendere Rolle zu: Weizen und Roggen aus der Kornkammer Ungarns und Böhmens gelangten auf diesem Weg nach Tirol. Bis ins 16. Jahrhundert ernährte das Tal die Bewohner, und die bäuerliche Grundexistenz war mit der Nutzung der Allmende gesichert. Die Einführung von Getreide hing unmittelbar mit der Einziehung der Gemeingüter zusammen. Dazu kam, dass in verschiedenen Ansiedlungen, wie beispielsweise in Schwaz, die Knappen zusätzlich versorgt werden mussten, denn sie waren Sölleute, die keinen landwirtschaftlichen Grundbesitz hatten.

Schwaz war mit über 20.000 Einwohnern um 1500 nach Wien der zweitgrößte Ort im heutigen Österreich. Die Versorgung der in kurzer Zeit rasant angewachsenen Bevölkerung in Schwaz zog eine Vielzahl an Problemen mit sich. Die Fremdversorgung mit Lebensmitteln durch Getreideaufkäufe bzw. Lieferverträge ist in größerem Umfang erst ab der Mitte des 16. Jahrhunderts nachzuweisen. *„Denn das auf reine Geldwirtschaft aufgebaute Schwaz stellte inmitten einer agrarischen Lebenswelt, deren dörfliche Gemeinschaften meist Selbstversorger waren und deren Überschüsse auf Wochenmärkten verkauft wurden, einen absoluten Fremdköper dar. Versorgung hatte nun „von außen" zu erfolgen."* [222] Die Zufuhr von Getreide und Fleisch erfolgte durch die billige Beförderung auf der Wasserstrasse des Innflusses. Im Jahre 1517 wird berichtet, dass allein 170 Schiffe, beladen mit Korn, nach Hall eingelangt waren. Wie sehr die Versorgung Tirols von der Wasserstrasse abhängig war, zeigte sich beispielsweise im Jahr 1598, als der Inn zu wenig Wasser führte und damit die Getreidepreise sprunghaft in die Höhe gingen.

Hall besaß das Stapelrecht, d.h., dass die Transitgüter dort ab- und zwischengelagert werden mussten. Die Waren mussten in den Ball- und Lagerhäusern verzollt werden. Dort wurden die Güter umgeschlagen, das heißt zum Kauf feilgeboten. Den Aufkauf aller angelieferten Waren wie Fleisch, Getreide, Schmalz und Wein nannte man „Fürkauf". Die Beschwerdebriefe um 1525 – also kurz vor dem Ausbruch der großen Unruhen und Bauernkriege – dokumentierten, dass durch den Aufkauf der Nahrungsmittel Engpässe und Verteuerungen gang und gäbe waren. Die Preise wurden nach oben getrieben. *„So lässt sich eindeutig feststellen, dass für Weizen durchschnittlich um 200 Prozent mehr zu bezahlen war als etwa in Wien oder Klosterneuburg, bei Rindfleisch waren es immerhin noch 20 Prozent."* [223]

---

222 Huber, Hugo (2002): Teures Pflaster, in: Echo Spezial 07/2002, S.48
223 Ebd., S.48

Die Verteuerung wurde durch die Beschneidung der Selbstversorgung im Zusammenhang mit der Einziehung der Gemeingüter hervorgerufen. Seitens der Landesordnung wurde der „Fürkauf" wohl schon 1493 verboten und in der Tiroler Halsgerichtsordnung von 1499 bestätigt. Nichtsdestotrotz kam es ab 1527/28 zu massiven Preisentwicklungen und Teuerungen in den Bergbaurevieren. Gerade in den Bergbaugebieten kam es immer wieder zu großen soziökonomischen Krisen und Hungersnöten. *„Aus dem 16. Jahrhundert allein wird uns von schweren Seuchen berichtet, die in den Jahren 1512, 1543, 1546, 1564/65, 1571/72, 1575 zahlreiche Opfer forderten."*[224] In den Krisen des 15. bis 18. Jahrhunderts waren Hunger und Wassermangel der Nährboden für den Ausbruch von Epidemien. *„Den Städten und Bergbauregionen machten Holzversorgung und Wassernöte am meisten zu schaffen; aber auch jene Emissions- und -entsorgungsprobleme, die im Industriezeitalter überhandnahmen, wurden dort am frühesten akut."*[225] So wundert es kaum, dass gerade Schwaz immer wieder von der Pest, von Krankheit und Tod heimgesucht wurde. Im Bilderkodex des Schwazer Bergbaubuchs aus dem Jahre 1556 stellten der Krieg, das Sterben, die Teuerung und die Unlust das Verderben rund um das Bergwerkswesen dar.

Exkurs: Geldfluss – Die Umwertung des Wassers

Mitte des 15. Jahrhunderts verlegte der Landesfürst aus verkehrstechnischen Gründen die Münzprägung von Meran nach Hall. Der binnenländische Handel wurde aus finanziellen Erwägungen und aus Sicherheitsgründen auf dem Wasserweg betrieben. Die meisten Waren wurden auf den Wasserstrassen in Europa distribuiert. Die wirtschaftliche Expansion verlief zuerst über den Flusshandel und verlagerte sich alsbald zum Übersee- und Welthandel. Durch den Umstieg auf den Seeweg ließ sich ein immenser finanzieller Vorteil herausschlagen. Das wurde schnell von den in Europa bisher dominierenden Handelsmächten Amalfi, Genua, Pisa und Venedig erkannt. Die italienische Hafenstädte beherrschten den überseeischen Handel in der damals bekannten Welt. Sie entwickelten neue Handelsstrukturen, gründeten die ersten großen

---

224 Wopfner, Hermann (1995): Bergbauernbuch, 1. Band, S.145
225 Radkau, Joachim (2000): Natur und Macht. Eine Weltgeschichte der Umwelt, S.172

Kapitalgesellschafen, versicherten auf größeren Reisen die Fracht und führten den Wechselverkehr sowie eine genau Buchführung ein. Besonders die Markusrepublik Venedig nahm lange Zeit die führende Rolle im Osthandel ein: *„Bis zum Ende des 15. Jahrhunderts war der traditionsreiche Hafen in Venedig der wichtigste Außenhandelsposten der großen Augsburger Familien Fugger, Welser, Gossembrot und Hirschvogel. Nach Venedig führten die Haupthandelsrouten wie die Seidenstraße aus dem Orient. In umgekehrter Richtung fanden die vielen Verkehrswege über die Alpen in Tirol ihren wichtigsten Endpunkt. Wiederholt musste im Lauf der Jahrhunderte der Warentransfer über die Alpen den politischen Gegebenheiten angepasst werden, so auch um 1500, als der ehemals sichere Strom an Handelsgütern aus dem Osten in Venedig unterbrochen wurde."*[226] Die deutschen Handelsgesellschaften brachen ihre Zelte in Venedig ab und verlagerten ihre Geschäfte zuerst nach Genua und anschließend zu den thalassokratischen Seemächten Portugal und Spanien. Durch *„die Meerfahrt und die Entdeckungen neuer Seewege zu vielen unbekannten Inseln und Königreichen"*[227] intensivierten sich die Handelskontakte. Anfänglich günstigere Handelsverträge und bessere Schifffahrtsverbindungen zu den schneller wachsenden Absatz- und Importmärkten bescherten den Fuggern einen raschen Aufstieg. Die Absicherung von Märkten und die Gewinnung von Handelsmonopolen spielte schon in damaliger Zeit eine hervorragende Rolle. So verwundert es kaum, dass das Handelsnetz der Augsburger Herren bald den europäischen Kontinent umspannte und man darüber hinaus aufs Neue versuchte, Wege am Wasser zu erkunden.

Durch den überregionalen Salz- und Getreidehandel bot sich Hall als idealer Standort an. Zudem war in Hall der Umgang mit dem neuen Geldwesen nicht fremd. *„Man musste sich erst langsam an die Bedeutung der monetären Zahlungsmittel gewöhnen ‚ein kleines Stück Gold oder Silber, der Preis für eine schwere und umfängliche Ware' (Agricola)."*[228] Der Übergang vom Natural- zum Warentausch hängt wiederum mit den aus den Bergen gewonnenen Metallen zusammen. Die Metalle wurden zum abstrakten Wertmesser für alle Dinge, die ge- und verkauft werden. *„Mit den Metallen und der ‚Erfindung des Geldes' habe man jenes abstrakte Wertäquivalent, das eine Epoche der*

---

226 Erhard, Andreas & Ramminger, Eva (1998): Die Meerfahrt. Balthasar Springers Reise zur Pfefferküste, S.57
227 Ebd., Auszug aus dem Reisebericht von Balthasar Springer, einem Tiroler, der 1505/06 im Auftrag des Augsburger Handleshauses Welser von Lissabon aus um Afrika nach Indien aufbrach.
228 Kuntscher, Herbert (1986): Höhlen, Bergwerke, Heilquellen in Tirol und Vorarlberg, S.129
229 Böhme, Hartmut (1988): Natur und Subjekt, S.84

Konkurrenz, der Eigentumsabgrenzung, der gegenseitigen Vernichtung und der Eroberungskriege einläute."[229]

Das Geld trat in Form der Münzgestalt in Erscheinung, dessen Realgehalt in Gold gemessen wurde. Der Goldgulden hatte einen hohen Nominalwert und diente vorwiegend für den internationalen Handels- und Messeverkehr sowie für die politischen Hochfinanzgeschäfte. Durch den Geldumlauf kamen die verschiedenen ausländischen Münzen auch nach Hall, wo sie eingeschmolzen wurden. *"Der Weg aus der Münze ist aber zugleich der Gang zum Schmelztiegel."*[230] Im ausgehenden Mittelalter wurde die Goldmünze vom niederen Wertmaß Silber abgelöst. Damit schied sich der wahre Gehalt des Geldes.[231] Die Silbermünze wurde zur „Scheidemünze", die mit ihrem kleineren Wert vor allem auf den lokalen Märkten Verwendung fand. Tirol war reich an Silbervorkommen und so ließ Siegmund der Münzreiche 1479 eine „Moneta nova" mit seinem Porträt kreieren. Der Haller Silbertaler trat ab dieser Zeit seinen Siegeszug an und Ende des 16. Jahrhunderts betrug *„die Jahresproduktion 2 Millionen Münzen."*[232] Der internationale Handel und das sich konsolidierende Bankenwesen schufen einen Geldbedarf, der mit den Goldvorkommen vorerst nicht mehr gedeckt werden konnte. Der Geldfluss in Tirol wurde aber durch die Kreditvergabe und die Verpfändungen ins Ausland bzw. in die Kassen der Augsburger geschleust.

Der Umlauf des Geldes bildet eine Bewegung des Kreislaufes. Im Warenverkehr zirkuliert das Geld am schnellsten. Im Austauschprozess verwandelt sich die Ware in Geld und dieses wird in seiner Rückverwandlung wieder Ware. Marx fasst diese Zirkulationsbewegung in die Formel: W – G – W, d.h., dass die Ware zu Geld wird und damit wieder Waren gekauft werden können. Ersetzen wir das W als Bezeichnung für Ware mit der Ware Wasser, dann stellen wir fest, dass Wasser wohl zu Geld werden kann, jedoch nicht in Wasser rückführbar ist. Das Geld bildet das Endprodukt: *„Dies letzte Produkt der Warenzirkulation ist die erste Erscheinungsform des Kapitals."*[233] *Historisch gesehen tritt das Kapital als Geldvermögen auf in Form des „Kaufmannskapitals" und des „Wucherkapitals".*[234] Dabei ist nun nicht mehr die konkrete Ware

---

230 Marx, Karl & Engels, Friedrich (1974): Das Kapital, S.139
231 In Hall wurde der Silbertaler geprägt, der durch die Zirkulation bis nach Amerika gelangte und zum Dollar wurde.
232 Kuntscher, Herbert (1986): Höhlen, Bergwerke, Heilquellen in Tirol und Vorarlberg, S.129
233 Marx, Karl & Engels, Friedrich (1974): Das Kapital, S.161
234 Ebd., S.161
235 Ebd., S.589

Ausgangspunkt, sondern der Prozess geht vom Geld aus. „*Diese Waren müssen alsdann wiederum in die Sphäre der Zirkulation geworfen werden. Es gilt sie zu verkaufen, ihren Wert in Geld zu realisieren, dies Geld aufs neue in Kapital zu verwandeln, und so stets von neuem. Dieser immer dieselben sukzessiven Phasen durchmachende Kreislauf bildet die Zirkulation des Kapitals.*"[235] Dabei zählt nur die Quantität bzw. das Geld, aus dem mehr Wert, also der Mehrwert geschlagen wird, um zwangsweise wieder im Kreislauf des Kapitals zu münden. Dem Kapital ist es eigen, dass es sich ständig vermehren will und alles in die Sphäre des Geldflusses zieht, um einen Mehrwert zu schöpfen. „*Die Warenzirkulation ist der Ausgangspunkt des Kapitals. Warenproduktion und entwickelte Warenzirkulation, Handel, bilden die historische Voraussetzung, unter denen es entsteht. Welthandel und Weltmarkt eröffneten im 16. Jahrhundert die moderne Lebensgeschichte des Kapitals.*"[236]

Geld zirkuliert und die Liquidität wird zur beherrschenden systemimmanenten Metapher eines kapitalistischen Konzeptes. „*Dann aber begann um 1750 Reichtum und Geld zu „zirkulieren".*[237] Dabei wurde von ihnen gesprochen, als handle es sich um Flüssigkeiten. Der Funktionalismus eines hydrologischen Kreislaufs wird zum neuen gesellschaftlichen Modell des sich ständig selbst erneuernden Kreislaufs mit umgekehrten Vorzeichen. Das Geld verflüssigte sich, brach die Scholle der subsistenzorientierten Lebensformen auf, setzte mit der Lohnarbeit das Geld – „*das sich selbst heckende Geld*"(Marx) – in allen Kategorien frei. Die Auflösung bzw. Liquidierung[238] bestehender Subsistenzwirtschaft führte zur Liquidität. Je mehr Zirkulation, desto mehr Reichtum. Die Zahlungsfähigkeit mit „barer Münze" wird zum Symbol der neuzeitlichen Gesellschaft. „*Die Gesellschaft stellte man sich als System von Rohrleitungen vor. Nach der Französischen Revolution ist „Liquidität" eine beherrschende Metapher: Ideen, Zeitungen; Luft und Energie – alles zirkuliert.*"[239] Wasser dagegen, das Liquide im ursprünglichen Sinne, verliert im Prozess des vorindustriellen Bergbaus seine sinnliche und heilende Qualität, wird verbraucht und verknappt.

---

236 Ebd., S.161
237 Illich, H2O, S.81
238 Das Abgetötete wird im Kreislauf „verlebendigt" – tote Materie wird zur scheinbar lebendigen, sprudelnden Geldquelle.
239 Ebd., S.77 Das aus dem Lateinisch abgeleiteten französischen Wort „circulare" hat seinen Ursprung im 17. Jahrhundert in der Entdeckung des doppelten Blutkreislaufes.
240 Kluge, Thomas & Schramm, Engelbert (1988): Wassernöte. Zur Geschichte des Trinkwassers, S.73

Die Entwicklung der verschiedenen Techniken spielte in diesem Zusammenhang eine zentrale Rolle. Damit begann die Inwertsetzung des Wassers, das zunehmend zum Rohstoff der industriellen Gesellschaft wurde. Wasser wurde verroht: Es wurde einerseits zum Rohstoff der industriellen Produktion und andererseits zum Antriebsmotor für die Maschine. Die Hochdruckleitungen machten es möglich, dass das Wasser als Zustrom von außen die Lebensräume durchströmte. Mit der industriellen Produktion und den Umwälzungen der gesellschaftlichen Verhältnisse veränderte sich das Verhältnis zur Natur insgesamt grundlegend. Die Natur des Wassers ist nur mehr Ressource und Rohstofflager. *„Wasser war endgültig zu einem Bestandteil im Universum maschinenmäßiger Warenproduktion geworden, unabhängig davon, ob von öffentlichen oder privaten Betreibern gefördert."*[240] Die Wasserkraft, in Form der Mühlen, galt lange als die herrschende Triebkraft. *„Sie konnte nicht beliebig erhöht und ihrem Mangel nicht abgeholfen werden, sie versagte zuweilen und war vor allem rein lokaler Natur."*[241] Erst mit dem Transformationsprozess von Wasser in Dampf und zu Elektrizität wird das Wasser zum Antriebsmotor der industriellen Produktion.

Um Naturgüter, die jeder Mensch zum Leben braucht, zu Waren zu machen, bedarf es einer Verwandlung. In der Verwandlung der Naturstoffe zur Ware verliert Wasser in doppelter Weise Qualität und Quantität. Die primäre Eigenschaft der Ware als Gebrauchswert ist die Nützlichkeit. Wasser ist daher ein Gebrauchswert, denn: *„Der Gebrauchswert verwirklicht sich nur im Gebrauch oder der Konsumtion. Gebrauchswerte bilden den stofflichen Inhalt des Reichtums, welches immer seine gesellschaftliche Form sei."*[242] Wo Wasser als Gebrauchswert dient, fällt es in die „Sphäre der Konsumtion", kann sich nicht aus sich heraus vermehren und auch nicht in Geld verwandelt werden. Im Tauschprozess jedoch verliert sich der nützliche Charakter des Wassers, und alle seine sinnlichen Beschaffenheiten schwinden. *„Der Tauschwert erscheint zunächst als das quantitative Verhältnis, die Proportion, worin sich Gebrauchswerte anderer Art austauschen, ein Verhältnis, das beständig mit Zeit und Ort wechselt."*[243] Doch diese Beständigkeit trügt, denn sobald Wasser in den monetären Kreislauf mündet, wird das Wasser qualitativ schlechter und quantitativ knapper.

---

241 Marx, Karl & Engels, Friedrich (1974): Das Kapital, S.397f.
242 Ebd., S.50
243 Ebd., S.50

Das Wort ‚Wert' (engl. value) stammt vom lateinischen Verb valere her, dass kräftig sein, etwas gelten' bedeutet. In Gemeinwesen, die Wasser für heilig halten, beruht sein Wert auf der Funktion als Lebenskraft für Tiere, Pflanzen und Ökosysteme. Das Wort „Wert" wird sprachwissenschaftlich als „gegen etwas gewendet" interpretiert, woraus sich die Bedeutung „einen Gegenwert haben" ableiten lässt. Vandana Shiva sieht diese Kehrtwende in der ökonomischen Bewertung, die den gesellschaftlichen Wert des Wassers als Lebensspender entwertet, insofern als ein monetärer Gegenwert dem Gebrauchswert entgegengesetzt und der „Wert" von Wasser berechenbar wird. *„Mit der industriellen Revolution ist aller Wert dem kommerziellen Wert synonym geworden, und die spirituelle, ökologische, kulturelle und soziale Bedeutung der Ressource wurde in den Hintergrund gedrängt."*[244] Erst mit der Loslösung des Wassers von den vielfältigen Lebens- und Daseinszusammenhängen kann Wasser seines Gebrauchswertes beraubt und zu einer Quelle des Profits umdefiniert werden. Wasser wird zu Ware und verliert dabei seinen „Eigenwert" bzw. „Subsistenzcharakter".

4. Der „Tod" des Wassers: Vom lebendigen zum leblosen Stoff

4.1 Die „Wasserkünste": Die technische Umwandlung vom Organischen zum Mechanischen

Im historischen Bergbau vollzog sich dieser Wandel vom Organischen zum Mechanischen, von der gemeinen zur kapitalistischen Welt. Die Allmende degenerierte zum Rohstofflager. Die Lebensgrundlagen der bäuerlichen Gemeinschaften wurden verknappt. So lässt sich die Verwandtschaft zwischen Knappheit und Knapp(en)schaft nicht verleugnen. Vielmehr ist nachzuweisen, dass der aufkommende Kapitalismus in unseren Breitengraden mit einer exorbitanten Ausbeutung der Gemeingüter Wasser, Wald, Weide und Mineralien einhergeht, ja, die „so genannte ursprüngliche Akkumulation" überall

---

244 Shiva, Vandana (2003): Ab 40, S.29

auf der Grundlage der Einziehung der Gemeingüter basiert. Der Anstoß für die so genannte ursprüngliche Akkumulation wird in Tirol mit und durch den Erzabbau gefördert.

„*Die Überführung der Produktionsverhältnisse des Montanbaus in kapitalistische führt aufgrund der kapitalintensiven Bewirtschaftung innerhalb weniger Generationen dazu, dass alle finanzschwachen Gewerkschaften und Kleinunternehmer verschwinden; Mechanisierungen der Produktion, Arbeitsteilung, Beamtenverwaltung und Lohnarbeit werden für den Bergbau charakteristisch.*"[245] So erschließen sich die Neuheiten der ersten frühkapitalistischen Produktion über den Bergbau, der zudem mit der Geldentwicklung, der Münzprägung und primären Kapitalakkumulation wichtig wird. Die Revolutionierung der gesamten Produktionsweise, die Technisierung und die Kapitalisierung nehmen im Bergbau ihren Ausgang.

Carolyn Merchant beschrieb in ihrem Buch „Der Tod der Natur" den Übergang von einem organischen zu einem mechanischen Weltbild anhand des Bergbaus. Je tiefer man in den Berg vordrang, umso mehr stieß man auf wasserführende Schichten. Wassereinbrüche und Überflutungen der Gruben waren ernsthafte Probleme der Bergleute und nicht selten kam es zu schweren Unglücksfällen. Das Freihalten des Bergwerks vor eindringendem oder einbrechendem Wasser war wohl das schwierigste Unterfangen. Die Wasserförderung aus dem Tiefbau wurde anfänglich noch händisch betrieben, in späterer Zeit hatte man dafür Maschinen entwickelt, die unter dem Namen „Wasserkunst" in der Literatur firmierten. Diese Wasserhebemaschinen galten für die damalige Zeit als Weltwunder. Die „Wasserkünste" beispielsweise waren eine besondere bergmännische Errungenschaft. „*Im 14. Jahrhundert beginnt in deutschen Städten ein ‚Zeitalter der Wasserkünste': eine zentrale Versorgung mit Schöpfwerken, Wassertürmen und Wasserleitungen.*"[246]

Der mütterliche Schoss wurde zunehmend penetriert, die Erde ihrer Schätze beraubt. „*Die Natur erscheint als etwas, das man plündern und ausbeuten kann, nicht als die gütige Mutter, die ihren Kindern Nahrung spendet.*"[247] Die mütterliche Natur wurde zur Stiefmutter uminterpretiert, die ihre Schätze im Inneren verbirgt und so den Menschen vorenthält. Die schonungslose Ausbeutung der Naturschätze wird im Bergbau endgültig enttabuisiert. „*Die noch anhaltende Scheu vor verletzender Penetrierung des Mutterleibs wird über-*

---

245 Böhme, Hartmut (1988): Natur und Subjekt, S.71
246 Radkau, Joachim (2000): Natur und Macht. Eine Weltgeschichte der Umwelt, S.174
247 Merchant, Carolyn (1987): Der Tod der Natur, S.46

wunden durch die Statuierung eines moralisch nicht qualifizierbaren Zwangs: der „Tod der Natur" sei Bedingung des Überlebens des Menschen, und dieses sei gefährlich und anstrengend genug. Das ist das heroische Gesetz der Männer. Die Natur ist deanimiert, entmythologisiert, entsakralisiert."[248] Die schonungslose Ausbeute der Naturschätze wird damit im Bergbau endgültig enttabuisiert.

Die Verknappung der Wasserressourcen hängt ursächlich mit dem Bergbau zusammen, denn die Montanindustrie zerstört die wasserführenden Schichten und damit den natürlichen Sickerungsprozess des Wassers. Die Verknappung des Wassers ist eine konsequente Folge des künstlichen Abpumpens im Untertagabbau. Neben der Zerstörung der Wasserressourcen verursachte vor allem der Bergbau an den steilen Hängen[249] wiederholt Erdrutsche, welche Flüsse und Bäche mit Schutt anfüllten.

Wasser spielte auch im metallurgischen Verarbeitungsprozess eine prominente Rolle. Das taube Gestein musste von den Erzen geschieden werden, dafür dienten diverse Arbeitsvorgänge. Zur Verarbeitung brauchte man Wasser, einerseits als Antriebskraft für das Pochen, Schmelzen und Raffinieren und andererseits beim Scheiden, Waschen, Entstauben, Körnen und Abschrecken glühender Hüttenprodukte. *„Die Erze werden gewaschen; durch dieses Waschen aber werden, weil es die Bäche und Flüsse vergiftet, die Fische entweder aus ihnen vertrieben oder getötet."*[250] Durch das Schürfen nach Erzen wurde mehr und mehr Schaden angerichtet, Felder, Wälder, Bäche und Flüsse wurden verwüstet, also die Dinge, die die Menschen zum Leben brauchten. Die Vergiftung des Wassers durch ausgewaschene Schwermetalle und die Einleitung toxischer Substanzen ließ nicht nur die Fische verenden, sondern zeigte das volle Maß der Zerstörung der natürlichen Umwelt durch den Bergbau auf.

Das Abpumpen und Ausleiten von Grubenwasser, also der systematische Entzug von Bergwässern, hatte zur Folge, dass der Grundwasserspiegel sank und aus niederschlagsreichen Gebieten Zonen des Wassermangels wurden. Der Eingriff in den unterirdischen Wasserhaushalt führte zu gravierenden ökologischen Schäden: „(...) *die Stollen-Technik und Verhüttungsindustrie führten zur Abholzung ganzer Waldgebiete mit anschließender Holz- und Wassernot. Der beschäftigungsintensive Bergbau hat bereits im 16. Jahrhundert Versorgungsprob-*

---

248 Böhme, Hartmut (1988): Natur und Subjekt, S.78
249 Das prominenteste Beispiel hierzulande ist wohl der enorme, quasi „kapitale" Felssturz in Schwaz. Im Sommer 1999 hat der Einsturz des Eiblschrofens besondere Bestürzung hervorgerufen.
250 Carolyn Merchant (1987): Der Tod der Natur. S.48

leme, Lebensmittelknappheit und Teuerungen zur Folge."[251] Die Beschneidung der „gemeinen" Nutzungsrechte durch den Landesfürsten und die konsequente Ableitung der natürlichen Wasserzufuhr führten zu sozialen Krisen und zu Hungersnöten.

Das Wasser war das maßgebende Element der Erzgewinnung und Förderung.[252] Die Verhüttung der Fahlerze zur Gewinnung des begehrten Silbers ging einher mit der Entwicklung von Maschinen und anderen Techniken.[253] Eine Infrastruktur am Wasser entstand mit dem bergbautechnischen Knowhow. Wasser wird aus und vom Berg geleitet, und Bäche wurden umgeleitet. Dabei wird Wasser aus seiner natürlichen Umgebung abgezogen und in künstliche Gerinne geleitet. In dieser Zeit wurden die ersten Wasserleitungen in die städtischen Zentren verlegt. (siehe: Die historische Trinkwasserversorgung)

Entlang dieser offenen Wasserrinnen entstanden weitere Gewerbebetriebe. Die Wasserkraft wurde zusätzlich in den verschiedenen Arbeitsprozessen eingesetzt und ersetzte zunehmend menschliche wie tierische Arbeitskraft. *„Gewaltige Anstrengungen waren zur Deckung des Wasserbedarfs in der Verhüttung notwendig: Wasserumleitungen und -abschöpfungen ebenso wie Wasserenergietechniken, die als problematische Eingriffe in den Wasserhaushalt der Natur verstanden wurden."*[254]

„Unter den Umweltproblemen der vormodernen ebenso wieder frühindustriellen Städte standen in typischen Fällen Wasserprobleme obenan."[255] Zur Deckung des Wasserbedarfs für gewerbliche Zwecke mussten künstlich Mühlbäche, Triftkanäle und Stauteiche angelegt werden. Das aufgestaute, brackige Wasser war oft auch eine Brutstätte von Krankheiten wie dem Sumpffieber. *„Gewerbliche Wasserverschmutzer wie vor allem die Gerber und Färber mussten sich am Fluß unterhalb der Stadt ansiedeln; aber diese Externalisierung der Abwässer kollidierte bei wirtschaftlichem Wachstum irgendwann mit dem Interesse anderer Wassernutzer."*[256]

---

251 Böhme, Hartmut (1988): Natur und Subjekt, S.75
252 Das neuzeitliche, maschinelle Herstellungsverfahren ist im Bergbau erprobt worden. Das Sprengpulver hat das Verfahren im Bergbau modernisiert und die Ausbeutung der Ressourcen vorangetrieben. Dieses Verfahren wird auch gesellschaftlich erprobt. Das Gemain wird gesprengt, zerstückelt, in ein neues „Modell" gepresst, neu zusammengesetzt und erscheint in seiner „modernen" Warenform.
253 Kunst galt lange als techné und hat gerade im Zusammenhang mit technischen Erfindungen eine Renaissance erfahren.
254 Böhme, Hartmut (1988): Natur und Subjekt, S.75
255 Radkau, Joachim (2000): Natur und Macht. Eine Weltgeschichte der Umwelt, S.173
256 Ebd., S.174

4.2 Das Prinzip Löse und binde: Die alchemistische Scheidekunst und das Wasser

Wasser war elementar für die Verhüttung und Veredelung der Metalle. Die alchemistische Kunst des Schmelzens wurde im Bergabbau praktiziert. Dort geht es primär um die Verwandlung der Stoffe. Aus dem abgebauten Fahlerz musste erst Silber gewonnen werden. Die Umwandlung von Elementen steht in Verbindung mit der Überzeugung der Alchemisten, man könne die vier Elemente – Wasser, Erde, Luft und Feuer ineinander transformieren. *"Agricola dachte dabei an die Verwandlung eines klassischen Elements in ein anderes: Wasser zu Erde."*[257] Das griechische Wort „chemeia" leitete sich aus dem ägyptischen „khami" ab, das soviel bedeutet wie schwarzer Nilschlamm. Die Bildung von Schlamm ist durch die Umwandlung von Wasser in Erde zu erklären. Die Mineraladern der Erde bildeten sich laut Agricola, wenn Grundwasser Mineralien im Boden löst und sich durch Wärme zu Metallen verdichtet. Das Experimentieren mit den geschmolzenen Metallen führte zu Entdeckungen neuer Legierungen, die in der Harnisch- und Waffentechnik Anwendung fanden. Darüber hinaus wurden die ersten gegossenen Kanonen im heutigen Schloss Büchsenhausen in Innsbruck angefertigt. Dort stellte man über lange Zeit die Kunst der Metallverarbeitung unter Beweis. Das Geheimnis der Schmelzvorgänge wurde unter dem Siegel der Verschwiegenheit gehalten. Die „Scheidekunst" und Schmelztechniken lockten auch Paracelsus in die Tiroler Silberstadt Schwaz, wo er von Meister Fieger in die hohe Kunst der Alchemie eingeführt wurde.

„Vom Bergbau wird schließlich die Entwicklung der Chemie und Medizin angetrieben."[258] Aus der Metallurgie entwickelte sich das Verfahren der Destillation und brachte die Chemie auf den Weg. *„Das absolut Reine, die Quintessenz der Stoffe, ist es, was ihn fasziniert. Mit den Konzentraten will und wird er als Erster in der Geschichte Heilmittel herstellen."*[259] Zusätzlich hatte er gerade in den Zentren des tirolerischen Bergbaus die Möglichkeit, die prozesshafte Scheidung der Metalle zu beobachten. Aus diesem Grund ist es nicht überraschend, dass die Alchemisten, als sie die Metalle schmelzen sahen, diese flüssigen Substanzen als die Eigenschaften des Wassers ausmachten. Die

---
257 Ball, Philip (2002): H20. Biographie des Wassers, S.65
258 Böhme, Hartmut (1988): Natur und Subjekt, S.72
259 Ebd., S.104

Veränderung der Dinge befindet sich in einem ständigen Kreislauf der Verfestigung, Verflüssigung und Verdunstung.

In alchemistischen Verfahren lehrte Paracelsus, wie er Heilmittel, Essenzen und Tinkturen beispielsweise durch Destillation gewinnen konnte. Aus den Zusammenhängen der Alchemie wusste er, dass die Dosis das Gift macht und die Dosierung entscheidend bei der Verabreichung der Heilmittel ist. „*Dabei merkte man starke physiologische Wirkungen von Metallen, zumeist schädlich, aber auch medizinisch bemeisterbar, so dass vom Bergbau ausgehend eine Revolutionierung der Medizin ausging: nämlich die Ablösung der Kräutermedizin durch Iatro-Medizin, die Chemie-Medizin, deren wichtigster Vertreter Paracelsus (1492/3 – 1541) wird.*" [260] Paracelsus studierte die Bergbaukrankheiten, noch bevor der Arzt Agricola bzw. der Haller Arzt Guarinoni sich dieser Thematik annahmen. „*Als Paracelsus – der Arzt, der den Anstoß zur modernen Medizin gab – im Jahre 1534 nach Innsbruck kam, wurde er seiner abgerissenen Kleidung wegen für einen Scharlatan gehalten.*" [261] Paracelsus studierte vor allem in den Bergbauzentren die Krankheiten, Vergiftungen, Hautkrankheiten, offene Infektionen und vieles mehr. Paracelsus erkannte, dass die Lungenkrankheiten der Bergleute auf das Einatmen der metallischen Dämpfe zurückzuführen seien. „*Vor ihm hatte niemand auf den Zusammenhang zwischen niedrigem Mineralgehalt von Trinkwasser und der Verbreitung von Kröpfen hingewiesen, und Paracelsus war der Erste, der Metalle bei der Herstellung von Arzneien verwendete.*" [262] Er experimentierte mit den verschiedenen Stoffen und begründete eine neuzeitliche Medizin, die sich von der alten Humoralpathologie, also der Vier-Säftelehre verabschiedete. Das Element Wasser war den verschiedenen Körperzonen zugeteilt und auch die Umweltbedingungen des feuchten Elementes erklärten die Ursache der verschiedenen Krankheiten. „*So verwendete der Arzt beispielsweise die austrocknenden oder fäulniswidrigen Eisen- und Quecksilberverbindungen gegen die Wassersucht, da er davon ausging, dass diese einhergeht mit innerer Fäulnis durch einen Überschuss an Feuchtigkeit.*" [263] Im Zusammenspiel der vier Elemente widerspiegelte sich seiner Ansicht nach der ganze Kosmos.

---

260 Böhme, Hartmut (1988): Natur und Subjekt, S.72
261 Kostenzer, Otto (1974): Dem Himmel sei gedankt, S.14
262 Keller, Alexander (2002): Silberdampf & Tod & Teufel, in: Echo Spezial 07/2002, S.106
263 Ebd., S.106

Exkurs: Die Metamorphosen des Wassers – Vom Element Wasser zu H_2O

„*Auch was wir Element nennen, nie kann es beharren. Schenkt mir Beachtung: ich lehre die Wechsel, die stets sich vollziehen. Vier erzeugende Stoffe enthält das Weltall. Zwei von ihnen sind schwer, und es drängt sie beständig nach unten, weil ihr Gewicht sie belastet: die beiden sind Erde und Wasser. Ebenso viele entbehren der Schwere; sie streben, weil nichts sie presst, in die Höhe: die Luft und das Feuer, das reiner als Luft ist. Aber obwohl sie räumlich getrennt sind, wird dennoch aus ihnen alles, und zerfällt in sie ...*"[264]

Wasser gehört zu den vier klassische Elementen – Wasser, Erde, Feuer und Luft – wie sie seit dem 5. Jahrhundert v. Chr. in der Naturphilosophie von Empedokles als Gegebenes und Hervorgebrachtes verstanden wurde. Zu jener Zeit waren Wasser, Feuer, Luft und Erde als Elemente allgemein anerkannt. Der ionische Naturphilosoph Thales von Milet formulierte, dass das Element Wasser der Ursprung (arché) aller Dinge ist. Die Bekanntschaft des Thales mit dem „Urstoff" Wasser ist auch in einer sehr berühmten Anekdote, die auch Diogenes Laertios in seinem Buch „Leben und Lehre der Philosophen" überliefert hat, eindrücklich geschildert. Demnach sei Thales, als er die Sterne am Himmel beobachten wollte, in einen Brunnen gefallen. Eine thrakische Magd, die diesem peinlichen Missgeschick eines vermeintlich Weisen beiwohnte, verspottete den klitschnassen Philosophen Thales, nachdem man ihn aus dem Brunnenloch gezogen hatte, schmählich mit den Worten, er wolle wissen, was am Himmel sei, dabei bliebe ihm verborgen, was unmittelbar zu seinen Füßen liege.

Wasser hinterlässt fruchtbare schwarze Erde, auf der Pflanzen bestens sprießen und in deren Tümpeln Tiere brüten. Aus dem Naturzyklus, der sich alljährlich am Nil ereignete, folgerte Thales, dass Wasser das Urelement alles Seienden sei. Und darüber hinaus spekulierte er, dass das Leben generell im Wasser entstanden ist. Erst anschließend entfaltet sich das Leben in seiner Fülle am Lande. Die Veränderung der Dinge befindet sich in einem ständigen Kreislauf der Verfestigung und Verflüssigung. Die Metamorphosen in der Erscheinungswelt lägen keiner numinosen Kraft zugrunde, sondern ließen sich phänomenologisch begründen.

Die Suche nach dem elementaren Urstoff, der noch beim Vorsokratiker Thales von Milet das Wasser darstellte, wurde nun als Experiment in den

---

264 Ovid (2001): Metamorphosen, S.487

„alchemistischen Labors" angewandt. Die Metamorphosen des Wassers, seine verschiedenen Aggregate, waren vorbildhaft für die Verwandlungskünste. Die elementare Verwandlung geht von den Erscheinungen aus, die ständig erlebt werden können. Wenn man Salz in Wasser gibt, wird es anscheinend in Wasser verwandelt. Den Elementen wurden verschiedene Qualitäten [265] zugeschrieben wie das Warme und Kalte, das Feuchte und Trockene, das Weiche und Harte, das Schwere und Schwerelose, aber auch verschiedene menschliche Eigenschaften wurden den Elementen zugeschrieben. Die verschiedenen physikalischen Zustände wie fest, flüssig und gasförmig wurden in die Lehre miteinbezogen. Der Wechsel zwischen den Elementen Wasser, Erde, Luft und Feuer waren für die klimatischen Gegebenheiten, das Wetter, die Jahreszeiten bis hin zur Rhythmisierung von Tag und Nacht ausschlaggebend. *„Dem Element Erde wird der Winter und Melancholia (schwarze Galle), dem Feuer der Frühling und Pituita (Schleim, Phlegma), der Luft der Sommer und Bilis (gelbe Galle, cholé) sowie dem Wasser der Herbst und Sanguis (Blut) zugeordnet."* [266] Den vier Elementen sind je drei Metalle (4 x 3 = 12) zugeordnet, diese wiederum korrespondieren mit den Sternzeichen des Tierkreises und die sieben klassischen Metalle werden den sieben damals bekannten Planeten beigestellt. All die Elemente stehen in einem dynamischen Verhältnis von Sympathie und Antipathie zueinander. *„Verbindung und Trennung von Stoffen, worum es in den chemischen Operationen (coagere et solvere) vordringlich geht, beruhen auf den anziehenden und abstoßenden Kräften, durch welche die Quadratstruktur der Elemente konstituiert wird. Feuer und Luft als aktiv, Wasser und Erde als passiv – oft auch als männlich/oben bzw., weiblich/unten – zu bezeichnen, entspricht aristotelischer Tradition."* [267] Diese Gruppierungen und kosmischen Ordnungsschemata, die oft als „Mundus Elementaris" dargestellt wurden, durchdrangen die Weltanschauung von der Antike bis ins 17. Jahrhundert. Die Transformation der Elemente wurde mit den verschiedenen Kombinationen der Qualitäten erklärbar: *„... im Eck zwischen Feuer und Luft warm, zwischen Luft und Wasser feucht, zwischen Wasser und Erde kalt, zwischen Erde und Feuer trocken."* [268] Diese Einteilung geht auf die aristotelische Lehre der Eigenschaften der Elemente zurück. *„Aristoteles behauptet,*

---

265 Das Warme und Kalte, das Feuchte und Trockene werden als die vier Aristotelischen Qualitäten bezeichnet.
266 Böhme, Gernot & Böhme Hartmut (1996): Feuer, Wasser, Erde, Luft. Eine Kulturgeschichte der Elemente, S.241
267 Ebd., S.244f.
268 Ebd., S.246

alle Materie sei aus einer einzigen Substanz aufgebaut, einer Ursubstanz, der die charakteristischen ‚Formen' all der unterschiedlichen Stoffe ausprägten. Aus der Ursubstanz erwachsen die vier Elemente, indem ihr vier Eigenschaften aufgeprägt werden, die in zwei jeweils gegensätzlichen Paaren auftreten: heiß und kalt, feucht und trocken. Jedes Element stellt eine Kombination zweier Eigenschaften dar: Wasser zum Beispiel ist feucht und kalt."[269]

„In den Elementen-Philosophien der Antike wurde über Umwandlungen von Materie oft in Begriffen ihrer Zustandsform und nicht ihrer Zusammensetzung diskutiert."[270] Das heißt, dass die Flüssigkeit Wasser als eine unteilbare Substanz angesehen wurde und nicht als eine Verbindung von Wasserstoff und Sauerstoff. Wasser konnte zu Luft werden, wenn man entsprechend feuchte oder kalte Eigenschaften in trockene oder heiße umwandelt. Die Umwandlung konnte durch die Umkehrung von Eigenschaften erfolgen. Der Übergang von Wasser in Dampf ist in dieser Anschauung nicht der Wechsel der physikalischen Zustandformen. Phillip Ball beschreibt, dass die griechische Vorstellungswelt der Elementenlehre nicht zwischen physikalischem Zustand des Wassers und der chemischen Zusammensetzung von Wasser unterscheidet: Für Thales wurde Wasser im gefrorenen Zustand eine Art von Erde; wenn es verdampfte, wurde es eine bestimmte Art von Luft.

Die Entsakralisierung des Wassers wurde am deutlichsten an der Herausbildung von empirischen Wissenschaften und Techniken. *„Zwischen Alchemie und Chemie liegt der Bruch, der Heiliges und Profanes trennt."*[271] Die Geburtsstunde der Chemie wurde mit dem Iren Robert Boyle (1627 – 1690) gemacht, der die rationale und mechanistische Vorstellung vertrat, die Welt sei *„wie ein großes Uhrwerk. Boyles Auffassung war atomistisch, und er vertrat die Vorstellung, Größe und Gestalt der Atome würden die physikalischen und chemischen Eigenschaften der Stoffe und die Affinität bestimmter Substanzen zu anderen bestimmen."*[272] Hier wurde das erste Mal zwischen physikalischen und chemischen Veränderungen unterschieden. Doch blieb auch er noch der alten Idee verhaftet, dass Wasser ein Element und in organische Stoffe verwandelbar sei.

Ein weiterer Begründer der Chemie, Antoine Lavoisier, widerlegte die typische alchimistische Vorstellung: *„Wasser könne durch fortgesetztes Erhitzen*

---

269 Ball, Philip (2002): H2O. Biographie des Wassers, S.160
270 Ebd., S.152
271 Böhme, Hartmut (1988): Natur und Subjekt, S.88
272 Ball, Phillip (2002): H2O. Die Biographie des Wassers, S.168

in Erde umgewandelt werden".[273] Seiner Meinung nach war eine Substanz eine Verbindung aus synthetisierten Stoffen. Am Ende des 18. Jahrhunderts stand es fest, dass die beiden elementaren Bestandteile von Wasser Sauerstoff und Wasserstoff sind. *„Wenn Wasser das verbundene Ergebnis einer Reaktion zwischen Sauerstoff und brennbarer Luft war, sollte es möglich sein, Wasser wieder in diese beiden Gase aufzuspalten."*[274] Wasser wird nicht mehr wie in der alten Elementenlehre als Vorhandenes betrachtet, sondern in seine Einzelteile zerlegt. Wasser reduziert sich auf die chemische Formel H_2O, das sich aus zwei Atomen Wasserstoff und einem Atom Sauerstoff zusammensetzt. Die Chemie entwickelte ein Periodensystem, mit dem die verschiedenen chemischen Elemente auf ganz wenige Bestandteile der Materie eingeschränkt wurden.

„An die Stelle des Prinzips Wasser und einer qualitativen Naturphilosophie trat endgültig die moderne chemische Auffassung: die Lehre von der Zusammensetzung und Veränderung der Stoffe. Die klassischen Elemente verloren ihren Status und erwiesen sich als z. T. komplexe chemische Verbindungen von anderen Elementen."[275] Es werden nicht mehr die äußeren Erscheinungen bzw. das Verhalten des Wassers studiert, sondern die inneren Strukturen des Wassers in seine Bestandteile – Wasserstoff und Sauerstoff – aufgelöst. Danach wird das Herausgelöste mit anderen Lösungen in neuer Form synthetisiert. Dabei wird beim Experimentieren mit den Stoffen das organische Gewebe auseinander gerissen, in seine einzelnen Teile zerlegt, die in einer kausalen Verkettung, also einem Ursache-Wirkung-Gefüge aufeinander reagieren. Schlussendlich wurden die Vorgänge in der Natur nicht mehr organisch, sondern mechanisch interpretiert nach dem Prinzip des „Löse-und-binde".

Doch Wasser ist mehr wie H_2O. Das einfache H_2O-Molekül ist eine bemerkenswerte chemische Verbindung, die in Wirklichkeit bis heute ihr Geheimnis hütet. So stellt Phillip Ball fest: *„Die Reise vom Wasser als einem der vier Elemente bis zum H_2O-Molekül ist lediglich das Vorspiel zum Geheimnis des Wassers. Diese Reise befasst sich nicht alleine mit Wasser, sondern mit unserem Begriff der materiellen Welt. Denn Wasser ist sowohl ein Führer zur modernen Physik gewesen, die von der Zusammensetzung und der Umwandlung der Materie handelt, als auch zur Chemie, die uns sagt, in welcher Weise sich die Elemente verbinden"*.[276]

---

273 Ebd., S.177
274 Ebd., S.183
275 Böhme, Hartmut (1988): Kulturgeschichte des Wassers, S.17
276 Ball, Phillip (2002): H_2O. Biographie des Wassers, S.148

5. Wasser als Quelle des Heils: Mineral- und Trinkwasserquellen in Tirol

5.1 Von Bauernbadln, Badhäuser und Heilbäder in Tirol

Das Badewesen war im Mittelalter und in der frühen Neuzeit hoch im Kurs. In der damaligen Heilkunst waren die Bäder von großer Bedeutung. Zu den häufigsten Behandlungsmethoden des Arztes gehörte die hydro-therapeutische Behandlung. *„Die meisten Städte und großen Dörfer besaßen damals ein oder mehrere ‚gemaine Padhäuser' oder ‚Failbäder'."*[277] Failbäder waren öffentliche Bäder, die fast in jedem Dorf vorzufinden waren. Die Badstuben besaßen meist einige Kammern mit hölzernen Wannen, worin kalte und warme Bäder genommen wurden. Bei den Schwitzbädern wurde beispielsweise heißes Wasser über Steine gegossen. Die vorbeugende Gesundheits- und Körperpflege wurde in den Badhäusern von so genannten Badern übernommen. Die Bader bildeten einen eigenen Berufsstand, der als „ehrlos" und „unrein" galt. Die „Unreinheit" hatte damit zu tun, dass die Bader mit den Blut- und Körpersäften in Verbindung kamen und vor allem in den Pestzeiten als „Totenläßl" betraut waren. Die Behandlung von offenen Wunden, Brüchen, Verrenkungen, Hautleiden und Geschwüren sowie der Aderlass und das Schröpfen, wurden von den Badern ausgeführt.

Die Hydrotherapie war besonders wichtig, denn alles, was den Menschen quälte, wurde mit Wasser behandelt. Das Wasser galt als Jungbrunnen[278], dessen regenerative Fähigkeiten in der alten Heiltradition einen hohen Stellenwert hatten. *„Im 16. Jahrhundert aber wurde der Gebrauch naturwarmer Quellen, der so genannten Wildbäder üblich."*[279] Die Bezeichnung Wildbad bezieht sich auf das Baden an einer natürlichen Quelle in der freien Natur. Das Baden an Wildseen wurde von jenem in den künstlich angelegten Teichen unterschieden. Das „Bauernbadl" wurde vor allem von der ländlichen Be-

---

277 Schretter, Bernhard (1982): Die Pest in Tirol 1611 – 1612. Ein Beitrag zur Medizin-, Kultur-, und Wirtschaftsgeschichte der Stadt Innsbruck und der übrigen Geschichte Tirols, S.180
278 Der Jungbrunnen ist ein altes Motiv, das auf die alte Glaubensvorstellung der Wiedergeburt zurückgeht. Das Leben wird durch den Wasserlauf vom Totenreich/der Anderswelt geschieden und erneuert sich über das Wasser.
279 Kostenzer, Otto (1974): Dem Himmel sei gedankt. Von Badern, Ärzten, irdischen und himmlischen Arzneimitteln in alter Zeit, S.21

völkerung aufgesucht, die keine eigene Badestube als Hauszubehör aufwiesen. Die Bauernbäder erfüllten meist eine doppelte Funktion: Sie dienten einst als Schwitzbäder aber auch zum Trocknen von Flachs. Sie wurden meist von der Dorfbevölkerung unterhalten, denn auch sie galten ursprünglich als „gemain". Nach der Realteilung war der Zugang für alle Allmendnießer weiterhin vorgesehen. *„In der Gemeinde Natters z. B. wurde der Eichhof 1627 geteilt. Dabei erhielt der Teilbesitzer sein eigenes Haus, nur Backofen und Badstuben waren gemeinsames Eigentum. Für den Eichhof wie für andere Güter werden als gesonderte Bauten Asten, Backöfen und Badstuben genannt."* [280] Das Recht wurde bei der Teilung der Urhöfe, die ursprünglich alle eigene Badstuben hatten, anteilsmäßig an den Gebäuden gesichert. Lechner vermutet, dass bei der Aufteilung *„sicher die Zumutbarkeit des Weges, aber auch die alten Nachbarschaften, wie sie bis heute aktenkundig und auch allgemein erinnerlich sind, berücksichtigt"* [281] wurden. Doch der Niedergang der Bauernbadln war im 17. Jahrhundert nicht mehr aufzuhalten. Die Begründung dafür war, dass kaum Feuerholz zur Unterhaltung vorhanden war und die Feuersbrunst oft die alten Bäder zerstörte und hernach sich niemand mehr fand, um die Kosten für einen Wiederaufbau aufzubringen.

Ein weiterer Grund zur Schließung von Bädern waren die sittlichen und hygienischen Bedenken, die vor allem die Geistlichen vorbrachten. Das Bad galt nämlich auch als Ort der Lust; Feste wurden dort gefeiert, es wurde getrunken und getafelt. Der Medicus des Haller Damenstiftes, Guarinoni (1571 – 1654) verteufelte dieses in seiner Schrift *„Die Greuel der Verwüstung des menschlichen Geschlechts"* als *„... Freß-, Sauf- und Unzuchtshaus."* [282] Die Sittenlosigkeit der Frauen wurde von ihm in seiner Schrift besonders angeprangert. Viele Heilbäder wurden vor allem von Frauen aufgesucht, denn die alte Volksmedizin besagte, dass das Bad das Beste für unfruchtbare [283] Frauen sei. Man reagierte mit dem Verbot und mit der zeitweiligen Schließung von Bädern. *„Die um 1495 epidemisch auftretende Syphilis und der Widerstand*

---

280 Lechner, Eva (2003): Heilende Wasser in Tirol. Heilbäder, Bauernbadln, Kraftquellen, S.148
281 Ebd., S.148
282 Kostenzer, Otto (1974): Dem Himmel sei gedankt. Von Badern, Ärzten, irdischen und himmlischen Arzneimitteln in alter Zeit, S.22
283 Die Seele inkarniert sich in den matriarchalen Vorstellungen materiell wie kulturell im Wasser: Sie verbindet sich mit der Wortbedeutung See. Die Ahnung der Frauen, einer verstorbenen Seele ins Leben zu verhelfen, ist uralte, matriarchale Auffassung. Die Ahnenseele kehrt in den Leib einer jungen Frau zurück und zwar beim Bade im See. Die Seele verjüngt sich im Wasser und wird von der badenden Frau empfangen. Vgl. Göttner-Abendroth, Heide (1991): Das Matriarchat II, S.162

der Kirche gegen die lockeren Sitten im Badhaus brachten den Badebetrieb langsam zum Erlöschen." In den Städten kam es zur zeitweiligen Schließung der verschiedenen Quellen und Heilbäder. Allein in Innsbruck gab es eine Vielzahl an Heilbädern wie das Maximilian-Venusbad in der Riedgasse, das Bad Kirschental, das „Ofenlochbad" im ehemaligen Hotel Kaiserhof, das gespeist wurde von der Weinstockquelle im Höttinger Graben, Bad Mühlau und Amras.

Die Enteignung der Heilquellen war eine schwere Zäsur. Das gemeine Wissen über die heilende Wirkung von Quellen war Frauenwissen, das immer mehr versiegte und verschüttete. Die alte Kenntnis über die Heilkraft des Wassers ist heute nur noch für ganz wenige Quellen, wie den Frauenbrunnen bei Tarrenz und Maria Waldrast bei Matrei bekannt. Heute gelten Quellen nur mehr als heilkräftig, wenn sie bestimmte Kriterien erfüllen und nach Untersuchungen im Labor den Titel einer Heilquelle zugesprochen bekommen. Das Recht zur Führung der Bezeichnung „Heilquelle" wird nun von der Landesregierung erteilt. *„Aufgrund dieser Bestimmung wurde manches Bad und manche Quelle mit alter Tradition gestrichen."*[284] Das heilende Wasser versiegte, viele Quellen sind über Nacht verschwunden.[285]

5.2 Die historische Trinkwasserversorgung der Stadt Innsbruck

„Mit Trinkwasser versorgten sich die Bürger lange Zeit in der Regel aus privaten oder nachbarschaftlichen Brunnen. Gegen Ende des Mittelalters allerdings nahmen die öffentlichen Brunnen wie überhaupt die hydraulischen Aktivitäten der Kommunen deutlich zu. Die Stadtbrunnen, deren Einfassungen oft zu Kunstwerken ausgestaltet wurden, wurden zu einem konkreten Sinnbild des von der Stadtobrigkeit zu schützenden Gemeinwohls."[286] Der Brunnen galt lange als Ort des öffentlichen Lebens und als Ort der Rechtssprechung. Der Rechtsort war bis ins hohe Mittelalter an das Wasser gebunden. *„Schon der erste Brunnen in der biblischen Geschichte der Menschheit steht mit Rechtsbruch und Urteilsspruch in Verbindung. Über dem Paradiesbrunnen der Genesis (2:9) erhob sich*

---

284 Kuntscher, Hubert (1986): Höhlen, Bergwerke, Heilquellen in Tirol und Vorarlberg, S.344
285 Derartige Vorkommnisse werden als „kalte Quellen" gedeutet.
286 Radkau, Joachim (2000): Natur und Macht. Eine Weltgeschichte der Umwelt, S.174

in der Mitte des Gartens der Baum des Lebens, als dessen anderer Aspekt der Erkenntnis von Gut und Böse zu begreifen ist."[287] Der Brunnen gehört zur Rechtsikonographie einer Stadt und zum Ausdrucksträger der Macht. Das ältere omphale [288] Denken erkennt den Brunnen als Ort der Erkenntnis an, der unmittelbar mit dem Urquell verbunden ist. „*Offensichtlich ist das entscheidende Moment das Fließen, das die Verbundenheit mit der Urquelle der Weisheit, der Gerechtigkeit und des Lebens versinnbildlicht.*"[289]

Der Entzug der souveränen dörflichen Verwaltung, der so genannten Allmende, hat auch zum Entzug der autonomen Lebenssicherung geführt. Die Eigenversorgung wird zur Fremdversorgung. Fortan wurden der Ge- und Verbrauch und der gemeinsame Wasserzugang unter öffentliche Aufsicht gestellt. Die Einführung der zentralisierten Wasserversorgung hat den unmittelbaren Charakter der gemeinsamen Nutzung und das kulturelle Gemeinwesen entscheidend geschwächt. Die gemeinsame Brunnenverwaltung ging von den Bürgern zuerst auf das so genannte „Ärar"[290] und später auf die städtische Verwaltung über. Die Versorgung durch Wasserleitungen war historisch gesehen schon die erste einschneidende infrastrukturellen Erneuerung. So kann man durchaus behaupten, dass die Geschichte der Wasserversorgung eine Geschichte der so genannten Modernisierung ist. Veranschaulichen möchte ich dies am Beispiel von Innsbruck.

Wie schon erwähnt erfolgte die Stadtgründung von Innsbruck inmitten einer mit Wasser- und Seitenarmen durchzogenen Flusslandschaft, was wiederum für die Wasserversorgung eine wichtige Rolle spielte. Anfänglich bezogen die InnsbruckerInnen ihr Wasser aus Grund- und Ziehbrunnen, die nach Huemers Aussage „*... einwandfreies Trinkwasser geliefert haben. Die zunehmende Bevölkerung erhöhte den Wasserbedarf und vermehrte gleichzeitig die Abwässer.*"[291] Die Abwässer wurden in so genannten „Ritschen"[292], das sind oberirdische Straßenrinnen, aus der Stadt ausgeleitet und in einen nahen

---

287 Schulze, Ulrich (1994): Brunnen im Mittelalter. Politische Ikonographie der Kommunen in Italien, S.25
288 In der volksläufigen Omphalosvorstellung (Nabel der Welt) bildet der Brunnen stets den Mittelpunkt der städtischen Piazza.
289 Schulze, Ulrich (1994): Brunnen im Mittelalter. Politische Ikonographie der Kommunen in Italien, S.35
290 Unter Ärar versteht man das zum Staat gehörende, also den Staatsschatz bzw. -vermögen.
291 Huemer-Plattner, Ingrid (1998): Innsbrucks Trinkwasser – eine immer kostbarer werdende Ressource, S.6
292 Ritschen ist ein spezieller Ausdruck, der vermutlich „rutschen" meint, aus dem Südtiroler Raum stammt und auch bei uns Anwendung fand.

Fluss oder Bach geschwemmt. Es durften in den Rinnen nur Regenwasser und Abwässer von Brunnen ausgekehrt werden. Diese städtischen Kanäle mussten auch laut der Feuerordnung von 1665[293] immer mit fließendem Wasser gefüllt sein. Vorkehrungen und Verordnungen traf man auch bezüglich der Ausleitung von Unrat. Explizit verboten war es, feste Abfälle in die Ritschen zu schütten.

„Auch für dem Brandfall – die größte Gefahr für die alten Städte! – waren Wasserreservoirs, die über die Stadt verteilt waren, vonnöten."[294] Gegen die Brandgefahr wurden eigene Vorkehrungen getroffen wie die Errichtung von Kanälen, Wasserrinnen und später von Hydranten. In der Innsbrucker Chronik von Konrad Fischer ist nachzulesen, dass 1292/93: *„Der große Brand führt zur Erbauung des Sillkanals, auch „kleine Sill" genannt, durch Vereinbarung der Stadt mit dem Stift Wilten und den Anrainern, wodurch die „Ritschen" gespeist werden."*[295]

Innsbruck war lange Zeit ein „Kuhdorf", und die städtische Bevölkerung war bäuerlich strukturiert.[296] Nicht in allen Häusern gab es „geheime Gemächer" oder „Aborts"[297]. So wurde der eigene wie der Mist der Kühe aufs Feld zur Düngung gebracht. Außerhalb der Stadt hatten die In(n)wohner kleine Gärten, die sie bewirtschafteten. *„In Innsbruck betrieben wie in vielen anderen Städten die Bürger neben ihrem Gewerbe kleine Landwirtschaften, die aber meist nur für die eigene Versorgung ausreichten. Noch im 16. Jahrhundert sollten in Innsbruck von 130 Bürgern ca. 400 Kühe und von 40 Bauern 100 Pferde gehalten worden sein."*[298] In Anbetracht der Pest durfte man die Tiere nicht mehr in der Stadt halten, da man die Verschleppung der Pest befürchtete. Die Quarantänemaßnahmen und Restriktionen breiteten sich im städtischen Leben wie die Pest aus.

Der Einschleppung von Krankheiten wurde vorgebeugt, indem man alle „Gefahrenquellen" von außen versuchte einzudämmen. *„Infolgedessen wuchs die Seuchengefahr und man vermutete einen Zusammenhang der ‚leidigen Sucht'*

---

293 siehe Stolz, Otto (1936): Geschichtskunde der Gewässer Tirols, S.311
294 Radkau, Joachim (2000): Natur und Macht. Eine Weltgeschichte der Umwelt, S.173
295 Fischnaler, Konrad (1930): Innsbrucker Chronik, IV. Verwaltungs-, Wirtschafts- und Kulturchronik, S.108
296 In den oberitalienischen Kommunen war der Gegensatz zwischen „civitas", also den Bürgern und der ländlichen Bevölkerung, viel stärker ausgeprägt.
297 Zwei ältere Ausdrücke für die heutigen Wassertoiletten; Abort wird heute noch im tirolerischen Dialekt verwendet.
298 Schretter, Bernhard (1982): Die Pest in Tirol 1611 – 1612, S.290

(die Bezeichnung Kolik, Thypus und Ruhr waren damals noch nicht bekannt) mit dem verseuchten Wasser aus den Ziehbrunnen. Schließlich wären die Höttinger und Mühlauer von diesen Seuchen immer verschont geblieben, da diese klares Quell- und Bergwasser zur Verfügung hätten. Mehr als die Erkenntnis trieb die Angst vor den sogenannten ‚sterblichen Läufen' den damaligen Bürgermeister Kern und den ehrsamen Rat der Stadt dazu, im Höttinger Gebiet eine Quelle zu erwerben und deren Wasser in Holzröhren in die Stadt zu führen."[299] In Tirol besaßen nur vornehme Häuser einen Brunnen in der Küche oder in den „hohen Zimmern". Der Großteil der Bevölkerung bezog sein Wasser von den „gemainen" Nachbarschaft oder den öffentlichen Stadtbrunnen. Der Unterschied lag darin, dass Brunnennachbarschaften ihre eigenen Brunnen verwalteten, wohingegen die öffentlichen Brunnen von Seiten des Hofes bereitgestellt wurden.

Die Pestzüge machten auch nicht vor den Stadttoren Innsbrucks halt. Mit der allgemeinen Angst vor dem „Schwarzen Tod" suchte man sich Sündenböcke für die sterblichen Läufe. So vermutete man, dass die Brunnen vergiftet waren: *„Die Sage von Brunnenvergiftungen als Ursache von Seuchen taucht in der Geschichte der Epidemie sehr oft auf. Im Jahre 1348, als der ‚Schwarze Tod' in Europa wütete, wurde die Anklage, Brunnen vergiftet zu haben, besonders gegen Juden und Lepröse erhoben."*[300] Es kam immer wieder zu Brunnensperrungen, da man eine Verunreinigung befürchtete. So wurde den Frauen das Waschen am Brunnen aufs Strengste verboten. *„Doch setzte sich die Bevölkerung andauernd über dieses Verbot"*[301] hinweg. Die Frauen mussten nun zum Inn, um ihre Wäsche zu waschen und die betuchtere Gesellschaft ließ sich die Feinwäsche in der Melach waschen. Eine Vielzahl anderer Repressalien hat das Leben rund um die öffentlichen Brunnen stark eingeschränkt, so war auch unter anderem das Tränken der Tiere untersagt.

Die Einführung der Wassergeleite hängt ursächlich mit der Allmendeeinziehung zusammen. Zuerst wurde der Bevölkerung das Wasser abgegraben und die Ziehbrunnen aufgrund „hygienischer" Überlegungen geschlossen, um sie mit dem Quellwasser vom Berg zu versorgen. Doch die erste Trinkwasserleitung in Innsbruck wurde für die Versorgung des fürstlichen Hofes installiert. Zu Zeiten Kaiser Maximilians I. wurde eine Vielzahl an Quellen in der Umgebung von Innsbruck angezapft. Die unergiebigen „Knappenlöcher" brachten nicht

---

299 Huemer-Plattner, Ingrid (1998): Innsbrucks Trinkwasser – eine immer kostbarer werdende Ressource, S.69
300 Schretter, Bernhard (1982): Die Pest in Tirol 1611 – 1612, S.291
301 Ebd., S.292

die ersehnten Schätze aus dem Berg hervor, sondern ließen die wasserreichen Quellen sprudeln. Mit Holzgeleiten wurde das Wasser vom Berg in die befestigte Stadt geleitet. Erst im Jahre 1485 hatte man auf Initiative des Innsbrucker Stadtrats eine Bewilligung für die Wasserableitung von Hötting erwirkt. *"Im Frühling des Jahres 1485 plätscherte somit der erste Brunnen für eine öffentliche Wasserabgabe am Stadtplatz unserer heutigen Altstadt."*[302] Dieses Jahr ging als Geburtsstunde der öffentlichen Wasserversorgung in die Geschichte ein. Die InnsbruckerInnen bezogen bis zu dieser Zeit ihr Wasser aus Schöpfbrunnen.

Eine Erweiterung des „ärarischen"[303] Geleits, so nannte man die Trinkwasserleitungen, wurde zwingend mit dem Aus- und Neubau des Hofes von Erzherzog Ferdinand II. *"Das personell wie baulich stark vermehrte Hofwesen Erzherzog Ferdinands II machte auch eine erheblich verstärkte Zufuhr von Trinkwasser nötig."*[304] Dazu kam, dass durch das Erdbeben von 1584 die städtische Quelle versiegte und die Innsbrucker unter dem ersten uns bekannten Trinkwassermangel litten.[305] So erschloss man auf erzherzogliches Geheiß das Quellgebiet von Mühlau und errichtete die erste Wasserleitung von Mühlau nach Innsbruck. Die Beschwerden der Mühlauer Bevölkerung beim Bau des Wassergeleits von 1594/95 an die oberösterreichische Hofkammer wurden von Hye wie folgt kommentiert: *"Offenbar nämlich ließen es der Brunnenmeister und sein Mitarbeiter bei der Verlegung dieser Leitung an der nötigen Sorgfalt mangeln, was zur Folge hatte, dass die Leitung undicht war, große Wasserverluste aufwies und dadurch zur Verheerung der Straßen und Wege von Mühlau führte."*[306] Die Mühlauer Anrainer griffen zur Selbsthilfe, indem sie unerlaubterweise das überfließende Wasser für ihren Eigenbedarf nutzten. Die Wassergeleite waren oberirdische ausgebohrte Holzstämme, die durch Unwetter leicht verstopften oder verschütteten. Für die Wartung der 10 Hofgeleite wurden Hofbrunnenmeister eingesetzt, die für die Sauberhaltung der Geleite verantwortlich waren. Immer wieder wurde berichtet, dass die Trinkwasserzuführung und -verteilung

---

302 Maninfior, Michael (1993): Die Wasserversorgungswirtschaft von Innsbruck und Hall in Tirol. Entwicklung- und Strukturanalyse, Zukunftsperspektiven und -erfordernisse sowie ökonomische und ökologische Beurteilung, S.17
303 Die Verwaltung des Är oblag den Beamten des landesfürstlichen Hofes.
304 Hye, Franz-Heinz (1993): Geschichte der Trinkwasserversorgung der Landeshauptstadt Innsbruck, S.98
305 Huemer-Plattner, Ingrid (1998): Innsbrucks Trinkwasser – eine immer kostbarer werdende Ressource, S.7
306 Hye, Franz-Heinz (1993): Geschichte der Trinkwasserversorgung der Landeshauptstadt Innsbruck, S.104

nur mit einem erheblichen Aufwand zu bewerkstelligen war. Bis ins 19. Jahrhundert herrschten „*mittelalterliche*"[307] Verhältnisse in der Trinkwasserversorgung vor, die ab 1887 mit dem Bau der städtischen Hochdruckversorgungsanlage oberhalb von Mühlau Abhilfe verbessert wurden.

In den Jahren 1888 bis 1890 wurde in Innsbruck das erste Hochdruck-Leitungsnetz verlegt. Statt offene Holzgerinne verwendete man nun gusseiserne Rohre. Mit dem Neubau der Ringleitung begann eine neue Expansionspolitik der Stadtväter, die nun das Stadtgebiet um einiges erweitern konnten. Arzl verkaufte die Hälfte seiner Wassernutzungsrechte an die Stadt Innsbruck mit der Auflage, dass ein geschlossenes Leitungsnetz gebaut werden musste.[308] Die Eingemeindung von Wilten und Pradl wurden parallel mit einer neuen Erschließung einer Quellfassung 1901/02 verhandelt. Der damalige amtierende Bürgermeister Wilhelm Greil, „*... war daher bemüht, neue Quellen – im wahrsten Sinne des Wortes – für Innsbruck zu gewinnen und zu erschließen.*"[309]

Die Eingemeindung der restlichen heute zu Innsbruck zählenden Stadtbezirke erfolgte unter der autoritären Verordnung der NS-Gauleitung im Zeitraum zwischen 1938 – 1942, „*... denen nahtlos der Bau von der neuen Trinkwasser- und Kraftwerksanlage in Mühlau mit einem 1,66 km langen Stollensystem in den Jahren 1942 – 1953 folgte.*"[310] Ab dieser Zeit begann eine rasante Modernisierung, jeder Haushalt wurde und wird an ein Trinkwasser- und Kanalnetz angeschlossen. Die Wasserwirtschaft wurde im Krieg und auch in den Nachkriegsjahren als „Wirtschaftsboom" interpretiert, der den „Wiederaufbau" begünstigte. Schon während des zweiten Weltkrieges wurde mit den Stollenarbeiten der Mühlauer Quellfassung begonnen. Ein Sammelstollen und verschiedene Quellstollen wurden in den Berg getrieben, um auf die wasserführenden Schichten zu stoßen. 1953 konnte man das Mühlauer Wasser- und Elektrizitätswerk finalisieren, das bis zum heutigen Tag die Hauptquelle der Innsbrucker Wasserversorgung darstellt. In den 60iger Jahren erschloss man im Westen von Innsbruck das Grundwasserfeld Höttinger Au, dem heutigen Flughafengelände. Dessen eventuelle Erweiterung allerdings gefährdet mögliche zukünftige Trinkwasserreserven der Stadt.

Innsbruck bezieht sein Quellwasser direkt von der Nordkette. Der Abhang der Innsbrucker Nordkette wird primär in zwei geologische Stockwerke unter-

---

307 Ebd., S.110
308 Ebd., S.112
309 Ebd., S.134
310 Ebd., S.136

teilt: die untere Etage ist durch eine durchlässige Schuttmasse und der obere Bereich durch die „Höttinger Brecchie" gekennzeichnet. *„Entlang der Grenzfurche treten nun an zahlreichen Stellen Quellen aus. Im Allgemeinen sind sie nur klein, im Mühlauer Graben allerdings überraschend stark."*[311] Das Mühlauer Quellgebiet ist ein schier unerschöpflicher Schatz vor den Toren Innsbrucks. *„Zwischen 550 und 2400 Liter Trinkwasser pro Sekunde werden je nach Jahreszeit gefasst. Von den Mühlauer Quellen gelangt das Wasser in zwei Druckrohrleitungen zum Trinkwasserkraftwerk Mühlau."*[312] Innsbrucks Quellfassung deckt auch heute noch 96% des Wasserbedarfs der Landeshauptstadt. Zusätzlich garantiert das Grundwasserfeld in der Höttinger Au West eine krisensichere Wasserversorgung. *„Im Vergleich dazu: österreichweit erfolgt die Wasserversorgung im Durchschnitt nur zu knapp 50% aus Quellwasser. Rund 125.000 Innsbrucker(inn)en werden derzeit über ca. 11.400 Hausanschlüsse vom Wasserkraftwerk Mühlau der Innsbrucker Kommunalbetriebe AG mit Trinkwasser versorgt."*[313]

Exkurs: Mineral- und Trinkwasserquellen

Die Grundbedeutung des Wortes „Quelle" beschreibt das Überfließen bzw. das Herabträufeln. Das Hervorquellen ist an einen begrenzten Ort gebunden, an eine Austrittsstelle, aus der das Wasser ohne künstliche Hilfe an die Erdoberfläche tritt. Den größten Teil des Quellwassers liefern die Niederschläge. Das Regenwasser versickert langsam, durchdringt die durchlässigen Gesteinszonen und sammelt sich in den Hohlräumen des Berginneren. Insgesamt gibt es 200 Bezeichnungen für vadose[314] Quelltypen, wie z. B. die Schicht-, Spalt-, Schutt-, Karst- und Stauquelle. Auch Geysire zählen zu diesem Typ. Juveniles Wasser hingegen stammt direkt aus dem Erdinneren und steigt durch Druck nach oben. Mineralquellen sind Heilquellen: Die heißen Quellen werden in den Thermen genutzt. *„Quellwasser ist an sich nichts anderes als zutagetretendes Grundwasser, welches durch verschiedenen Schichten an*

---

311 Manifior, Michael (1993): Die Wasserversorgungswirtschaft von Innsbruck und Hall in Tirol, S.31
312 http://www.wasserwerk.at, Stand 26.07.2004
313 http://www.wasserwerk.at, Stand 26.07.2004
314 Vados heißt, das durch Versickerung von Niederschlägen und aus Oberflächengewässer gebildete Grundwasser.

der Erdoberfläche gefiltert ist."[315] Dabei wird das Quellwasser vom Grundwasser nach der vorhandenen Vegetation und der Nutzung der Fläche unterschieden.

„*Mit all seinen Eigenschaften als Flüssigkeit ist Wasser auch einer der wichtigsten Faktoren bei der Gestaltung der Natur.*"[316] Nur wenige flüssige Substanzen verhalten sich bei Temperatur- und Druckveränderungen wie Wasser. Daraus kann man schließen, dass Wasser wegen seines flüssigen, gasförmigen und festen Zustandes einzigartig ist. Die große Kraft des Wassers liegt in seiner Wandlungsfähigkeit, denn fast alle anderen Stoffe wie z. B. Sauerstoff und Stickstoff oder Gesteine und Böden verändern ihre physikalische Zustandsform nicht. „*Falls diese Stoffe überhaupt umgewandelt werden, so geschieht das häufig durch Vermittlung des Wassers, das sowohl Gase als auch Mineralien löst.*"[317] Wasser ist ein hervorragendes Lösungsmittel, das selbst ständig im Fluss ist.

Die Quellschüttung bestimmt das Wasserdargebot, damit ist jene Wassermenge eines Wasservorkommens gemeint, welche in einer bestimmten Zeiteinheit zur Verfügung steht. Das Wasser verbleibt meist einige Jahre im Berg, bis es als Quellwasser hervortritt. Für die Wasserführung und für das Bild der Landschaft ist in erster Linie der geologische Aufbau von Bedeutung. Im Falle des Inntals findet sich die Gesteinsformation aus marinen Schichten der Trias[318], wohingegen die südliche Talseite von Schichten des alten kristallinen Schiefers oder Urgesteins dominiert wird.

Die besondere Qualität und Reinheit des Quellwassers hängt mit der lange Verweildauer des Wassers in den verschiedenen geologischen Schichten zusammen. Das Niederschlagswasser wird nicht nur gründlich gereinigt, sondern das Wasser löst auf seinem Weg durch die Erdschichten verschiedene mineralische Stoffe. Gelöste Mineralien geben dem Quellwasser seine gesundheitsfördernden Eigenschaften. Die Minerale und Salze reichern das Wasser an und hinterlassen ihre unverkennbaren Spuren. Die so genannten Spurenelemente sind essentiell für den Stoffwechsel des Menschen, denn der „Botenstoff" Wasser versorgt den Köper nicht nur mit dem lebensnotwendigen Nass, sondern auch mit den überlebenswichtigen Mineralien, die der Körper tagtäglich braucht. Wasser in reiner und destillierter Form gibt es nur aus dem

---

315 Manifior, Michael (1993): Die Wasserversorgungswirtschaft von Innsbruck und Hall in Tirol, S.14
316 Ball, Philip (2002): H2O. Biographie des Wassers, S.40
317 Ebd., S.43
318 Das Mesozoikum, d.h. das erdgeschichtliche Mittelalter, umfasst Trias, Jura und Kreide.

Reagenzglas. Jedes Wasser hat – je nach Herkunft – sein eigenes Gepräge, seinen eigenen Geschmack. Die Klassifizierung nach den Härtegraden weist auch auf die Herkunft hin. Die Art der wasserführenden Schichten ist somit Qualitätsmerkmal und Gütesiegel.

Durch seine besonderen, chemischen und physikalischen Eigenschaften ist das Wasser das wichtigste Lebens- und auch Heilmittel. Heilwässer müssen eine Mindestmenge pharmakologisch wichtiger Substanzen enthalten wie z.B. 10 mg Eisen/kg, 1 mg Schwefel/kg usw., für Trinkkuren muss die Mindestmenge an Kohlensäure für Säuerlinge 250 mg CO_2/kg und 1000 mg für Badekuren aufweisen.[319] Thermen müssen eine Temperatur von über 20° C aufweisen. Die verschiedenen Mineralwässer – einfacher oder erdiger Säuerling, alkalische Quellen, Kochsalzquellen, Bitterquellen, Eisen- bzw. Schwefelquellen, Gipsquellen und Sulfatquellen – werden nach ihrer chemischen Zusammensetzung eingeteilt. *„Eine Mineralquelle muss mindestens 1000 mg/kg gelöster Bestandteile enthalten, um diese Bezeichnung führen zu dürfen."*[320]

Die exakte Bezeichnungen der verschiedenen Arten von abgefüllten Wasser sind im Österreichischen Lebensmittelbuch „Codex Kapitel B1 – Trinkwasser" angeführt. Dort finden sich alle gesetzlichen Bestimmungen und Details nach Art, Ursprung und Herkunft und Reinheit bzw. hygienische Anforderungen sowie die ernährungsphysiologischer Wirkung des Trinkwassers. Für natürliche Mineralwässer sind bestimmte Bezeichnungen vorgesehen, die über Inhaltsstoffe oder Eigenschaften des natürlichen Mineralwassers informieren. Die Bezeichnung „natürliches Mineralwasser" wurde im neuen Codex-Kapitel im Jahre 1993 an die EU Richtlinien angeglichen. Daraus geht hervor, dass man bei Mineralwasser mit geringem, sehr geringem und hohen Gehalt an Salzen unterscheidet. Darüber hinaus gelten die Bestimmungen mikrobiologischer und chemischer Reinheit sowie die strengen geologischen und physikalischen Anforderungen, wie sie im Lebensmittelgesetz vorgeschrieben werden.

Trinkwasser ist das wichtigste Lebensmittel und wird deshalb rechtlich im Codex Alimentarius Austriacus, dem österreichischen Lebensmittelbuch geregelt. *„In der Lebensmittelgesetzgebung haben der Schutz und die Gesundheit des Verbrauchers den Vorrang. Infolge umweltbedingter Faktoren sowie der teilweise erhöhten Inanspruchnahme von Oberflächengewässern wurde es notwendig, auch unserem natürlichen und zugleich wichtigsten Lebensmittel, dem Trinkwasser,*

---

319 Vgl. Kuntscher, Herbert (1986): Höhlen, Bergwerke, Heilquellen in Tirol und Vorarlberg, S.344
320 Lechner, Eva (2003): Heilbäder, Bauernbadln und Kraftquellen, S.15

einen besonderen gesetzlichen Schutz zu geben."[321] Seit dem Beitritt Österreichs zur Europäischen Union 1995 werden die Hygiene- und die Überprüfungsbestimmungen des Trinkwassers nach Höchstkonzentraten bemessen. Die von der EU vorgegebenen Grenzwerte werden nach biologischen, chemischen und physikalischen Parametern festgelegt. Das bindende Ziel der europäischen Wasserschutzpolitik ist die Erreichung eines „guten Zustandes", der innerhalb einer festgelegten Frist von den Mitgliedstaaten erreicht werden muss. Die systematische Überwachung der Qualität wird zum Planungsinstrument der Europäischen Union. Die Beurteilung des „guten Zustandes" erfolgt vor allem nach chemischen und physikalischen, aber auch ökologischen Kriterien. Diese aus dem EU Recht stammende Trinkwasserversorgung stellt einen Kompromiss aller Mitglieder der EU dar und erhält nur die aus gesundheitlichen unverzichtbaren Mindestanforderungen an trinkbares Wasser. Die hohe österreichische Qualität kann mit diesen Mindestanforderungen nicht aufrecht erhalten werden. Die strengern österreichischen Verordnungen wurden nach unten korrigiert und demnach verschlechtert. *„Aufgrund der in § 2 und § 6 der Trinkwasser- Nitratverordnung ist es seit Juli 1990 verboten, Trinkwasser mit mehr als 100 mg Nitrat pro Liter in Verkehr zu bringen. Ab Juli 1994 darf ein Liter Trinkwasser maximal 50 mg Nitrat und ab 1. Juli 1999 maximal 30 mg Nitrat aufweisen. Der letzt genannte Grenzwert wurde im Juli 1996 unter Wahrung der Interessen der Volksgesundheit aufgehoben."*[322] Als Grund für die Aufhebung des strengen Richtwertes wird argumentiert, dass der Grenzwert von 30 mg *„... in manchen Gebieten Österreichs zu großen Problemen und unverhältnismäßig großen Aufwand zur Einhaltung dieses Grenzwertes führen."*[323] Die Werte in den Ackerbaugebieten des östlichen Österreichs überschreiten den vorgeschriebenen Nitratgehalt bei weitem. Nitrate entstehen vor allem in Gebieten intensiver landwirtschaftlicher Nutzung und zwar beim Abbau stickstoffhaltiger Düngemittel, bei der Versickerung von Abwässern, von Deponiewässern und aus Niederschlägen.

---

321 Hofer, Sabine (1998): Trinkwasser, Unser wichtigstes Lebensmittel. Kammer für Arbeit und Angestellte für Tirol, Innsbruck, S.19
322 Ebd., S.20
323 Ebd., S.20

6. Wasserbau:
Das Wasser als Quelle des Wirtschaftens

6.1 Entwässerung, Begradigung und Trockenlegungen

Zu einer planmäßigen, das ganze Land umfassenden Leitung des Wasserbaus von Staats wegen kam es erst in der zweiten Hälfte des 18. Jahrhunderts. Die damalige Volkswirtschaftslehre empfahl die Umwandlung von Auen und Moorlandschaften in Ackerland zur Versorgung der Bevölkerung. *"Nachdem durch den Archenbau der Fluß und die in ihn mündenden Bäche an einen festen Lauf gebunden und das umliegende Land gegen Überflutungen gesichert waren, erfolgte die Aufteilung der Au unter die zur Nutzung der Allmende berechtigten Gemeindegenossen. Das gerodete Gewann (in Tirol Ried oder Gestöß genannt) wurde in so viel Stücke von gleicher Größe aufgeteilt, als berechtigte Bauern gezählt wurden. So entstand im Laufe der Zeit eine Reihe von Gewannen, in welchen jeder Bauer der Gemeinde seinen Anteil besaß. Solche Teilstücke an gerodetem Lande bezeichnete man als "Lüss" oder "Loiss" (althochdeutsch "Loz" oder "Luz" = Los.)"*[324]

Auch Sölleute wurden berücksichtigt, und es wurden ihnen ein Teil des Auengrundes zugewiesen. *"Die Rodungen in den Auen, wie andere Rodungen, welche gemeindeweise nun durch die Dorfgemeinschaften ausgeführt wurden, kamen auch den Sölleuten und Häuslern, den Inhabern kleiner, landwirtschaftlicher Betriebe zugute."*[325] Sie erhielten einen Teil des „Loses", entweder wurde es ihnen, wie oben erwähnt, zugewiesen, oder sie konnten es käuflich erwerben. So stellte Wopfner fest: *"Da der neugewonnene Besitz im Gegensatz zum alten Hofland zumeist gesondert veräußert werden durfte, bot sich immer Gelegenheit, solche Teilstücke von Neuland zu erwerben."*[326]

Das Bild der Tiroler Landschaft hat sich dadurch gründlich geändert. An die Stelle der ursprünglichen Au- und Waldlandschaften ist eine Kulturlandschaft getreten, ein Landschaftsbild, dessen Aussehen durch menschliche Tätigkeit geprägt wurde. Die größten und augenfälligsten Änderungen erfolg-

---

324 Wopfner, Hermann (1995): Bergbauernbuch, 1. Band, S.115
325 Ebd., S.122
326 Ebd., S.123

ten durch die ausgedehnten Rodungen auf den Hängen wie in den Talniederungen. *„Die Möglichkeit ausgedehnten Landgewinnes durch Urbarmachung bisherigen Ödlandes boten noch bis herab in die jüngste Zeit die vielen Auen und Möser (Sümpfe) entlang den Flüssen."*[327]
Unter der Regierung von Maria Theresia kam es in Tirol von Staats wegen zur Regulierung des Inns und die Geradleitung der Etsch 1747, um damit eine Ausweitung von Kulturland zu erreichen. *„Zum Schutz gegen Landverlust musste der Inn durch Verbauungsmaßnahmen gebändigt werden. Als wirkungsvoll erwiesen sich die quer zur Strömung gegen die Flussmitte gebauten Buhnen oder Sporne in Form von Dämmen aus Steinblöcken."*[328] Die Aussicht auf ertragreiches Land ließ Sümpfe, Moore und Auen verschwinden. Die Austrocknung wie auch Fruchtbarmachung der Moraste wurden mit Staatsmitteln finanziert, denn die Sümpfe galten als verpestet. Weiters wurden gegen Ende des 18. Jahrhunderts eine Vielzahl an kleineren Seen und Teichen trockengelegt. Die künstlich geschaffenen Seen und Teiche, die in der Zeit Herzog Sigmunds und des Kaiser Maximilians entstanden waren, wurden um 1800 abgelassen und trocken gelegt, darunter befanden sich der Amraser See mit 20 ha, der Seefelder Ablaß-See, der Natterer See und der Völser See mit 30 ha. *„Nach dem Ablassen des Wassers blieb die große Fläche sumpfig und konnte nur allmählich durch Erhöhung des Bodens urbar gemacht werden. Das Heu der darauf angelegten Wiesen war schlecht. Deshalb wurde 1926 mit Subventionen des Bundes und vom Land eine Entwässerung versucht."*[329] Deutlich wird am Beispiel der Trockenlegungsversuche des ehemaligen Völser Sees, dass die Ignoranz der „Modernisierer" immer dazu führte, dass die ökologischen Probleme nicht gelöst werden konnten, sondern erst durch die Eingriffe überhaupt geschaffen wurden. Heute noch kämpft man in der Völser Seesiedlung mit den „Spätfolgen" der Entwässerung.

Durch die Landesordnung von 1861 wurden der Schutz des Kulturlandes und die Entwässerung der Sümpfe unter die Aufsicht des Landes gestellt. Hierfür wurden für die Durchführung des Wasserbaus in den Ländern eigens Landesbauämter geschaffen, die die Förderung des landeseigenen Wasserbaus mithilfe von staatlichen Zuschüssen bewerkstelligen sollten. Der Großteil der Kosten für die Verbauung der Gewässer wurde jedoch vom Land und weiter-

---

327 Ebd., S.109
328 Gemeinde Völs (1991): Völser Dorfbuch, S.197
329 Ebd., S.165

hin von den angrenzenden Gemeinden und Grundbesitzern getragen. Erst mit der administrativen Vereinheitlichung machte ab 1876 die systematische Verbauung der Flüsse bedeutende Fortschritte. *„Nicht nur in den Haupttälern wurde [durch] die Verbauung der Flüsse und die Entwässerung der Talsohle reichlicher Gewinn an fruchttragendem Land erzielt, Landtag und Landesverwaltung wandten auch der Entwässerung der in einzelnen Nebentälern gelegenen, ausgedehnten Möser ihr Augenmerk zu."*[330] Ein sehr aufwendiges Trockenlegungsprojekt war die Entwässerung des Sterzinger Mooses und jene im Talkessel von Lermoos-Ehrwald.

Zur Zeit Kaiserin Maria Theresias wollte die Regierung *„nunmehr die Verbauung der größeren Flüsse nach einem einheitlichen Plan durchführen, um dadurch in größerem Maßstab als bisher die Augebiete in urbare Böden zu verwandeln."*[331] Ab 1750 wurde unter Koordination des Wasserbauamtes die Flussverbauung systematisiert. Diese Verbauungsmaßnahmen führten zu einer ersten Begradigung des Inns, dessen Flussbett auf einen Bruchteil verengt wurde. 1750 wurden die Gemeinden nach landesfürstlichem Erlass beauftragt, die restlichen Auen zu roden, zu parzellieren und per Los den Bauern zuzuschreiben. Das löste einen Sturm des Protestes aus, denn niemand wollte auf die Vorweiderechte verzichten. Endgültig kam es zur Aufteilung der Augebiete im Jahre 1850, als die Innregulierung technisch umgesetzt wurde. Durch die streckenweise Regulierung des Flusslaufes und Entsumpfung an den Gestaden des Inn gewann man große landwirtschaftliche Flächen. Darüber hinaus konnte die Fahrt am Inn zwischen Kufstein und Hall für die großen Schiffe auf 3 Tage verkürzt werden.

Eine weitere Regulierungsmaßnahme am Inn wurde im Tiroler Landtag 1904 anvisiert, doch aus Kostengründen auf 1914 verschoben. Schlussendlich wurde die Flussregulierung „zur Behebung der Arbeitslosigkeit" erst nach dem 1. Weltkrieg wieder aufgenommen. Das Schwinden der Auen hinterließ ein vollkommen anderes Kultur- und Landschaftsbild. In den Tiroler Heimatblättern schrieb Josef Pöll 1935: *„Es war einmal anders. Da war die ganze Talweite des Inn von Auen erfüllt, ein weiches grünes Land, von blendend weißen Sandbänken und blitzenden Wasserarmen durchzogen, belebt von allerlei Getier, das ungestört in Bruch und Dickicht sich herumtrieb.(...) Aber der Mensch! Der machte gründlichere Arbeit als das Wildwasser, trieb den Stämmen die Axt*

---

330 Ebd., S.118
331 Ebd., S.288

ins Herz, und was er fällte, stand nicht mehr auf. Dann kam der Pflug und furchte Wunden in den Auboden. Wo früher Wipfel rauschten, wogten nun Ährenfelder. Keine Handbreite gibt der Mensch der Au zurück, er hat nur das Recht, zu nehmen."[332] Die weitläufigen unbesiedelten Flächen wurden im Zug der Flussregulierung zu Wohngebieten umgewidmet, in deren Namensgebung heute noch ihre einstige naturräumliche Bedeutung nachklingt: Höttinger Au, Reichenau, etc..

Der Inn ab Landeck ist heute eine in einem engen Bett verlaufende Wasserachse, das Flussbett vertiefte sich immer mehr und nur wenige Restbestände an Auen sind noch vorhanden.[333] Die Veränderung der Gewässerdynamik führte unweigerlich zu einem Verlust an Lebensraum und verschiedenen Habitaten. Bewiesen ist, dass durch Wasserkraftnutzung am Inn ein beträchtlicher Wasserschwall täglich den noch verbliebenen Lebensraum beeinträchtigt. Das Fließkontinuum ist durch Wasserkraftnutzungen und Bachverbauungen vielfach unterbrochen. Die verringerte Interaktion zwischen Oberflächen- und Grundwasser führte zu einem sukzessiven Temperaturverlust. Der Inn wird nachweislich immer kälter und damit zusätzlich ärmer an Fischhabitaten. In der Studie Inn 2000[334] konnten von den ursprünglich im Tiroler Inn heimischen 31 Fischarten nur mehr 16 ermittelt werden. Davon kommen heute im Inn nur noch zwei in größeren Populationen vor.[335] *„Im Zuge der ökologischen Defizitanalyse kam ganz klar der Einfluss der Wasserkraftnutzung auf die Fischfauna durch zum Teil dramatische Veränderungen der Lebensraumbedingungen im Tiroler Inn zum Ausdruck."*[336] Neben den systematischen Regulierungen und Wasserableitungen bzw. Umleitungen zwecks Bewässerung zählt die Wasserkraftnutzung zu den gravierendsten Eingriffen in die Ökologie von Fliessgewässern, aber auch in das menschliche Dasein.

---

332 Pöll, Josef (1935): Unsere Auen. In: Tiroler Heimatblätter, S.130
333 Prutz, Silzer Au, Auenstreifen in Stams und Telfs, die Völser und Kranebitter Au, Ampaß-Häusern, Kolsaß, Stans, Langkampfen bei Kufstein
334 Die Studie Inn 2000 wurde vom Tiroler Fischereiverband in Zusammenarbeit mit dem Land Tirol in Auftrag gegeben.
335 Kostenzer, Johannes mündliche Mitteilung
336 Spindler, Thomas & Wintersberger, Harald: Einfluss der Wasserkraftnutzung auf den fischökologischen Zustand des Tiroler Inn, in: Amt der Tiroler Landesregierung, Abteilung Umweltschutz (Hrsg.): Ökologie und Wasserkraftnutzung, Band 12, S.94

6.2 Staudämme und Wasserkraftwerke

Mit der Erschließung der Alpen im 19. Jahrhundert begann auch die Erschließung der Wasserkraft im alpinen Gelände. Die Kraft des Wassers wurde seit Menschengedenken genutzt, doch gibt es einen beträchtlichen Unterschied in der Art der Nutzung. Die energiewirtschaftliche Nutzung stand auch im Alpenraum meist am Anfang einer Entwicklung im Kontext der Verelendung und Vertreibung. So meinte Wopfner in seiner Abhandlung über die Bergbauernkultur in Tirol, dass die Verödung mancher Höfe durch den Kraftwerkbau beschleunigt wurde. *„In jüngster Zeit treten immer häufiger Pläne zutage, für den Bau von Kraftwerken und der dazugehörigen Wasserspeicher Bauerngüter zwangsweise zu enteignen und auf diese Weise ganze Ortschaften zu vernichten."*337 Schon damals erkannte Wopfner, dass ein massiver Eingriff in die naturnah bewirtschafteten Täler auch ein kultureller Eingriff in die Lebensform der Bergbauern sei. Mit seinen Worten drückt er das folgendermaßen aus: *„Es handelt sich nun jeweils darum, in gerechter Weise festzustellen, ob denn wirklich der gemeine Nutzen nur durch den Bau eines solchen Stauwerkes gefördert werden kann. Es besteht die Gefahr, dass die Stellen, welche über die Beantwortung dieser Frage entscheiden, einseitig der Beeinflussung durch Techniker ausgesetzt sind."*338 Das Ingenieurwesen hat sich am Wasserbau entwickelt, österreichisches Know-how im Bereich der Wasserkraft ist schon längst ein Exportschlager. Die Wasserbehandlung als Versorgungs- oder Entsorgungsprinzip wird Technokraten in die Hand gelegt, um die Wasser- und Energiekrisen zu lösen.

Speziell in den abgelegenen Tälern und in den Talschlüssen kam es in Tirol unter dem Hinweis auf den „Gemeinen" volkswirtschaftlichen Nutzen zum Bau von Wasserkraftwerken. *„Die Geschichte der Stauseen ist keine 100 Jahre alt – die Geschichte ihrer Entstehung aber sind oft spektakulär, empörend, dramatisch. Berühmt ist zum Beispiel der Reschenpass-See wegen seines aus dem Wasser ragenden Kirchturms. Hinter diesem Wahrzeichen verbirg sich aber eine traurige Geschichte von skrupellosem Profitdenken und staatlicher Willkür. Auch fünfzig Jahre nach der Überflutung der Dörfer Graun und Reschen kämpfen seine Bewohner immer noch um moralische und finanzielle Gerechtigkeit."*339 Diese

---

337 Wopfner, Hermann (1995): Bergbauernbuch, 2. Band, S.414
338 Ebd., S.414
339 Rauch, Beate (1995): Stauseen: Dörfer unter Wasser. Dokumentarfilm für NZZ

Gerechtigkeit von oben ist bis zum heutigen Tag nicht eingetreten. Die staatliche Willkür, die im Dienste des Profitinteresses stand, forcierte v. a. in der Nachkriegszeit den Bau von Kraftwerken in den Alpengebieten. Kraftwerke wie Kaprun oder die Speicherseen im Sellraintal wurden euphorisch als Symbol des „Wirtschaftsbooms" gefeiert. Beide Gebiete sind in diesen Tagen wieder in den Schlagzeilen[340], doch mit einem anderen Vorzeichen.

6.3 Wildbach- und Lawinenverbauung

Hochwasser- und Lawinenschutz sind heutzutage eine Selbstverständlichkeit in einem Hochgebirgsland wie Tirol. Tirol hat auch hier ein Pionierstellung errungen und kann durchaus als Ursprungland der Wildbachverbauung in Österreich bezeichnet werden. *„Die schweren Unwetterschäden in verschiedenen Landesteilen der österreichisch-ungarischen Monarchie, insbesondere in den Alpenländern Kärnten und Tirol, hatte 1884 zur Gründung der staatlichen Wildbach- und Lawinenverbauung geführt."*[341] Das vermehrte Auftreten von Hochwässern, Muren und Lawinen Mitte des 19. Jahrhunderts muss im Zusammenhang mit den Klimakapriolen der damaligen Zeit gewertet werden. Die sprunghafte Erwärmung nach der kleinen Eiszeit zwischen dem 16. bis 18. Jahrhundert führte zum Abtauen der Gletscher. Lamb schrieb in seiner kulturgeschichtlichen Abhandlung über das Klima im Übergang vom 18. ins 19. Jahrhundert: *„In den Alpen überquerten die vorrückenden Gletscher an einigen Stellen die Talböden und bildeten Dämme, so dass Wasserläufe zeitweilig zu Seen wurden. Derartige Seen durchbrachen wiederholt die Eisbarrieren und führten talwärts zu verheerenden Überflutungen."*[342] Im ganzen Land kam es zu wahrhaft sintflutartigen Überschwemmungen und so ging das 19. Jahrhundert als Jahrhundert der Hochwasserkatastrophen und Elementarereignisse in die Annalen ein.[343]

---

340 Die Katastrophe vom 11. November 2000 mit 155 Toten und die Felsstürze im Sellraintal zeigen die Grenzen der infrastrukturellen Erschließung des alpinen Raumes für Tourismus und Wirtschaft auf. Immer höhere Sicherheitsvorkehrungen wie Lawinen- und Wildbachverbauungen sollen die Menschen vor der Natur schützen. Doch wer schützt die Natur vor den Menschen?
341 Land Tirol (1975): Hochwasser- und Lawinenschutz in Tirol, S.116
342 Lamb, H.(1989): Klima und Kulturgeschichte, S.266f.
343 Im Jahre 1871 wurde die Landeshauptstadt Innsbruck (Innpegel 543 cm) überflutet, 1879 wird wie im Jahre 1969 die Ortschaft Inzing durch den Enterbach vermurt, 1882 folgte eine verheerende Hochwasserkatastrophe im Drautal, im Jahr 1849 trat das Unheil im Osttiroler Matrei ein.

In den Dorfchroniken der siebziger und achtziger Jahre des 19. Jahrhundert wurde ein Überhandnehmen von Hochwasserschäden, Lawinen- und Murenabgängen belegt. Wopfner vermutet, dass die Verwaltung der Salinen- und Bergwerksverwaltung die Wälder „*zu einseitig als Zubehör und Ausbeutungsobjekt ihrer Betriebe ansah und waldwirtschaftliche Gesichtpunkte zu sehr in den Hintergrund treten ließ.*"[344] Trotz der schon im 18. Jahrhundert erlassenen „nachhaltigen" Waldordnungen (siehe: Waldregal) war die Schädigung des Waldes besonders im Oberinntal weit fortgeschritten. Staffler führt die zunehmenden Katastrophen und Verwüstungen durch Wildbäche auf den schlechten Waldbestand zurück. „*Die großen Hochwasser, die in der zweiten Hälfte des 18. Jahrhunderts großen Schaden angerichtet hatten, lenkten die Augen auf den Zusammenhang, der zwischen schlechter Forstwirtschaft und Hochwasser besteht.*"[345] Die Erkenntnis war, dass der wichtigste Schutz der Waldschutz ist.

Staffler warnte bereits in seiner Abhandlung über die Topographie Tirols vor dem Bau von Schutzbauten, die noch mehr Unglück mit sich brächten. Das „Raumen", d.h. das Aufräumen des Bachrinnsals zur Vermeidung größerer Überschwemmungen wurde seit jeher praktiziert. Diese mühselige und schwere Arbeit war eine Gemeinschaftsarbeit. In älterer Zeit wurde der Wasserbau aufgrund von Erfahrungen und Überlieferungen durchgeführt, die in neuer Zeit vernachlässigt wurden.

Der Einrichtung des Meliorationsfond im Jahre 1884 ermöglichte dem Tiroler Landtag die „wirksamen" Schutz- und Regulierungswasserbauten zu finanzieren. „*Der Landtag des Jahres 1903 beschloss ferner unter dem Eindruck der fortwährenden Hochwasserkatastrophen und ihrer gesellschaftspolitischen Folgen für die Bevölkerung – Verschuldung, Aussiedlung oder Auswanderung –, eine, wie es hieß ‚Ordnung der Wasserverhältnisse' herbeizuführen.*"[346] Anfang des 20. Jahrhunderts machten die intensive Inanspruchnahme der Landschaft und die neueste Zersiedlung in den gefährdeten inneralpinen Gebieten zusätzliche „harte"[347] Lawinen- und Wildbachverbauungen nötig. Im Rahmen des Katastrophenschutzes wurden potentiell gefährdete Gebiete zubetoniert, um die „Gefahrenzonen" zu „sichern".

---

344 Wopfner, Hermann (1995). Bergbauernbuch, 2. Band, S.598
345 Ebd., S.86
346 Land Tirol (1975): Hochwasser- und Lawinenschutz in Tirol, S.83
347 Die „harten Verbauung" der Wildbäche und Flüsse war der Kampf „gegen das Wüten der unzähmbaren Natur".

Exkurs: Im Zeichen der Modernisierung: Verödung und Verwüstung

Im Zeichen der Modernisierung verschlechterten sich die Lebensbedingungen der Bergbauern in Tirol dramatisch. Die Kriegswirren und die Jahre der bayerischen Fremdherrschaft zu Beginn des 19. Jahrhundert fielen zusammen mit weitreichenden Klimastörungen und einer generellen Erwärmung nach der kleinen Eiszeit. Der Grund für den Untergang des kleinbäuerlichen Wirtschaftens sieht Wopfner in der Verödung der Bergbauernhöfe. *„Bis zum Beginn des 19. Jahrhunderts darf man – wenigstens für Tirol – eine im Wesen ständige Vermehrung der Betriebe annehmen. Erst in der zweiten Hälfte des 19. Jahrhunderts setzte ein wirkliches Siechtum der Bergbauernsiedungen ein, das sich besonders seit den zwanziger Jahren dieses Jahrhunderts (des 20. Jahrunderts, d. Verf.) ausbreitete."*[348]

Die erwähnte Gemeinheitsteilung (siehe: Gemeinheitsteilung: Teile und herrsche) führte in jenen Landschaften Tirols, in welchen schon früh die Güterteilung eingeführt wurde, zu einer Schwächung der bergbäuerlichen, kleinstrukturierten und subsistenzorientierten Lebensweise. *„In der Zeit von 1860 bis zur Jahrhundertwende ist ein Viertel aller bäuerlichen Kleinbetreibe Westtirols zugrunde gegangen."*[349] Nach der starken Zersplitterung in der Zeit vom 15. bis zum 18. Jahrhundert kam es seit Mitte des 19. Jahrhunderts zur umgekehrten Tendenz: Nachdem die Bauernhöfe verlassen wurden, kam es wiederum zu einer starken Zusammenlegung von Kleinbetrieben. Die kleinbäuerlichen Güter wurden aufgekauft und in Zugüter oder Zulehen umgewandelt. *„Eine Reihe kleinbäuerlicher Wirtschaften, mit denen vor der Aufteilung der „Gemain" ein unveräußerliches Weiderecht verbunden war, verlor auf diese Weise die wichtige Weidenutzung, ohne sich einen Ersatz für diese zu beschaffen. Ein Teil dieser Betriebe vermochte in der Folge seine Selbständigkeit nicht mehr zu behaupten und diente zur Vergrößerung anderer Betriebe."*[350]

Die Verödung der Bergbauernkultur hängt ursächlich mit der Veränderung der Produktionsverhältnisse im 19. Jahrhundert zusammen. Der Verlust der Selbständigkeit und die mangelnde Widerstandkraft, die von der Güterteilung herrührte, mündeten in den Kreislauf der Verarmung, Verelendung und

---

348 Wopfner, Hermann (1995): Bergbauernbuch, 2. Band, S.400
349 Ebd., S.401
350 Ebd., S.402

Verödung. Die Agrarkrisen des 19. Jahrhunderts wiederum standen mit dem Preisverfall für landwirtschaftliche Produkte im Zusammenhang. *„Die Preise für das, was er verkaufte und für das, was er kaufte, konnte nicht der Bauer bestimmen, sondern sie wurden von den Händlern gemacht. So kam es dann, dass die Preise für die Erzeugnisse des Bauern nicht in gleicher Weise stiegen wie für jene, die er kaufen musste oder wollte."*[351] Die sinkenden Getreidepreise hatte eine Einschränkung des Ackerbaus und den Anbau von Hülsenfrüchten sowie verschiedenen Getreidearten zur Folge. Die getreideproduzierenden Kleinbauern wurden von viehzüchtenden Großbauern abgelöst. *„Unter diesen Umständen wandte sich die bergbäuerliche Wirtschaft vom Ackerbau ab und der Viehzucht und Molkereiwirtschaft zu; war ja doch der Getreidebau ohnehin an vielen Orten auch durch die Ungunst der Witterung erschwert."*[352] Die Getreidespeicher standen leer, und der reiche Getreidevorrat wurde nicht mehr gespeichert, sondern das auswärtige Getreide wurde in die Täler gebracht. Die Vorratshaltung ist der kapitalistischen Wirtschaft fremd, denn was man braucht, kann man sich durch Kauf erwerben.

Die Verödung und Verwüstung vieler Bauernhöfe wird oft mit Agrarkrisen, Hungersnöten, Krankheiten und Naturkatastrophen in Zusammenhang gebracht. Doch Elementarereignisse wie Bergstürze, Lawinen- oder Murenabgänge führten nachweislich nur zu einer vorübergehenden Verödung. Trotz der Bedrohungen wurden Siedlungen und Bergbauernhöfe immer wieder aufgebaut. *„Selbst Elementarereignisse vermögen die Anhänglichkeit des Mensch an die Stätte ihrer Heimat nicht leicht zu überwinden; trotz aller Bedrohung erstehen zerstörte Siedlungen immer wieder von neuem an der gleichen Stelle."*[353] Das Auflassen der Bergbauernhöfe hatte eine ähnlich Wirkung wie eine Erosion: Die gesamte „Kultur des Steilhangs" kam ins Rutschen. Begann erst die Abwanderung aus den Hochtälern – die so genannte Höhenflucht – , so folgte der unaufhaltsam Zusammenbruch einer Bergbauernkultur, die auf nachbarschaftliche, unentgeltliche Hilfe angewiesen war. *„Sind einige von den Bergbauernhöfen verödet, so verminderte sich auch die Zahl der Arbeitskräfte, die für die notwendige Gemeinschaftsarbeit zur Einhaltung von Wegen und Brücken, zur Offenhaltung der Wege im Winter, zur Instandhaltung der Wasserleitungen und Bewässerungsanlagen sowie der Wasserschutzbauten usw. nötig war."*[354]

---

351 Ebd., S.409
352 Ebd., S.404
353 Ebd., S.397
354 Ebd., S.413

Die Vernachlässigung der Gemeinschaftsarbeit, die allgemeine Abnahme des Gemeinsinns und die Verstöße gegen die „Gemeinheit" schlugen sich in vielerlei Weise nieder. Besonders betroffen waren die größeren Gemeinwerke, die einen hohen Arbeitsaufwand erforderten. Für die Zurückgebliebenen bedeutete die Aufrechterhaltung der Wiesenwässerung entweder einen Mehraufwand an Arbeit und Kosten, damit größere Schäden vermieden werden konnten, bzw. der Ertrag ihrer Wiesen sich nicht minderte, oder es kam unweigerlich der Verfall der Bewässerungsanlagen, der mit Müh und Not von den Vorfahren errichtet wurde.

Die bergbäuerliche Bevölkerung wurde immer mehr marginalisiert und unterkapitalisiert, profitiert haben andere. Die Neugestaltung der Landwirtschaft unter dem Gesichtspunkt der Liberalisierung und Kapitalisierung zog einschneidende Veränderungen in Tirol nach sich. Die Änderungen betrafen den infrastrukturellen Ausbau der Eisenbahn, aber auch der Wasserstrassen. Mit den geänderten Verkehrstechniken verschärfte sich der Wettbewerb auf den Märkten des Inlandes wie des Auslandes. Ab der Mitte des 19. Jahrhunderts setzte eine massive Abwanderung ins Ausland[355] ein. Besonders betroffen waren die Westtiroler Gebiete. Die Abwanderung, aber auch die Land- und Höhenflucht müssen im Kontext des neu durchgesetzten kapitalistischen Systems verortet werden. *„Es setzte also jene Erscheinung ein, die man als Landflucht bezeichnet; man versteht darunter vor allem den Übergang vom landwirtschaftlichen Beruf zur Arbeit in Handel und Gewerbe."*[356]

Die Semiproletarisierung der Landbevölkerung schritt voran, denn zum Aufbau der Infrastruktur wurden vor allem die bäuerlichen Hilfsarbeiter eingesetzt. *„Die Errichtung von Anlagen, die dem Verkehr oder der Industrie dienten, konnte aber auch unmittelbar zur Vernichtung bäuerlicher Betriebe führen, indem ganze Bauerngüter oder wesentliche Teile derselben für solche Anlagen aufgekauft wurden."*[357] Die Grundablösungen für den Bau von Wasserkraftwerken führten wiederum zum Verlust gemeiner Alm-, Wiesen und Wasserrechte.

Die Lebensgrundlagen autarker Gemeinden wurden fortlaufend minimiert. Damit einher ging eine Kulturkrise ungeahnten Ausmaßes. Die bedrückenden Fakten des Fortschrittes sind auch hierzulande vor allem im

---

355 Die Auswanderer 1857 aus dem Oberinntal gründeten in Peru Pozuzo und in anderen südamerikanischen Staaten Kommunen wie z. B. in Brasilien die Gemeinden „Dreizehnlinden".
356 Ebd., S.43
357 Ebd., S.404

Zusammenhang mit der Einführung von staatlich kontrollierten Bewässerungssystemen verbunden. Die erzwungene Einführung des Freihandels schwächte v. a. die kleinbäuerlichen selbstversorgenden Strukturen. *„Auf die Landwirtschaft angewendet ist das so ausgelegt worden, dass die verschiedenen Zweige der Landwirtschaft jeweils dort gepflegt werden sollen, wo die günstigsten Voraussetzungen für sie bestehen."*[358] Die generelle Ablehnung der bäuerlichen Selbstversorgung bzw. das „Bauernsterben" wurde in der liberalen Wirtschaftspolitik als das „freie Spiel der Kräfte" und eine „naturgemäße Entwicklung" gewertet. *„Der Liberalismus betrachtet Grund und Boden als Ware gleich anderen Waren. Diese Gleichsetzung wirkte sich zum Verderben des Bauernstandes aus."*[359] Die im Sinne der Liberalismustheorie „rückständige" Bergbauernkultur war damit dem Untergang geweiht.

---

358 Ebd., S.60
359 Ebd., S.60

Fülle – Leben – Wasser
© Cornelia Kaufmann

III. Res publica – res privata

1. Die staatliche Ordnungsmacht und das Wasser

Die Herausbildung eines Wasserrechtes geht auf diese Mühlenordnungen zurück. Unter dem Begriff Mühlen verstand man alle durch Wasserkraft genutzten Triebwerke. Die erste legislative Maßnahme des Wasserrechtes tritt in der Allgemeinen Mühlenordnung von 1814 in Kraft und lautete: *„Kein Mühlenbau, keine Veränderung eines Gerinnes, eines Ein- oder Ablasses, einer Wehre, Schleuse oder Arche, keine Erhöhung oder Erniedrigung eines Heimstockes, Fachbaumes oder Fachbrettes, keine Ausleitung aus einem Flusse oder Bache, keine Uferstützung oder Verdämmung, ebenso auch keine Umgestaltung einer Mahlmühle in ein anderes Werk soll ohne obrigkeitliche Bewilligung und ohne vorläufiges Einvernehmen derjenigen, deren Interesse hierbei befangen ist, vorgenommen werden."*[360] Die Verfahren zur Bewilligung von wasserbaulichen Vorhaben durchschritten nun die bürokratischen Ebenen einer zentralisierten Entscheidungsmacht. *„Damit wurde ein staatliches Konzessionssystem eingeführt, das die Möglichkeit gab, die Nutzung des Wassers im öffentlichen Interesse zu regeln."*[361] Der Staat vergab von nun an die Konzessionen an die privaten Antragsteller. Damit war der Übergang zu einem „privaten" Nutzungsrecht, das von den Landesherren oder später vom Staat erteilt wurde, vollzogen. Wasser war nun nicht mehr Gemeingut, sondern öffentliches Gut unter Aufsicht des Staates.

Meiner These zufolge, kam es schon an dieser Stelle zu einem Bruch zwischen gemein, öffentlichen und privat Gebrauch von Wasser. Es wurde nun zwischen Gebrauch und Verbrauch unterschieden. Mit der Einführung der

---

360 Ebd., S.4
361 Ebd., S.3

behördlich Genehmigung und staatlich Konzessionsvergabe war nämlich der erste Schritt hin zur bewussten Trennung zwischen denjenigen die das Wasser kommerziell nutzten und denjenigen die es zum Eigenbedarf brauchten getan. Dieser Schritt erfolgte nach dem (durch-)gängigen Prinzip des Teile und herrsche.

1.1 Die Verstaatlichung des Wassers

Wasser wurde im Zuge der Aufbau- und Konsolidierungsphase der Nationalstaaten zu einer res publica. Die *„Verstaatlichung des Wassers"*[362] betraf vorerst die schiffbaren Ströme und Flüsse, die zum allgemeinen Vermögen des Staates zählten. Die zum Transport am Wasserweg dienlichen Flüsse galten ursprünglich als frei. *„Der vieldeutige Ausdruck ‚frei' bedeutet hier wohl soviel wie durch keine Privatrechte eingeschränkt, nur der Allgemeinheit gehörig und nur der Verfügung der Staatsgewalt des Landesfürsten unterworfen."*[363] Der Ausdruck „öffentlich" war in der Rechtsaufzeichnung des Landes Tirols lange Zeit nicht gebräuchlich und *„erst später ist er aus dem römischen Rechte durch Übersetzung von „publicus" eingebürgert worden."*[364]

Das Wassergesetz, das im Zuge des Allgemeinen Bürgerlichen Rechtes von 1811 geschaffen wurde, unterschied erstmals die Flüsse, die mit Schiffen oder gebundenen Flossen befahrbar sind, von allen anderen Gewässern. *„Die ersteren sind laut jener Gesetze durchwegs „öffentliches Gut", die letzteren nur dann, wenn sie nicht infolge gesetzlicher Bestimmungen oder besonderer Privatrechtstitel einer Privatperson gehören. Öffentliches Gut bedeutet hier, dass diese Wasserläufe dem Staate als Eigentum zustehen, die Benützung aber jedem Staatsbürger innerhalb der durch staatliche Vorschriften gezogenen Grenzen offen ist."*[365]

Öffentliches Gut heißt nun Staatsgut. Sachen, welche allen Mitgliedern eines Staates nur zum Gebrauch gestattet sind, wie Straßen, Ströme, Flüsse, etc. sind öffentliches Gut oder Staatsgut, das dem Gemeingebrauch gewidmet wird. Hingegen Sachen, die zur Deckung der Staatsbedürfnisse bestimmt sind, wie Münze-, Post-, Kammergüter, Berg- und Salzwerke sind Staatsvermögen.

---

[362] Petrella, Riccardo (2000): Wasser für alle. Ein globales Manifest , S.28f.
[363] Stolz, Otto (1936): Geschichtskunde der Gewässer Tirols, S.463
[364] Ebd., S.464
[365] Ebd., S.466

„Wo die Gletscher, wie in Tirol (Hofdekret vom 07. Jänner 1839) als Staatsgut erklärt sind, gehört freilich auch das Gletschereis zum Staatsvermögen."[366] Im Reichswassergesetz von 1869 und dem Landeswassergesetz für Tirol 1870 wurden die Gletscher und das Gletschereis allerdings nicht als Gewässer bezeichnet.

Die Aneignung der Hoheits- und Eigentumsrechte über das Wasser durch den Staat leitet sich vom so genannten „öffentlichen Auftrag" ab. Die Wahrung des „öffentlichen Interesses" wurde den Verwaltungsbehörden übertragen. Unter dem Begriff Öffentlichkeit wird im Allgemeinen die staatstragende Organisation, die ihre Staatsbürger in staats- und gesellschaftspolitischen Angelegenheiten vertritt, verstanden. Was im landesherrlichem Machtbereich exekutiert wurde, schlug sich nun in den nationalstaatlichen, übergeordneten Regelungen nieder. *„Die Regelung dieses auf dem öffentlichen Rechte beruhenden Gemeingebrauchs bleibt jedenfalls dem Staat kraft seines Hoheitsrechts, insbesondere in polizeilichen Beziehungen vorbehalten."*[367] Die Schifffahrt, wie auch später die Floßfahrt, wurden bereits 1770 unter polizeiliche Aufsicht gestellt. Die Regelungsmacht des Staates gewährleistete nun vorübergehend den öffentlichen Zugang zum Wasser. Zu den weiteren Kernaufgaben des Staates bezüglich des Wassers zählte die Festlegung der Preispolitik sowie die Nutzung und Verwaltung der Wasserressourcen.

Besonderes Augenmerk warf man auf alle wasserbaulichen Anlagen, die nicht nur zur Nutzung, sondern auch zur Abwehr der Gewässer dienten. Die „Wasserbaunormale" vom 10.11.1830 enthielt die allgemeinen Grundsätze für das Verfahren bei Wasserbauten sowie die Regelung über die Kostentragung. Weitere Bestimmungen fanden sich im so genannten „Reichsforstgesetz" aus dem Jahre 1852, im Berggesetz von 1854 und verschiedenen Teich- und Triftordnungen. Diese Verordnungen gingen aus den Regalitätsrechten der Landesfürsten hervor. An dieser Stelle sei noch einmal erwähnt, dass die staatlichen Aufgaben ihr Vorbild in den landesfürstlichen Regalien – dem Berg-, Forst-, Fischerei-, Wasserregal, etc. – hatten und laut Wiedemair bis zum heutigen Tag eine gewisse Gültigkeit besitzen.

---

366 Randa, Anton (1891): Das Österreichisches Wasserrecht im Bezug auf die ungarische und ausländische Wassergesetzgebung, S.28
367 Ebd., S.9

1.2 Vereinheitlichung der Wasserordnungen

Aus der Betrachtung der altösterreichischen Wasserrechtsentwicklung geht hervor, dass die fortschreitende technische Entwicklung im Bereich der Wassernutzung sowie durch Gewinnung von neuen landwirtschaftlichen Flächen und Meliorationsprogramme [368] eine verstärkte Zentralisierung vorgenommen wurde. Der erste Vorstoß zur Vereinheitlichung der wasserrechtlichen Regelungen ging von der damaligen Landwirtschaftsbehörde aus. *„Im Jahre 1850 wurde ein Entwurf des Ministeriums für Landeskultur und Bergwesen vorgelegt, welcher im Jahre 1862 durch einen Entwurf des Ackerbauministeriums ersetzt wurde."* [369] Der Grund war der Versuch, eine einheitliche Neuordnung der Kompetenzen für die gesamten Länder der Monarchie zu schaffen. *„Während man in Wien ein einheitliches Wasserrecht für den gesamten Raum der Monarchie anstrebte, wurde von den Ländern der Kompetenzbestand „Landskultur" in Anspruch genommen."* [370] Die Stände in den Landtagen in Tirol hatten noch „Oberwasser", so dass das Reichswasserrechtsgesetz von 1869 vom Tiroler Landtag nur als Rahmengesetz angenommen wurde.

1.3 Die „Verrechtlichung" der Gewässer

Wasser war seit jeher der Inbegriff des Gemeinguts, wie auch Luft als „freies Gut" gilt und jedermann/frau kostenlos zugänglich ist. Das soll heißen, Wasser (Meer) und Luft sind in ihrer Gänze frei von Herrschaft, ein so genanntes herrenloses Gut. Eine diesbezügliche Erklärung findet sich in der Interpretation des österreichischen Wasserrechts von 1891 wie folgt: *„Das Eigentum setzt seinem Begriff nach selbständige und der menschlichen Herrschaft unterworfene räumliche Körper voraus. (...) Einen solchen Gegenstand bilden zwar die in Brunnen, Teichen, Quellen, Behältern (Cisternen) und natürlichen Senkungen eingeschlossenen (stehenden) Gewässer, welche den Grundeigenthümern gehören, – nicht aber das Meer in seiner Totalität, noch auch die fließende Wasserwelle in*

---

368 Unter Melioration versteht man in diesem Zusammenhang die Verbesserung der Böden durch Bewässerung.
369 Wiedemair, Johann (2003): Geschichtliche und inhaltliche Entwicklung des österreichischen Wasserrechtes, S.5
370 Ebd., S.5

ihrem stetigen, zusammenhängenden Lauf."[371] Zur juridischen Begründung wurde die Unentbehrlichkeit des wässrigen Elements für die Lebenserhaltung ins Treffen geführt, welche mit der ausschließlichen Herrschaft Einzelner an derselben nicht vereinbar war. *„Die Natur der Sache und Rücksicht des allgemeinen Wohls verlangen also auf gebieterische Weise, dass die fließenden Gewässer als öffentliches, zum allgemeinen Gebrauch dienendes Gut betrachtet werden."* [372]

Der Wasserlauf – wie auch das Grundwasser – und der Luftstrom entziehen sich somit der räumlichen Herrschaft durch das Gesetz der „freien Welle". Sie waren nie Gegenstand von Eigentum, sondern „res omnium communis" nach römischem und „gemain" nach germanischem Recht. Die historischen Übergänge vom germanischen Grundrecht zur römischen Rechtsauffassung überschnitten sich, denn vorerst war der freie Zugang in beiden Rechtskonzepten inhärent. Die Doppelstellung des Gutes Wasser als Gemeingut einerseits und als privates Eigentum (als Wirtschaftgut) hängt insbesondere mit dem römischen Recht zusammen, das ein ausgebildetes und detailliertes Wasserrecht – flumina omnia sunt publica – kannte. In der römischen Rechtsauffassung war der Grundsatz des Gemeingebrauchs als öffentliches Recht gesichert.

Die systematischen Verzeichnisse der rechtlichen Eigenschaften der Gewässer wurden erst am Beginn des 19. Jahrhunderts angefertigt. Ob ein Gewässer gemeinen, öffentlichen oder privaten Status hatte, wurde vorerst weder in den Grundstückskatastern erhoben, noch gesondert angeführt. Die Wasserrechte und die Verleihung von Wassernutzungsrechten wurden bis zu dieser Zeit noch nicht einheitlich geregelt. Es ging vorwiegend um die Nutzungsberechtigung am Wasser und nicht um den Besitz, denn Wasser entzieht sich der Herrschaft nach dem „Gesetz der freien Welle". Darüber hinaus zählte Wasser im Allgemeinen zu den Gemeingütern bzw. zu den Allmenden und wurde noch nicht als potentielles Privateigentum behandelt.

Die Erfassung des rechtlichen Status eines Gewässers hinsichtlich des Eigentumsbegriffes wurde erst im österreichischen Allgemeinen Bürgerlichen Gesetzbuch von 1811 niedergelegt. Die Vereinheitlichung des Zivilrechtes durch das Bürgerliche Gesetzbuch führte zu einer Unterscheidung zwischen öffentlich und privat. Mit der Neuordnung des Privatrechtes differenzierten sich verschiedene Kategorien heraus, die nun vom Privatrecht aus neu definiert

---

371 Randa, Anton (1891): Das österreichische Wasserrecht im Bezug auf die ungarische und ausländische Wassergesetzgebung, S.5
372 Ebd., S.6

werden. Das Öffentliche wird vom Privatrecht abgeleitet, wobei das öffentliche Recht ein Nutzungsrecht ist. *"Die Bestimmung, öffentlich sind alle Gewässer, für die nicht ein besonderer privater Eigentumstitel vorgebracht werden kann, ist nur negativ gehalten und daher nicht anschaulich."*[373] Im Ausschließungsverfahren wird festgesetzt, was man unter öffentlichem Gut versteht und wie man die für den Gemeingebrauch gewidmeten Teile definiert (siehe: Öffentlich).

"Eine positive Kenntnis, welche Gewässer öffentlich sind, gibt uns erst das sogenannte Wasserbuch, dessen Führung bei den Bezirkshauptmannschaften auch in Tirol durch ein Landesgesetz vom Jahre 1872 angeordnet worden ist."[374] Im Wasserbuch eingetragen werden nicht nur die Eigentumsrechte, sondern auch alle Nutzungsrechte an den Gewässern wie Fischerei, Wasserkraft- und Bewässerungsanlagen. Das Wasserbuch ist *"ein öffentliches Register, in welches die von der Wasserrechtsbehörde verliehenen Wasserbenutzungsrechte eingetragen bzw. ersichtlich gemacht werden."*[375] Demnach gibt das Wasserbuch detailliert Auskunft über die wasserwirtschaftlichen Verhältnisse. Die Einsicht in das Wasserbuch ist jedem gestattet und frei zugänglich.

1.4 Die „Eigentumsordnung" über das Wasser

Die Auswirkungen der privatrechtlichen Neuordnung des Allgemeinen Bürgerlichen Gesetzbuches (1811) wurden auf das Wasserrecht übertragen, das bis zum heutigen Tag seine Gültigkeit hat. Mit dem Reichswassergesetz von 1869 startete man den ersten Versuch einer Vereinheitlichung in Sachen Wasserrecht. Im Wesentlichen wurde in dieser Gesetzesvorlage die „behördliche Bewilligungspflicht"[376] für die Nutzung öffentlicher sowie teils privater Gewässer verankert. Auf der Grundlage dieses Gesetzes versuchte man die Wasserwirtschaft aufzubauen. Die dafür eingesetzten Behörden waren nun die Konzessionsgeber. Doch schon zu Beginn des 20. Jahrhunderts empfand man dieses Gesetz als entwicklungshemmend. *"So wurde im Zusammenhang mit dem Aufkommen der Elektrizitätswirtschaft und der damit verbundenen Errichtung von Wasserkraftwerken als Mangel empfunden, dass keine ausreichenden*

---

373 Stolz, Otto (1936): Geschichtskunde der Gewässer Tirols, S.467
374 Ebd., S.467
375 http://www.tirol.gv.at/themen/umwelt/wasser/allgemeines/wasserbuch.shtml
376 Wiedemair, Johann (2003): Geschichtliche und inhaltliche Entwicklung des österreichischen Wasserrechtes, S.5

Bestimmungen für die Enteignung bestehender Wassernutzungen zugunsten volkswirtschaftlich bedeutenderer Unternehmungen vorhanden waren."[377] So kam es nach der Unterbrechung durch den 1. Weltkrieg zu einer Neuregelung, die seitens der Länder erstellt wurde. Erst mit der Verfassungsnovelle 1925 wurde das Wasserrecht zur Bundessache. Die verfassungsmäßige Kompetenzverteilung ergab, dass dem Bund die Sachbereiche Wasser- und Forst unterliegen, wobei zum Teil auch Land und Gemeinde mit gewissen Zuständigkeiten betraut sind. Diese Verschiebung der Legislative von den Gemeinden auf die Länder- bzw. Bundesebene führte schlussendlich zu einer Überlagerung und einem Nebeneinander der Kompetenzebenen. Bis zum heutigen Tag sind alle drei Ebenen im Vollzug des Wasserrechtes mit einbezogen. Die Nutzungsbeschränkungen werden je nach Größe der Anlage von den Bezirksverwaltungsbehörden, dem Landeshauptmann oder dem Bundesminister für Wasser- und Forstwirtschaft für das Wasserrecht erlassen. Nutzungsbeschränkungen aus ökologischen Gründen können sich aber auch aus dem Tiroler Naturschutzgesetz ergeben.

Die rechtliche Natur der Grundwässer, d.h. des langsam fortlaufenden Wasserstroms, sei weder Eigentum des Grundeigentümers noch als öffentliches Gut anzusehen, denn niemand dürfe in seinem Recht der Nutzung geschmälert werden. *„Eigentumsfähig sind nur beherrschbare Sachen, und das Eigentum endet jedenfalls dort, wo seine Ausübung Dritte schädigt."*[378] Die Diskussion, ob nun dem Grundbesitzer das Tag- wie das Grundwasser gehört, war im Reichswassergesetz von 1869 bzw. in den Landeswassergesetzen nicht ausreichend geklärt. Verschiedene Kommentatoren äußerten sich diesbezüglich sehr kontrovers. Ist Grundwasser ein öffentliches Gewässer, wie das Peyrer vertrat, ein herrenloses Gut nach Randa, das aber dem Grundeigentümer ein primäres Aneignungsrecht gewährt, oder die bei Pinesles am radikalsten formulierte Auffassung, dass das Eigentum am Wasser unmöglich sei, *„weil jedes Alleineigentum an einem Teil durch das Alleineigentum aller Vordermänner und Nachmänner an der aqua profluens mit der gänzlichen Vernichtung bedroht wäre; alle Interessenten an der aqua profluens bildeten daher eine Gemeinschaft mit Sonderrechten einzelner Wasserinteressenten (communio pro divisio)."*[379]

---

377 Ebd., S.6
378 Oberleitner, Franz (2001): Die Rechtsfrage. Frei verfügbares Privateigentum oder öffentliches Gut? In: Moser, Bernhard & Peter, Reinhard & Kratschmar, Andreas: Der Wasserhahn – ein Geschäft für die österreichischen Gemeinden?, S.27f.
379 Ebd., S.28

Doch all diese Einwände konnten den Gesetzgeber nicht überzeugen, und so setzten sich die bis heute geltenden Rechte der Privatgewässer durch. „*In der Folge wurde von Ehrenzweig die Meinung vertreten, dem Grundeigentümer gehöre auch das im Grundstück enthaltene und unter der Erdoberfläche fortfließende Wasser.*"[380] Der Gedanke der Unveräußerlichkeit wurde nun vom Gesetzgeber unterspült und 1934 im Wasserrechtsgesetz nach 3 § Abs.1 verankert. „*Mit dem Wasserrechtsgesetz 1934 wurden die Möglichkeiten für den Eingriff in fremde Rechte im öffentlichen Interesse wesentlich erweitert.*"[381] Das bundeseinheitliche Wassergesetz wurde 1934 verabschiedet und bildet die Basis für das noch heute gültige Wasserrechtsgesetz von 1959.

Das Wasserrechtgesetz beschreibt die Gesamtheit der Rechtsverhältnisse an den Gewässern. Diese Rechtsverhältnisse wurden seit Mitte des 19. Jahrhunderts immer wieder modifiziert und novelliert. Die letzte wichtige Verabschiedung einer Wasserrechtsnovelle geht auf das Jahr 1959 zurück. Diese Novellierung ist insofern interessant, als die damaligen Regierungsparteien Grundwasser nicht mehr als Gemeingut anerkannten. Grundwasser war nun kein Gemeingut mehr, sondern ein Privatgewässer, das dem Eigentümer des jeweiligen Grundstückes zusteht. Dieser Bruch mit der althergebrachten Vorstellung des Gesetzes der freien Welle ist gerade aus heutiger Sicht besonders bedeutsam.

Anders als in Österreich hat sich in Deutschland der Grundsatz, dass das Grundwasser ein Teil des Naturhaushaltes ist, erhalten. Damit ist in der deutschen Rechtsauffassung das Grundwasser geschützt und beugt der völligen Inanspruchnahme durch kommerzielle Interessen vor. Im Fall der Umdefinition von Grundwasser in Privatgewässer wird Gemeingut direkt in ein privates Eigentum überführt. Ob nun die direkte Umwidmung von „gemein" auf „privat" bzw. der Zwischenschritt über „öffentlich" erfolgt, das Ziel ist am Ende die Kommerzialisierung. Inwieweit diese rechtliche Transformation von Gemein- in Privatgewässer bzw. vom öffentlichen Gut zur privaten Geldquelle in Österreich ein Weg hin zu einer allgemeinen Kommerzialisierung des Wassers darstellt, soll im Folgenden gezeigt werden.

---

380 Ebd., S.29
381 Wiedemair, Johann (2003): Geschichtliche und inhaltliche Entwicklung des österreichischen Wasserrechtes, S.7

2. Wasserrecht: Die rechtlichen Eigenschaften der Gewässer

"Wasser ist nach dem WRG 1959 keine freistehende, sondern eine eigentumsfähige Sache, die entweder im öffentlichen oder privaten Eigentum steht."[382] Ob öffentliche oder private Gewässer: Sie sind nicht mehr „freies" oder „herrenloses Gut". Die Frage nach dem Eigentum steht im Vordergrund, also: Wem gehört das Gut Wasser? Öffentliche Gewässer *„... bilden einen Teil des öffentlichen Gutes (§ 287 ABGB)' (§ 1 2. HS WRG), womit zum Ausdruck gebracht wird, dass an ihnen Gemeingebrauch besteht, und dass sie nicht freistehende Sachen sind, sondern im zivilrechtlichen Sinn im ‚Eigentum' des ‚Staates' stehen."*[383] Wasser ist nach dem öffentlichen Recht Staatseigentum. Die Gebietskörperschaften treten als Träger dieses staatlichen Eigentums auf.

Der Aufbau des Wasserrechtsgesetzes von 1959 behandelt im ersten Abschnitt die rechtlichen Eigenschaften der Gewässer, die entweder in öffentliche oder in private eingeteilt werden. *„§ 1 Die Gewässer sind entweder öffentliche oder private; jene bilden einen Teil des öffentlichen Gutes (§ 287 ABGB)."*

Öffentliche Gewässer sind jene Gewässer, die namentlich genannt werden, bzw. schon vor Inkrafttretung des Gesetzes als öffentlich behandelt wurden und *„alle übrigen Gewässer, sofern sie nicht in diesem Bundesgesetze ausdrücklich als Privatgewässer bezeichnet werden."*[384] Öffentliche Gewässer sind alle im Anhang des Wasserrechtes angeführten Gewässer. Dazu zählen in Tirol zur Gänze der Lech, der Inn und die Drau, teilweise der Faggenbach, die Sanna, die Trisanna, die Rosanna, der Pitzebach, die Ötztaler Ache, die Sill, der Ruetzbach, der Ziller, die Brandenberger Ache, die Brixentaler Ache, die Grossache sowie die Isel und die Gewässer, die vor dem Inkrafttreten des Bundesgesetzes vom 1. November 1934 anlässlich der Erteilung einer wasserrechtlichen Bewilligung als öffentliche behandelt wurden. Ein Zusatz klassifiziert die genannten öffentlichen Gewässer, die einen Privatrechtstitel vor dem Jahr 1870 gelten machen können.

---

382 Pernthaler, Peter (1998): Österreichisches Wasserrecht und seine Auswirkungen auf den Alpenraum, in: Cipra Österreich (Hrsg.): Wasser in den Alpen – Kapital der Zukunft?, S.62
383 Ebd., S.62
384 Wasserrechtsgesetz 1959 i.d.F. BGBl. I Nr. 82/2003,www.tirol.gv.at/themen/umwelt/wasser/wasserrecht, § 2.(1).

In § 3 sind Gewässer aufgeführt, die Privatgewässer sind und dem Grundeigentümer gehören. Privatgewässer sind Grund- und Quellwasser, die Niederschlagswässer, das in Teichen, Brunnen oder anderen Behältern enthaltene Wasser sowie Seen, die nicht von einem öffentlichen Gewässer gespeist oder durchflossen werden. Gewässer, die mit einem Privatrechtstitel nachweislich im Grundbuch eingetragen sind, werden mit einem so genannten kleinen Gemeingebrauch in Verbindung gebracht. Diese eingeschränkte Nutzungsbefugnis besagt, dass der Gebrauch der privaten Gewässer nur zum Tränken und Schöpfen mit Handgefäßen unter Benutzung von erlaubten Zugängen zum Gewässer unentgeltlich gestattet ist.[385]

Das Recht der Wassernutzung wird im §5 Wasserrechtsgesetz geregelt. Die Benutzung der öffentlichen Gewässer steht jedermann zu, wohingegen der Nutzung von Privatgewässern Schranken gesetzt werden. Die an öffentliche Gewässer und Privatgewässer angehängten Nutzungsberechtigungen – der so genannte große und kleine Gemeingebrauch – widerspiegeln noch den alten Gedanken, dass Wasser ein Gemeingut ist. Es kommt auch zu einer Unterscheidung zwischen öffentlichen Gewässern und Privatgewässern, die bis heute besteht. *„Das Wasserrecht, das 1934 mit dem WRG, BGBl 1934 I 314, neu kodifiziert und 1959 wiederverlautbart wurde, zeichnet sich diesen geschichtlichen Wurzeln entsprechend noch heute durch ein Gemengelage von öffentlich-rechtlichen und privat-rechtlichen Gestaltungselementen aus."*[386]

Die Privatgewässer sind im Zusammenhang mit zugehörigen Grundstücken im Grundbuch seit 1894 eingetragen, während öffentliche Gewässer innerhalb der Gemeinden auf einem Einlageblatt registriert werden. Die Ausnahme bilden lediglich die großen Almen und Wälder, die im Besitz von Gemeinden oder in staatlichem Forstbesitz stehen, in denen mitunter größere Bäche als Eigentum erscheinen. Stolz fasste 1936 in seiner Geschichtskunde der Gewässer Tirols zusammen: *„Wie in früherer Zeit sind auch heute in Tirol nicht nur alle größeren Flüsse, sondern auch die meisten Bäche öffentliches Gut, privat sind nur die Quellen und die von diesen abgehenden kleinsten Gerinnen sowie einige wenige Bäche, ferner alle Seen und Teiche."*[387]

Als öffentliche Gewässer galten nun jene, die ein öffentliches Interesse an Strömen, Flüssen, Bächen und Seen vermuten lassen. Damit einher leiten sich

---

385 www.tirol.gv.at/b.h-innsbruck/wr.oo.html
386 Pernthaler, Peter (1998): Österreichisches Wasserrecht und seine Auswirkungen auf den Alpenraum, in: Cipra Österreich (Hrsg.): Wasser in den Alpen – Kapital der Zukunft?, S.62
387 Stolz, Otto (1936): Geschichtskunde der Gewässer Tirols, S.468f.

verschiedene Nutzungsbefugnisse ab. *„Bezüglich der Nutzung des Gutes Wassers ist zwischen dem ‚Gemeingebrauch', nämlich dem ‚großen Gemeingebrauch' an öffentlichen Gewässern (§8 Abs. 1WRG) und dem ‚kleinen Gemeingebrauch' (§8 Abs. 2WRG) an privaten, und darüber hinausgehend Wassernutzung (Sondernutzung) zu unterscheiden."*[388] Der große Gemeingebrauch an öffentlichen Gewässern umfasst das Baden, Tränken, Schöpfen, Entnahme von Sand, Schotter, Steinen oder Eis und ist bis dato unentgeltlich. Die Auflagen zur Nutzung der öffentlichen Gewässer sind: Es dürfen keine besonderen Vorrichtungen oder Geräte wie z. B. Bagger verwendet werden. Weiters darf die Nutzung durch andere nicht ausgeschlossen werden, der Wasserlauf bzw. die Wasserbeschaffenheit darf nicht verändert und niemandem ein Schaden zugefügt werden, das heißt das öffentliche Interesse darf nicht beeinträchtigt werden.

Von den öffentlichen bzw. privaten Gewässern unterschieden wird das so genannte „öffentliche Wassergut". Das „öffentliche Wassergut" sind jene Flächen, die das Flussbett eines öffentlichen Gewässers und die ufernahen Überschwemmungsgebiete bilden, wenn der Bund als Eigentümer, d.h. die Republik Österreich im Grundbuch eingetragen ist. Öffentliches Wassergut sind daher Grundstücksparzellen, nicht jedoch das Wasser selbst. Unter „öffentlichem Wassergut" versteht man Überschwemmungsgebiete, die den Abfluss und demnach den Schutz vor Hochwässern sowie deren Rückhaltung durch Schutz- und Regulierungsmaßnahmen und die Instandhaltung der Wasserbauten gewährleisten. Darüber hinaus wird auch auf die ökologische Funktionsfähigkeit der Gewässer, der ufernahen Lebensräume und der Grundwasservorkommen Bedacht genommen.

Im zweiten Abschnitt des Wasserrechtsgesetzes von 1959 werden die Benutzung der Gewässer durch Schiff- und Floßfahrt sowie die Überfuhr und die Holztrift gesetzlich geregelt. Weiters wird die Benutzerberechtigung im großen und kleinen Gemeingebrauch angeführt, wobei zur Erschließung oder Benutzung des Grundwassers und die damit verbundenen Eingriffe in den Grundwasserhaushalt sowie die hiefür dienenden Anlagen eine Bewilligungspflicht der Wasserrechtbehörden besteht.

§10. (4) *„Wird durch eine Grundwasserbenutzung nach Abs. 1 der Grundwasserstand in einem solchen Maß verändert, dass rechtmäßig geübte Nutzungen*

---

[388] Pernthaler, Peter (1998): Österreichisches Wasserrecht und seine Auswirkungen auf den Alpenraum, in: Cipra Österreich (Hrsg.): Wasser in den Alpen – Kapital der Zukunft?, S.62

des Grundwassers wesentlich beeinträchtigt werden, so hat die Wasserrechtsbehörde auf Antrag eine Regelung nach Rücksicht der Billigkeit so zu treffen, dass der Bedarf aller in Betracht kommenden Grundeigentümer bei wirtschaftlicher Wasserbenutzung möglichste Deckung findet. Ein solcher Bescheid verliert seine bindende Kraft, wenn sich die Parteien in anderer Weise einigen oder wenn sich die maßgebenden Verhältnisse wesentlich ändern."[389]

Die Wasserrechte leiten sich einerseits von der Berechtigung zur Wassernutzung ab und andererseits sind diese Wasserbenutzungsrechte von den wasserrechtlichen Bewilligungen zur Errichtung von Anlagen zu unterscheiden. Unter „Wasserrechten" versteht man daher natürlichen oder juristischen Personen, die durch Bescheid der Wasserrechtsbehörden aufgrund des WRG dinglich und nach außen wirksame Rechte zur Benutzung von Gewässern in jedweder Form eingeräumte bekommen. Das heißt, dass die Einholung einer behördlichen Bewilligung für die Wasserbenutzung grundsätzlich an die Eigenschaft eines Gewässers und die damit verbundenen Nutzungsbefugnisse geknüpft ist.

3. Wasserrechtsbehörden in Tirol

„Die Wasserrechtsbehörden haben insbesondere auch darüber zu entscheiden, ob ein Gewässer ein öffentliches oder ein Privatgewässer ist, jedoch mit Ausnahme des Falles, in dem ein Privatrechtstitel (§ 2 Abs. 2) in Frage kommt."[390] Die Wasserrechtsbehörden in Zusammenarbeit mit den Dienststellen der Wasserwirtschaft vollziehen das bundeseinheitlich geregelte Wasserrecht. Die Regelung wird im Wesentlichen von den Bezirksverwaltungsbehörden, vom Landeshauptmann als Wasserrechtsbehörde und weiters vom Bundesministerium für Land- und Forstwirtschaft vollzogen. Sie unterscheiden sich in den verschiedenen Zuständigkeiten. *„Wasserrechtsbehörden sind, unbeschadet der in den einzelnen Bestimmungen dieses Bundesgesetzes festgelegten Zuständigkeit des*

---

389 Wasserrechtsgesetz 1959, i.d.F. BGBl. I Nr. 82/2003, www.tirol.gv.at/themen/umwelt/wasser/wasserrecht, 2. Abs., § 10.(4)
390 Ebd., § 98(2)

Bürgermeisters, die Bezirksverwaltungsbehörde, der Landeshauptmann und der Bundesminister für Land- und Forstwirtschaft, Umwelt und Wasserwirtschaft. Sofern in diesem Bundesgesetz keine anderweitigen Bestimmungen getroffen sind, ist in erster Instanz die Bezirksverwaltungsbehörde zuständig." [391]

Die Festlegung der Zuständigkeit hängt meist von der Größe der Anlage oder Angelegenheiten ab. Der Landeshauptmann ist in erster Instanz zuständig für Wasserkraftanlagen mit mehr als 500 kW Höchstleistung, für Wasserversorgungsanlagen, die eine bestimmte, höchstmögliche Wasserentnahme aus Grundwasser oder Quellen 300 l/min, oder aus anderen Gewässern 1000 l/min übersteigt, sowie für Angelegenheiten der Wasserversorgung eines Versorgungsgebietes von mehr als 15.000 Einwohnern [392] und für die Einleitung von Abwässern aus Siedlungsgebieten, etc. Das Bundesministerium ist zuständig für Großkraftwerke wie beispielsweise für Anlagen zur Ausnützung der Wasserkräfte der Donau, für Sperrenbauwerke, für Maßnahmen mit erheblichen Auswirkungen auf Gewässer anderer Staaten, für Verteilungsanlagen in einem Versorgungsgebietes von mehr als 400.000 Einwohnern [393], für großräumig wirksame Maßnahmen zur Verbesserung des Wasserhaushaltes und für die Bildung von Zwangsverbänden (§ 88), die sich über zwei oder mehrere Länder erstrecken.

Die Inhalte des Wasserrechts in Tirol und deren Nutzung werden vom Polizeirecht, vom Umweltrecht, von der Schutzwasserwirtschaft und von der „Gewässergütewirtschaft" geregelt. Bei intensiven Formen von Wassernutzung sind verschiedene wasserrechtliche Verfahren einzuleiten. Für die Wasserentnahme müssen ein ordentliches Verfahren, bei Einwirken auf Gewässer ein Anzeigeverfahren und bei sonstigen Wasserbauten eine Wiederverleihungsverfahren beantragt werden. Nach der Durchführung der Wasserrechtsverfahren erteilt die zuständige Wasserrechtsbehörde die wasserrechtliche Bewilligung. Alle Bewilligungen müssen im so genannten Wasserbuch der jeweiligen Bezirkshauptmannschaft eingetragen werden. Somit sind im Wasserbuch alle Wasserbenutzungsrechte verzeichnet, also die Wasserversorgungs-, Wasserkraft-, Abwasser-, Beschneiungs- und Bewässerungsanlagen. *„Das Wasserbuch bietet somit einen Überblick als auch detaillierte Informationen über die wasserwirtschaftlichen Verhältnisse in einem Gebiet/Planungsbereich und stellt für die*

---

391 Ebd., § 98(1)
392 Ebd., § 99.(1) a, b, c,
393 Ebd., § 100.(1) a -h

Behörden, für Planungsbüros und Privatparteien einen wertvollen Arbeitsbehelf. Die Einsichtnahme in das Wasserbuch ist grundsätzlich jedermann gestattet."[394] Die wasserrechtlichen Verfahren werden von den öffentlichen Stellen der Wasserbehörden in verschiedenen Instanzen entschieden. Die Beamten sind für den Vollzug des Rechtes zuständig, d.h. dass die Entscheidung über die Ablehnung oder Bewilligung von Anlagen nicht „unbedingt" im Namen des „öffentlichen Interesses" ausgesprochen werden. Ist der Antrag der privaten Partei im Sinne des Wasserrechtes korrekt, dann steht dem öffentlichen Interesse nichts mehr entgegen. So kommt es zu einer zunehmende Verschiebung von res publica zu res privata.

Exkurs: Die private Geldquelle

Privatgewässer gehören dem Grundeigentümer, der die auf seinem Grund und Boden befindlichen Gewässer in beliebiger Weise gebrauchen und verbrauchen kann. Die technische Bedeutung von Eigentum gewährt der Privatperson das volle dingliche Recht an Grund und Boden samt den darunter liegenden Quellen. Doch kann die freie Verfügung über die Privatgewässer beschränkt werden, wenn dem ein öffentliches Interesse entgegensteht. Die Ableitung von Wasser ins Ausland zum Nachteil des Inlands wie auch die Erschließung von Privatquellen kann wohl verhindert werden, doch wird dem Wasserbesitzer nicht das Recht entzogen, Einnahmen, Gebühren oder einen Wasserzins zu lukrieren. Eine neue und sehr gewinnträchtige Einnahmequelle erschließt sich den Grundeigentümern. Dabei geht es nicht vordergründig um die Abgeltung für die Erschließung des Wassers, sondern die Einhebung eines Zinses für das Recht, das Wasser zu erschließen und weiterzuleiten. Die pure Existenz von Wasser wird so zur sprudelnden Geldquelle für den Wassereigentümer.

Ein Präzedenzfall dazu war die wasserrechtliche Freigabe der Mühlbachquelle in Nassereith, Tirol: eine Trinkwasserabfüllanlage, die täglich 800.000 Flaschen abfüllt – das sind im Jahr 70 Millionen PET Flaschen – und ins Ausland exportiert. Der Betreiber der Abfüllanlage ist eine englisch-spanisch-arabische Investorengruppe, deren Sprecher DI Dr. Ahmed Gawish wie folgt argumentierte: *„Für mich ist das Wasser eine Geldgrube in Tirol. Es ist das*

---

394 www.tirol.gv.at/bh-innsbruck/wr00.html

Erdöl Österreichs. Schauen sie: Österreich ist ein Alpenland. Österreich ist eine Marke, eine Trademarke an sich, für beste Luft, bestes Wasser, beste Lebensqualität in Mitteleuropa. Wir sind draufgekommen, Österreich hat keine Marke, keine Wassermarke im Markt, im Weltmarkt. "[395] Die Bewilligung wurde erteilt und nach jahrelanger Überzeugungsarbeit haben die Barmherzigen Schwestern, denen das benachbarte Gelände gehört, ihren Einspruch gegen die Abfüllanlagen fallen lassen. Damit steht den Abfüllern gesetzlich nichts mehr im Weg, Wasser aus Österreich zu schleusen.

Die Österreichischen Bundesforste Aktiengesellschaft verfügt über 10% des gesamten Wasseraufkommens in Österreich und ist somit der größte private Quelleigentümer. Die Bundesforste, seit 1996 als Eigentum der Republik Österreich privatisiert, sehen vor, zukünftig den Wasserverkauf als zweites Standbein des Unternehmenskonzeptes aufzubauen. Für die Wassernutzung beispielsweise der ehemalig öffentlichen Badeseen soll eine regelmäßige Gebühr eingehoben werden, das heißt, die Nutzung von und der Zugang zu Seen wäre nicht mehr unentgeltlich. Weiters versucht man die Abfüllung und den Vertrieb des Wassers in Flaschen gemeinsam mit dem Marktführer Nestlé umzusetzen. Und last but not least versuchen die Bundesforste selbst als Wasserversorger aufzutreten. Geprüft wird derzeit die mögliche wirtschaftliche Nutzung unter den Bedingungen der so genannten angeblich erwünschten Maßnahmen zur „nachhaltigen Sicherung der Wasserreserven". Im Folgenden soll die Strategie der „privatisierten" Bundesforste aufgezeigt werden, nämlich welche Argumente und Methoden zur Aufweichung des Grundsatzes der Erhaltung des Wasserschatzes angewandt werden.

Dabei wird der scheinbare Widerspruch, strategisch wichtige Wasserreserven nicht zu verkaufen, jedoch gewinnbringend zu nutzten, immer mehr aufgehoben. „*Wenn die Sorge vorhanden ist, das Wasser würde ausverkauft werden, dann darf ich Ihnen sagen, die Bundesforste werden sich hüten, Grundstücke zu verkaufen, auf denen beträchtliche Wasserquellen zu finden sind. Der Generaldirektor der Bundesforste hat ja vor zwei Wochen erklärt, dass das zweite Standbein der Bundesforste in Zukunft der Wasserverkauf sein wird. Das heißt, die Bundesforste werden ihre Quellen sammeln und versuchen, das Wasser entsprechend zu verkaufen.*"[396]

---

395 Molterer, Wilhelm: Euro Austria, Stand: 19. Oktober 2000
396 Schwarzenberger, Georg (2000): Stenographisches Protokoll, 12.06, 41. Sitzung des Nationalrates der Republik Österreich, XXI. Gesetzgebungsperiode, Donnerstag, 19. Oktober 2000

Es wird von Seiten der Bundesforste nicht ausgeschlossen, dass Teile an Wasserrechten verkauft werden könnten. Denn letztendlich ginge es auch darum, die großen Investitionen, die in die Gewässer gemacht wurden, am Markt wieder zu verdienen.[397] Im Gespräch ist nun sogar der völlige Verkauf der Bundesforste und damit der Wald – und Wasserrechte. Im Kontext meiner These – vom öffentlichen Gemeingut zur privaten Geldquelle – treten die Bundesforste als Unternehmen auf und der Staat selbst als Konzern, der seine öffentlichen Güter – wohl zunächst mit Einschränkungen – aber doch gewinnbringend vermarkten will. Der Staat schafft quasi die Konzernstruktur, um selbst Profit zu machen. Überspitzt formuliert könnte man sogar behaupten, dass der Bund als Hauptaktionär selbst in Form der ausgegliederten ehemaligen Staatsbetriebe als Konzern auftritt. Klar hervor geht dies aus der Aussage des damaligen (2000) Ministers Molterer, dass die Wassernutzung „wirtschaftlicher" werden muss, d.h. die getätigten Investitionen müssen zurückfließen und darüber hinaus soll sich dieses Unterfangen auch rechnen. Insofern ist der „Seen-Deal" paradigmatisch und markiert eine Neuorientierung in Sachen Wasser. Mit der Novellierung des Bundesforstgesetzes ermächtigte sich der Bundesminister für Land-, Forstwirtschaft, Umwelt und Wasserwirtschaft, per Verordnungen die Übertragung der Kärntner Seen an die Bundesforste zu erwirken. Der Verkaufserlös lag bei ca. 58 Millionen €, der direkt in die Budgetkasse des Finanzministers floss. Dabei kam es zur Aufweichung der Substanzerhaltungspflicht, denn die Bundesforste waren bis dato verpflichtet, als Bewirtschafter und Nutznießer die Substanz ihrer Liegenschaften zu erhalten. Die Österreichischen Bundesforste sind angehalten, den Ertrag aus der Bewirtschaftung zu 50% dem Fiskus als Fruchtgenuss abzuliefern und in die Erhaltung des Staatswaldes zu investieren. Mit dem gesetzlich verordneten Erwerb der Seen sind die Bundesforste gezwungen, andere Flächen zu verkaufen. Auf der Verkaufsliste der österreichischen Bundesforste stehen ca. 25.000 ha, das sind 3% der zu bewirtschaftenden Gesamtfläche, meist Besitzungen in Randlagen, Streubesitz, landwirtschaftliche Flächen sowie „weniger bedeutende Flächen". Dieser Ausverkauf der Naturressourcen an private Investoren ist die Gelegenheit, Berg-, Wald- sowie Wasserparzellen zu erwerben. Statistiken belegen das Unbehagen des Volkes, das seitens des zuständigen Ministers mit der Zusicherung zerstreut werden

---

397 Ebd., Stand: 19. Oktober 2000

soll, dass die für das „Selbstverständnis Österreichs" wichtigen Seen, Gletscher und Nationalparks und strategisch bedeutende Wasserressourcen unter Schutz gestellt werden.

Aber auch diese Schutzbestimmungen dürfen nicht darüber hinwegtäuschen, dass die trinkbaren Wasserressourcen – über kurz oder lang – von den Händen der res publica, also der öffentlichen Hand, in die Hände der res privata, sprich der Privaten gelegt werden soll. Nicht zuletzt hat die rechtliche Deregulierung das ihrige dazu beigetragen, Wasser als potenzielle Geldquelle für private Investoren zu erschließen. Für Landesrat Othmar Raus verschärft sich die Problematik noch weiter, wenn man bedenkt, dass zumindest eine Partei in der Bundesregierung die Privatisierung der Bundesforste samt ihrer Grundstücke betreibe. Dies käme der Privatisierung der größten Wasserreserven Österreichs gleich. Ein privates Unternehmen müsse die Wirtschaftlichkeit endgültig über das Allgemeinwohl stellen. Um einer weiteren Kommerzialisierung Einhalt zu gebieten, fordern Raus und die „Naturfreunde Österreichs" eine Änderung des Wasserrechtsgesetzes. Grundwasser soll nicht nur einigen – respektive Privatunternehmen – gehören, sondern allen. (siehe: Österreichische Politik und GATS)

Wasserfall – tosend – Stille
© Cornelia Kaufmann

IV. Wasserpolitik:
Die heutige Verfügungsmacht über das Wasser

1. Die österreichische Wasserpolitik

Die Entscheidung über die Bewirtschaftung des Wassers als Ressource ist derzeit noch in österreichischer Hand. Werden die Wasserschätze leichtfertig aus der Hand gegeben bzw. einem Wasserkonzern in die Hände gespielt? Wo liegt die Verfügungsmacht über das österreichische Wasser?

Die immer wieder aufkeimende Erklärung, dass das österreichische Wasser ausreichend geschützt sei, entspricht nicht den Tatsachen. Oft wird ins Treffen geführt, dass die EU keine Rechte und keine Handhabe über das österreichische Wasser hätte. Das ist ein Irrglaube, denn auch wenn im Nizzavertrag die mengenmäßige Bewirtschaftung der Wasserressource noch in nationaler Kompetenz verblieb, so wird spätestens 2009 – innerhalb der Europäischen Union – das Einstimmigkeitsprinzip auch in dieser Frage fallen.

Bei den Verhandlungen in Nizza 2000 ging es um die Frage, ob die Wassernutzung weiter im nationalen Kompetenzbereich verbleibt, oder ebenfalls wie der Energiebereich der Liberalisierung anheim gegeben werden soll. In Nizza wollte man die einstimmig zu treffende Entscheidungen im Wasserbereich von österreichischer Seite nur dann akzeptieren, wenn sichergestellt sei, dass Österreich weiter sein Wasser behält. Hatte man das österreichische Wasser in Nizza wirklich „gerettet"? In Diplomatenkreisen sprach man von einem Scheingefecht um ein „totes Recht". Obwohl immer wieder von EU-Seite beteuert wird, dass in die hoheitlichen Rechte nicht eingegriffen wird, gibt es genug Indizien, die das Gegenteil erkennen lassen. Mehrmals wurde schon von Seiten der EU die Freigabe der Wasserressourcen aus dem nationalstaatlichen Kompetenzrahmen gefordert. Gerade von der Europäischen Kommission geht immer wieder die Initiative aus, die im öffentlichen, nationalen Hoheitsbereich befindlichen Wasserressourcen für den Markt freizugeben. Das primäre Interesse liegt darin, den vorwiegend französischen und deutschen Wasserkonzernen freien Zugang zu den nationalen und lokalen Wassermärkten zu verschaffen.

Die Änderungen auf dem Gipfel von Nizza betrafen einige Sektoren, unter anderem den Wassersektor: *„In der Umweltpolitik können einstimmige Maßnahmen beschlossen werden, welche die mengenmäßige Bewirtschaftung der Wasserressourcen berühren oder die Verfügbarkeit dieser Ressourcen mittelbar oder unmittelbar betreffen. In einer Erklärung der Schlussakte der Konferenz zu Art 175 EGV wird die führende Rolle der EU bei der Förderung des Umweltschutzes im Besonderen auch bei der weltweiten Verfolgung dieses Ziels unterstrichen. Dabei sind alle Möglichkeiten zu nützen, einschließlich des Rückgriffs auf marktorientierte Anreize und Instrumente zur Förderung einer nachhaltigen Entwicklung."* 398

Halten wir fest: Die Maßnahmen in der quantitativen Bewirtschaftung „können" einstimmig beschlossen werden, müssen aber nicht. In der Schlusserklärung einigte man sich darauf, weiterhin die Führungsposition in der weltweiten ökonomisch ausgerichteten „Ökologisierung" einzunehmen. Die Absichtserklärung, alle Möglichkeiten der globalen marktwirtschaftlichen Umsetzung in Anspruch zu nehmen, wurde festgeschrieben. Mit der Selbstermächtigung der Europäischen Kommission im Nizza-Vertrag, die handelspolitischen Belange zu verhandeln, hat Österreich nichts mehr zu sagen. Die Europäische Kommission vertritt nun alle Mitgliedstaaten in der Handelspolitik, wie dies im Artikel 133 evident wird.

§ 133:
1. Die gemeinsame Handelspolitik wird nach einheitlichen Grundsätzen gestaltet; dies gilt insbesondere für die Änderung der Liberalisierungsmaßnahmen, die Ausfuhrpolitik und die handelspolitischen Schutzmaßnahmen, zum Beispiel im Fall von Dumping und Subventionen.
2. Die Kommission unterbreitet dem Rat Vorschläge für die Durchführung der gemeinsamen Handelspolitik.
3. Sind mit einem oder mehreren Staaten oder internationalen Organisationen Abkommen auszuhandeln, so legt die Kommission dem Rat Empfehlungen vor; dieser ermächtigt die Kommission zur Aufnahme der erforderlichen Verhandlungen. Es ist Sache des Rates und der Kommis-

---

398 Neisser, Heinrich und Verschraegen, Bea (2001): Die Europäische Union. Anspruch und Wirklichkeit, S.132

sion, dafür zu sorgen, dass die ausgehandelten Abkommen mit den internen Politiken und Vorschriften der Gemeinschaft vereinbart sind. Die Kommission führt diese Verhandlungen im Benehmen mit einem zu ihrer Unterstützung vom Rat bestellten besonderen Ausschuss nach Maßgabe der Richtlinie, die ihr der Rat erteilen kann. Die Kommission erstattet dem besonderen Ausschuss regelmäßig Bericht über den Stand der Verhandlungen.

4. Bei der Ausübung der ihm in diesem Artikel übertragenen Befugnisse beschließt der Rat mit qualifizierter Mehrheit.

5. Die Absätze 1 bis 4 gelten unbeschadet des Absatzes 6 auch für die Aushandlung und den Abschluss von Abkommen betreffend den Handel mit Dienstleistungen und Handelsaspekten des geistigen Eigentums, soweit diese Abkommen nicht von den genannten Absätzen erfasst sind.

Der zitierte Auszug aus dem Nizza-Vertrag soll die Positionierung der EU bezüglich ihrer Handlungsfähigkeit auf WTO Ebene aufzeigen. Mit der Selbstermächtigung der EU-Kommission verbunden ist auch die Öffnung der öffentlichen Dienstleitungen. Der Artikel 133 wird oft als Erzwingungsparagraph bezeichnet. Erzwungen wird nicht nur die Öffnung der Märkte für den Warenhandel, sondern nun auch für den Handel mit Dienstleitungen. „*Damit würden die Parlamente der Mitgliedsstaaten die Kompetenz in Bezug auf sämtliche Investitionsverhandlungen im Außenhandel verlieren. Sie hätten in Zukunft praktisch nichts mehr in Bezug auf Außenhandel zu sagen. Das ist WTO-Politik im EURO-Land.*"[399]

1.1 WTO und Wasser

Der Vorläufer der Welthandelsorganisation (WTO) war das GATT (General Agreement on Tariffs and Trade), das Allgemeine Zoll- und Handelsabkommen der Nachkriegszeit, das 1995 in die neu gegründete Welthandelsorganisation überführt wurde. Ging es im GATT noch um den Abbau von Zöllen und Handelshemmnissen für den grenzüberschreitenden Warenverkehr, so wurde die WTO wesentlich erweitert. Nach Abschluss der 8. Welthandelsrunde 1986 bis 1994, der so genannten Uruguay-Runde, bildeten drei

---

399 Mies; Maria (2001): Globalisierung von unten, S.142

Abkommen die Hauptsäulen der neugegründeten WTO. Neben den GATT Verträgen kamen das Abkommen über Dienstleitungen (GATS) und das Abkommen über handelsbezogene Eigentumsrechte (TRIPS) hinzu. Das allgemeine Abkommen über den Handel mit Dienstleistungen – GATS (General Agreement on Trade in Services) – ist eine juridische Handelsvereinbarung, die im Anschluss an die „Uruguay-Runde", die zu der Schaffung der Welthandelsorganisation (WTO) führte, verabschiedet wurde. Der Machtbereich der WTO erstreckt sich seitdem auch auf die so genannten nicht-handelsbezogenen Aktivitäten, wie Auslandsinvestitionen, Rechte am geistigen Eigentum und nationale Regulierungsmechanismen wie lokale Gesetze, Dienstleistungen und Lebensmittel- und Umweltstandards. Grund für die Erweiterung war die wachsende Bedeutung des internationalen Dienstleitungssektors, die Zunahme der patentrechtlichen Regelungen, der Anstieg von Direktinvestitionen und die weltweit fortschreitende Computerisierung und Technologisierung. *„Um den Fluss von Kapital, Gütern und Dienstleitungen über Landesgrenzen hinweg zu gewährleisten, ist die WTO ermächtigt, beständig an der Eliminierung aller noch verbliebenen tarifären und nichttarifären Handelshemmnisse zu arbeiten."*[400]

Die wesentliche Neuerung der WTO im Vergleich zum GATT sind die so genannten Streitschlichtungsverfahren. Innerhalb einer sechsmonatigen Frist muss das einberufene Panel, bestehend aus drei externen Experten, einen Bericht vorlegen, über den das Streitschlichtungsorgan „Dispute Settlement Body" (DSB) einstimmig abstimmen muss. *„Nimmt das Streitschlichtungsverfahren den Bericht an, ist er für alle Vertragsparteien endgültig und verbindlich anzuerkennen."*[401] Mit den so genannten Streitschlichtungsstellen besitzt die WTO nicht nur judikative, sondern auch legislative Gewalt. *„Die Tribunale sprechen bei Streitigkeiten zwischen Ländern nicht nur Urteile und verhängen Strafen, diese Urteile können auch nationale Gesetze, politische Vorhaben und staatliche Programme aushebeln oder neue entstehen lassen, die von vornherein mit den WTO-Vorschriften übereinstimmen."*[402] Mit diesem Instrumentarium können die WTO-Vorschriften direkt in die nationalen Gesetzgebungen eingreifen und nationale Regierungen dazu zwingen, ihre Gesetze zu ändern.

---

400 Barlow, Maude & Clarke, Tony (2003): Blaues Gold. Das globale Geschäft mit dem Wasser, S.207
401 Treichel, Marina (2003): Ent-Sicherung im Zeitalter der Globalisierung am Beispiel des GATS, General Agreement on Trade in Services (Allgemeines Abkommen über den Handel mit Dienstleistungen), S.21
402 Barlow, Maude & Clarke, Tony (2003): Blaues Gold. Das globale Geschäft mit dem Wasser, S.213

Nach den GATT-Bestimmungen gab es noch eine Ausnahmeregelung, die einen gewissen Schutz für Umwelt und natürliche Ressourcen vorsah. *„Laut GATT-Artikel XX können die Unterzeichnerländer auch weiterhin Gesetze erlassen, ‚die zum Schutz des Lebens oder der Gesundheit von Menschen, Tieren oder Pflanzen notwendig sind (...) beziehungsweise zur Erhaltung erschöpfbarer Naturschätze, sofern diese Maßnahmen im Zusammenhang mit Beschränkungen der inländischen Produktion oder inländischen Verbrauchs stehen'."*[403] Unter den erweiterten WTO-Regeln würde dies aber einer Diskriminierung gleich kommen, die unter die verbindlichen Klauseln der „Meistbegünstigung" und der „Inländerbehandelung" fallen würde. Diese Regeln erstrecken sich nun auch auf die internationalen Umweltabkommen sowie auf Gesetze, Verordnungen, Normen und Standards, die auf nationaler und kommunaler Ebene im Naturschutz erlassen werden. *„Würde man beispielsweise feststellen, dass importiertes Wasser mit Methoden gewonnen wurde, die das betreffende Wassereinzugsgebiet schädigen, möchte das Empfängerland vielleicht aus ökologischen Gründen den Import dieses Wassers verbieten oder einschränken. Doch die WTO könnte solche Restriktionen verhindern, da alle Umwelt- oder Wasserschutzvorschriften ‚nur im geringstmöglichen Maß handelshemmend' sein dürfen."*[404] Bisherige Präzedenzfälle aus den WTO- Schiedsverfahren, den so genannten Panels, zeigten, dass beispielsweise unabhängige multilaterale Umweltabkommen, oder Vereinbarungen über den internationalen Handel mit gefährdeten Arten frei lebender Tiere und Pflanzen nicht anerkannt wurden. Das Recht der Konzerne steht eindeutig über dem des Umweltschutzes, das sind die Erfahrungen, die gemacht wurden. *„Daher ist der Schutz des Wassers trotz ‚Ausnahmeregelungen (Artikel XX) unter den Bedingungen der WTO äußerst schwierig und gefährdet.'*[405] Hinzu kommt, dass die WTO Wasser als Handelsware definiert und nach den Grundsätzen und Regeln der Handelsabkommen behandelt wird. Damit werden jene Unternehmen geschützt, die Wasser im großen Stil aus den Ökosystemen entnehmen und das Wasser via Pipeline oder Gebinden verkaufen.

---

403 Ebd., S.208
404 Ebd., S.208
405 Ebd., S.209

1.2 Wasserdienstleistungen und GATS

Das General Agreement on Trade in Services – das allgemeine Abkommen über den Handel mit Dienstleistungen – ist ein internationales Vertragswerk, das im Rahmen der Welthandelsorganisation (World Trade Organisation) die Liberalisierung des Handels mit Dienstleistungen regeln soll. *„Das 1994 in Kraft getretene Abkommen ist inzwischen bereits umfassend ausgeformt und reicht sehr weit."*[406] Das GATS-Abkommen umfasst alle Dienstleistungen, die bis dato noch in kommunaler, häuslicher bzw. öffentlicher Verwaltung lagen. Die vorrangigen Zielsetzungen der WTO-Abkommen sind die Liberalisierung des Welthandels, die Schaffung von Märkten in den neuen Dienstleistungsbranchen und die weitere Öffnung von Märkten, die sich bis dato in hoheitlicher Gewalt befanden. Das gilt auch für das GATS.

Erklärtes Ziel des GATS-Abkommens ist es, die staatlichen „Handelshemmnisse" abzubauen. *„Handelshemmnisse ist ein netter wirtschaftlicher Begriff, der ethisch neutral klingt. Aber tatsächlich beinhalten „Handelshemmnisse" all die Regelungen, den Schutz und die Rechte, die BürgerInnen zustehen und die sie von ihren Regierungen einfordern können."*[407] Die sozialstaatlichen Errungenschaften wie Arbeitnehmer- oder Konsumrechte sind ebenso betroffen wie die Menschen-, Sozial- und Umweltrechte. Das „Recht auf Gemeinheit" – wie das Ivan Illich formulierte – wird weitgehend außer Kraft gesetzt. Vor allem Dienstleistungen, die für die Erhaltung und Vorsorge des Daseins notwendig sind, werden empfindlich eingeschränkt, beseitigt oder gar ausgeräumt.

Die sensiblen Bereiche der so genannten „Daseinsvorsorge" sollen auf diese Weise für die transnationalen Unternehmen kommerziell nutzbar gemacht werden. Darunter fallen all jene Bereiche, die für das Dasein erforderlich, ja, lebensnotwendig sind und bisher allgemein als Aufgabe des Staates bzw. der Kommunen wahrgenommen wurden. Dazu gehört die Gesundheitsfürsorge und -vorsorge, soziale Leistungen wie Altersbetreuung und -sicherung, der Bildungssektor, der Zugang zu Wasser, aber auch im weiteren Sinn die Versorgung mit Elektrizität, Telekommunikation, Post, Verkehrsinfrastruktur und Kultur.

---

406 Ebd., S.209
407 Barlow, Maude (2003): Frauen stoppt das GATS, in: Dienste ohne Grenzen? GATS, Privatisierung und die Folgen für die Frauen, Internationaler Kongress, S.14

Bisher taucht Wasser im GATS Vertrag nur unter dem Stichwort „Umweltdienstleistungen" auf. Die Klärung von Abwässern und sanitäre Anlagen werden explizit angeführt und damit den Liberalisierungsvorschriften unterworfen. Erst in den Folgeverhandlungen wurde nun der Vorschlag – auch von der EU – eingebracht, im Bereich Umweltdienstleistungen einen neuen Sektor zu schaffen, nämlich „Wasser für den menschlichen Gebrauch und Abwassermanagement". Damit wäre auch die Sammlung, Reinigung und der Vertrieb von Trinkwasser Teil des GATS-Abkommens. Des Weiteren umfasst das GATS auch Umweltdienstleitungen wie z.B. die Abwasserbeseitigung, Kanalisation, Müllabfuhr, sanitäre Einrichtungen und Wasserversorgungsdienstleistungen, etc.

Die neuerliche Liberalisierung soll den Welthandel um einige Facetten reicher machen und für ein neues „Wachstum" sorgen. Insgesamt werden die von der WTO erfassten Dienstleistungen in 12 Sektoren unterteilt und diese wiederum in 155 Subsektoren.[408] Im Vertragsabkommen wird der Begriff „Dienstleistungen" nicht explizit definiert. Offensichtlich möchte man sich selbst nicht definitiv festlegen, was unter der Erbringung von Dienstleistungen zu verstehen sei und was nicht. Das heißt, dass generell keine Ausnahmen gemacht werden, da mitunter dem Begriff der Dienstleistungen alle menschlichen Tätigkeiten subsumiert werden können. Insofern ist das GATS globaler als alle anderen multinationalen Abkommen. Das Ziel von GATS ist, alle menschliche Tätigkeit und so genannte „Dienstleitungsbereiche" in zu handelbare und warenförmige Einheiten umzustrukturieren, um sie anschließend den Konzernen ungehindert zugänglich zu machen. Besonders heikel wirkt sich diese Umstrukturierung im sensiblen Bereich der Dienstleistungen rund um das Wasser aus. *„Dies ist insofern äußerst problematisch, da einerseits die betriebswirtschaftliche Logik derartiger Unternehmen zum ‚Profitieren' angeleitet und andererseits ‚unternehmerische Unsicherheit' in die ‚Daseins-Bereiche' hineingetragen wird. Hinzu kommt, dass Privatisierung immer mit Verteuerung und qualitativer Verschlechterung der angebotenen Dienstleitungen verbunden ist."*[409]

Darüber hinaus wurde bei den „GATS-2000-Gesprächen", die 2002 begannen und bis 2005 abgeschlossen sein sollen, die Erweiterung von Artikel VI

---

[408] Treichel, Marina (2003): Ent-Sicherung im Zeitalter der Globalisierung am Beispiel des GATS, General Agreement on Trade in Services (Allgemeines Abkommen über den Handel mit Dienstleistungen), S.28
[409] Ebd., S.32

über die Einführung einer so genannten „Notwendigkeitsprüfung der staatlichen Reglementierung" diskutiert. *„Dabei muss die jeweilige Regierung nachweisen, dass jede Maßnahme oder Regelung zur Aufrechterhaltung einer öffentlichen Dienstleistung (wie die Wasserversorgung) ‚notwendig' ist."*[410] Das würde bedeuten, dass die öffentlichen Dienstleister beweisen müssten, dass sie keinen privaten Anbieter in der Ausübung einer Dienstleistung diskriminieren. Ein Beispiel soll verdeutlichen, wie sich diese Prüfung gegen die öffentlichen Dienstleistungen richten würde. *„Wenn beispielsweise die in Land A geltenden Vorschriften für Trinkwasser von Land B kritisiert werden, weil sie für profitorientierte Unternehmen des letzteren ein Handelshemmnis darstellen, müsste Land A nachweisen, dass es jede denkbare Option zur Verbesserung der Wasserqualität geprüft und seine Standards daraufhin analysiert hat, welche Folgen sie für den internationalen Handel mit Wasserdienstleistungen haben, um die Rechte ausländischer privater Wasserversorger möglichst wenig einzuschränken. Mit anderen Worten, die Regierung des Landes A müssen die Mühen und Kosten auf sich nehmen zu beweisen, dass es alle möglichen privaten Dienstleister (jede denkbare Option), die die Wasserqualität verbessern könnte, in Betracht gezogen hat."*[411] Solche verpflichtenden Notwendigkeitsprüfungen in Bezug auf staatliche Reglementierungen wären nur durch einen großen finanziellen und personellen Aufwand zu bewerkstelligen. *„In Anbetracht eines solchen Wirrwarrs von durchzuführenden Untersuchungen und erforderlichen Beweisen wären die betroffenen Regierungen zweifellos versucht, privaten Unternehmen die Sektoren zu übertragen, die bislang in ihrem Zuständigkeitsbereich lagen – schon um die Last und die Kosten zu vermeiden, die ein komplexes Verfahren zur Verteidigung ihres Rechts mit sich brächte, mittels staatseigener Einrichtungen die Dienstleistungen selbst zu erbringen."*[412] Der Staat soll seine hoheitlichen Rechte samt seiner Zuständigkeitsbereiche möglichst freiwillig an private Dienstleistungskonzerne abtreten. Um den transnationalen Dienstleistungskonzernen Zugang zu den staatlichen Monopolen zu öffnen, werden die bereits weiter oben skizzierten Inländerbehandlung und Gleichbehandlungsvorschriften zitiert. Das heißt, dass nach dem Grundsatz der Meistbegünstigung auch ausländischen Anbietern die gleichen Subventionen wie inländischen Dienstleitungsanbietern zustehen würden. *„Mit anderen Worten, ausländische private Dienstleister wie Vivendi, Suez und andere große Wasserkonzerne hätten den*

---

410 Barlow, Maude & Clarke, Tony (2003): Blaues Gold. Das globale Geschäft mit dem Wasser, S.210
411 Ebd., S.211
412 Ebd., S.211

gesetzlichen Anspruch auf öffentliche Gelder, beispielsweise staatliche Zuschüsse und Kredite."[413] Weiters sollen den Dienstleistungsnehmern besondere Rechte eingeräumt werden, denn eine Dienstleistung erfolgt meist vor Ort. Das heißt, dass den transnationalen Konzernen keine Einschränkungen, wo und wann sie in einem Land investieren oder sich niederlassen, auferlegt werden. Keine Einschränkungen meint in diesem Zusammenhang, dass sie sich nicht an die jeweiligen Gesetzgebungen halten müssten, sofern das international operierende Dienstleistungsunternehmen nachweisen kann, dass die nationalen Gesetzgebungen für die Abwicklung, Aus- und Durchführung der Konzerntätigkeit hinderlich oder handelshemmend sei. *"Kurz gesagt, die neuen GATS-Regeln geben, wenn sie angenommen werden, den Herren über die globalen Wasserressourcen das gesamte rechtliche Instrumentarium an die Hand, um weltweit die öffentliche Wasserversorgung an sich zu reißen."*[414] Aus all diesen Vorschlägen der GATS-2000-Gespräche geht hervor, dass nur ein Interesse vertreten wird, nämlich jenes der transnationalen Konzerne. Unter der Ägide der WTO können die „Herren des Wassers"[415] alle nationalen Rechte, Vorschriften und Schutzmaßnahmen anfechten und vor ein internationales Handelsgericht bringen.

Voraussichtlich 2004/5 soll das GATS von den Mitgliedsländern der WTO unterzeichnet werden. Damit würde dieses Abkommen den Status des Völkerrechts erlangen. Die WTO ist eine völkerrechtlich selbständige Organisation, vergleichbar mit den Vereinten Nationen, und hat daher eine gesetzgebende Funktion. Das GATS wird zu einer neuen globalen Verfassung: *„Das heißt, es schafft einen juristischen Rahmen dafür, dass Privatisierungen nicht nur vorgenommen werden können, sondern auch müssen."*[416] Das GATS hebelt die nationalen Gesetzgebungen aus, das bedeutet, dass das WTO-Recht vor nationalem Recht steht und gegenüber allen anderen Rechten durchgesetzt werden kann. *„Bisher gab es keine internationale Übereinkunft, die die gesetzgeberische und regulierende Macht der Regierung derartig unmittelbar bedroht. Sowohl im Wortlaut als auch in der Anwendung sind die GATS-Bestimmungen zu einem Machtinstrument der transnationalen Dienstleistungsindustrie geworden, mit dem sie endlich auch die Kontrolle über den letzten Rest der Gemeingüter auf diesem*

---

413 Ebd., S.211
414 Ebd., S.212
415 Der Ausdruck die „Herren des Wassers" stammt von Riccardo Petrella und wird in seinem Buch: Wasser für alle. Ein globales Manifest beschrieben.
416 Mies, Maria & Werlhof, Claudia von (2003): Lizenz zum Plündern, S.16

Planeten an sich reißen kann."[417] All das, was bis heute noch öffentlich geschützt wurde, soll nun endgültig und für immer in die Hände privater Konzernherrschaft gelangen. GATS legitimiert alle Handlungen der multinational operierenden Konzerne, es öffnet ihnen alle Türen und verschafft ihnen Zugang zu den geschützten Bereichen der öffentlichen Dienstleistungen. Einmal unterschrieben bedeutet das GATS: Es gibt keine Zurück!

1.3 Österreichische Politik und GATS

Bereits im Jahre 2002 hat die Österreichische Bundesregierung ihre Forderungen hinsichtlich der „Liberalisierung" von Dienstleistungsbereichen an andere Mitglieder der WTO im Rahmen der GATS Verhandlungen gestellt, und diese in Brüssel deponiert. Die Forderung der EU an die Staaten zur Freigabe der geschützten Sektoren der Daseinsvorsorge wie Wasserver- und -entsorgung liegt schon vor. Im März 2003 mussten die nationalen Stellungnahmen an die EU abgegeben werden. Auch die österreichische Regierung war aufgefordert, die Bereiche und Sektoren zu nennen, die es zur Öffnung freigeben will. Bis 2004 soll endgültig entschieden werden, welche Bereiche die Europäische Union für ihre Mitgliedsstaaten auf WTO-Ebene liberalisiert. Dabei hat es über diesen Prozess keine öffentliche Meinungsbildung, Transparenz oder gar Mitbestimmung gegeben.

Bereiche wie jene der Telekommunikation und des Finanzdienstleistungssektors wurden bereits 1997 der Liberalisierung geöffnet. 1995 vereinbarte die WTO, dass spätestens nach 5 Jahren die bestehenden staatlichen Regulierungen im Dienstleistungsbereich einer „progressiven Liberalisierung" weichen sollen. In der Ministerkonferenz in Doha im November 2001 wurde das weitere Vorgehen beschlossen. In der ersten Phase bis Ende Juni 2002 mussten alle WTO-Mitglieder ihre Marktöffnungsforderungen („requests") gegenüber anderen Staaten einreichen und bis Ende März 2003 schließlich mussten die Marktöffnungs-Angebote („offers") gegenüber Drittstaaten gelegt werden.

Das GATS wird zu einer rechtlichen Falle, denn es bringt alle öffentlichen Dienstleistungen zu Fall. „*Seine Absicht ist schlicht und einfach, die öffentlichen Dienstleistungen der ganzen Welt für Unternehmen aufzubrechen, ja schon allein das Konzept öffentlicher Dienstleistungen nicht nur aussichtslos, sondern*

---

417 Barlow, Maude & Clarke, Tony (2003): Blaues Gold. Das globale Geschäft mit dem Wasser, S.210

wahrscheinlich sogar illegal zu machen."[418] Die rechtlich zwingenden und irreversiblen Verträge verunmöglichen, dass eine gemeine und öffentliche Welt außerhalb der Interessen der Profitlogik noch existieren können wird. Der Eigennutz von Konzernen wird über den Gemeinnutz der Menschen gestellt. *„GATS könnte ganz einfach die letzte Grenze der Globalisierung sein: das Ende der Grundidee gemeinnütziger öffentlicher Dienste."*[419]

Die globalen Ausgaben für Wasserversorgung übersteigen bei weitem jedes Jahr 1 Billion Dollar. Auch andere Bereiche der Daseinsvorsorge werfen für Konzerne viel Geld ab. Nur Bereiche, die gänzlich unentgeltlich zur Verfügung stehen, fallen nicht unter die GATS-Bestimmungen. Aber diese gibt es praktisch nicht mehr. An den österreichischen Beispielen wird wohl am deutlichsten, dass die österreichische Regierung diese Form der Konzern-Privatisierung mitmacht, ja sie sogar fordert.

In einem Interview mit dem zuständigen Bundesminister Minister Bartenstein, in dessen Wirtschaftsressort die österreichische Verhandlungsposition zum GATS-Abkommen vorbereitet wurde, wird der Minister auf die Diskrepanz hingewiesen, dass Österreich sich – laut seinen eigenen Aussagen – bei der Liberalisierung der Wasserversorgung als Ausnahme definiert, während die EU, ohne dass Österreich etwas dagegen einzuwenden gehabt hätte, die Liberalisierung der Wasserversorgung etwa von Kanada, Indien oder der Schweiz einforderte. Die EU-Forderungen an insgesamt 109 WTO-Mitgliedsstaaten wurden gebündelt, denn seit dem Nizza-Vertrag 2000 hat die Europäische Kommission das Mandat, die Europäische Union in den Außenhandelsbeziehungen zu vertreten. Den stark divergierenden Listen, die zuerst als eine Wunschliste an alle WTO-Länder eingereicht wurden, folgte die Angebotsliste 2003. Die Marktöffnung der noch verbliebenen geschützten Sektoren wurde vom Wirtschaftsministerium nicht öffentlich gemacht, denn es ist laut GATS-Vertrag zum Stillschweigen verpflichtet! Nur indirekt ließ Bartenstein in dem oben schon erwähnten Interview die tendenzielle Ausrichtung durchsickern: *„Ich wiederhole: Österreich muss als kleine, offene Volkswirtschaft ein Interesse an weiteren Liberalisierungsschritten haben. Es sind immer die gleichen Verdächtigen im guten Sinne des Wortes: BWT im Abwasserbereich, die VA Tech oder Verbundplan in der Wasserkraft, der Weichensteller*

---

418 Maude Barlow (2001): GATS- Die letzte Grenze der Globalisierung, in: The Ecologist, Februar 2001, S.2
419 Ebd., S.2

VAE oder Voestalpine im Eisenbahnbereich oder die Vamed im Bereich der Gesundheitsdienste."[420]

Bei den öffentlichen Vertretern und Verhandlern der Republik Österreich, die seit 1995 im GATS-Prozess mit eingebunden sind, versteht man die „Aufregung" der zivilgesellschaftlichen Bewegungen nicht. *„Es ist nur ein Abkommen wie viele andere auch"*, war der Tenor des Sektionschefs des Wirtschaftsministeriums, Josef Mayer, der sich im März 2003 in Innsbruck Globalisierungsgegnern der „Tiroler Plattform gegen GATS und für eine bessere Welt" zu den laufenden GATS-Verhandlungen äußerte. Hoheitsrechtliche Ausnahmen seien vorgesehen und niemand dürfe in die nationalen Belange eingreifen. Doch was verschwiegen wird, ist, dass dieses Interesse dem öffentlich-rechtlichen Auftrag zur Sicherung der Dienstleistungen zur Daseinsvorsorge entgegensteht, von dem „gemein" ganz zu schweigen. Zwar sollen vom GATS solche Dienstleistungen ausgeschlossen werden, die „in Ausübung hoheitlicher Gewalt erbracht" werden – aber welche sind das?

Im Artikel I des GATS ist die Begriffsbestimmung und auch der Geltungsbereich der hoheitlich verrichteten Dienstleistungen unter Abs. 3, lit. b wie folgt definiert: *„Für die Zwecke dieses Übereinkommens (...) schließt der Begriff ‚Dienstleistungen' jede Art von Dienstleistung in jedem Sektor mit Ausnahme solcher Dienstleistungen ein, die in Ausübung hoheitlicher Gewalt erbracht werden."* Bereits in Abs. 3, lit. c, wird klar, dass die oben genannten Ausnahmen bei einer hoheitlichen Durchführung nur dann zutreffen, wenn sie weder zu kommerziellen Zweck noch im Wettbewerb mit einem oder mehreren Dienstleistungserbringern erbracht werden. Das heißt, wenn ein staatliches oder kommunales Unternehmen z. B. noch so geringe Gebühren einführt, die als eine Teilprivatisierung gelten würden, dann gilt diese hoheitsrechtliche Ausnahme nicht mehr. Vor allem dürfen diese Dienstleistungen weder zu kommerziellen Zwecken, noch in Konkurrenz zu kommerziellen Anbietern erbracht werden. Damit sind alle Bereiche GATS-gefährdet, die teilprivatisiert sind, in denen Privatisierung angestrebt wird oder in denen auch quasistaatliche oder private Anbieter öffentliche Aufgaben wahrnehmen und das sind inzwischen praktisch alle.

---

420 Standard, 23.07.2002, S.15

Exkurs: Nachhaltige Entwicklung und Ökologisierung

Der Begriff der „Nachhaltigkeit" stammt ursprünglich aus der sächsischen Forstwirtschaft des 18. Jahrhunderts. Ähnlich wie im Tiroler Bergwerksrevier in Schwaz wurden auch die Wälder im sächsischen Erzgebirge im Zuge der frühkapitalistischen Montanindustrie großteils abgeholzt. Der Transport des Holzes von weiter her gestaltete sich als schwierig und kostspielig. *„Obwohl das Flusssystem immer weiter ausgebaut wurde, um Holz heranzuschaffen, stiegen die Preise unaufhörlich; um 1700 sah man den sächsischen Silberbergbau in seiner Existenz bedroht. Den entscheidenden Impuls gab der Oberberghauptmann Hans Carlowitz mit seiner ‚Sylvicultura oeconomica – Anweisung zur wilden Baum-Zucht', die 1732, in zweiter Auflage erschien."*[421] Bereits Anfang des 18. Jahrhunderts war die Ressource Holz so knapp, dass man sich aus ökonomischen Gründen effiziente Maßnahmen zur Nutzung und Einsparung in der Holzwirtschaft zu erfinden gezwungen sah. *„Carlowitz empfiehlt erstens die effiziente Nutzung des Holzes durch Verbesserung der Wärmedämmung beim Hausbau und energiesparende Schmelzöfen. Zweitens soll nach ‚Surrogata' für das Holz gesucht werden, z.B. Torf. Drittens wünscht Carlowitz, eine ‚sothane Conservation und Anbau des Holtzes anzustellen, dass es ein continuierliche, beständige und nachhaltende Nutzung gebe'."*[422]

Seit der ersten Umweltkonferenz in Stockholm Anfang der 70iger Jahre des 20. Jahrhunderts trifft man immer wieder auf den Begriff der „nachhaltigen Entwicklung". Salonfähig wurde der Nachhaltigkeitsbegriff durch den so genannten „Brundtlandbericht", der für die „Weltkonferenz für Umwelt und Entwicklung" in New York 1987 erarbeitet wurde. Die Leitung der Kommission zur Erstellung des Empfehlungskatalogs „Unsere gemeinsame Zukunft" hatte die norwegische Ministerpräsidentin Gro Harlem Brundtland inne. Zur Sicherung einer dauerhaften umweltgerechten Entwicklung empfiehlt der Bericht:

1. eine Ressourceneinsparung durch effizienten Einsatz neuer Technologien in den westlichen Ländern sowie einen Technologietransfer in den Süden,

---

421 Grober, Ulrich (2000): Briefe zur Orientierung im Konflikt Mensch – Erde, http://www.dresdner-agenda21.de/begriffe.html#geschichte, Stand 05.08.2004
422 Ebd., Stand 05.08.2004

2. eine neue Aufgabenverteilung zwischen Staat und Wirtschaft. Der Staat soll ordnungspolitische Aufgaben übernehmen,
3. die Weiterentwicklung von Experten- und Managementwissen und die Bevölkerungskontrollpolitik im Süden.

Der Brundlandt-Report lässt sich einerseits von der „Entwicklungslogik" andererseits auf von der „Umweltlogik" ableiten. „*Problematisch war, dass beide Wege zu ein und derselben Zeit einander kreuzten und somit einen inhaltlichen ‚Misch-Masch' ergaben, der bis heute nicht zu trennen ist.*"[423] Die Nachhaltigkeit ist vor allem ein Leitbild der Wirtschaft. Künftig soll also alles Wirtschaften unter Berücksichtigung der Nachhaltigkeit erfolgen. Was versteht man wirklich unter „sustainable development", also einer dauerhaft ökologisch gerechten, umweltverträglichen und zukunftsfähig „nachhaltigen Entwicklung"? Was soll und wird hier nachhaltig verändert, was soll angehalten und was weiterentwickelt werden?

Mit dem Beschluss der Agenda 21 auf der UNO-Umwelt- und Entwicklungskonferenz in Rio de Janeiro 1992 verpflichteten sich 178 Staaten, das Konzept der nachhaltigen Entwicklung als verbindliches Handlungsprogramm anzuerkennen und in den jeweiligen Ländern umzusetzen. „*Das Bundesministerium für Land- und Forstwirtschaft, Umwelt und Wasserwirtschaft für Land (BMFLFUW) begreift die Lokale Agenda 21 als umfassenden Ansatz zur Implementierung der nachhaltigen Entwicklung auf kommunaler und regionaler Ebene sowie als Integrations- und Vernetzungsinstrument bestehender Aktivitäten und Programme. Die lokale bzw. die regionale Ebene sind die zentralen Umsetzungsebenen für die nachhaltige Entwicklung, weshalb ihnen eine Schlüsselrolle in der Umsetzung der Österreichischen Nachhaltigkeitsstrategie zukommt.*"[424] Die Lokale Agenda 21 wird als „Bottom-Up-Ansatz" verstanden, d.h., eine von unten nach oben verlaufende möglichst freiwillige Umstrukturierung und nachhaltigkeitsrelevante Vernetzung. Dazu dienen eigene Bildungsangebote, die den substanziellen Fortschritt des LA21-Prozesses erreichen sollten. Die konkreten Ziele einer „Ökologisierung" werden bereits an Schulen und Universitäten umgesetzt. Eine „Ökologisierung" des Beschaffungswesens, der Energiebesteuerung und des Steuersystems werden seitens der nationalen Politiken angestrebt.

---

423 Bundesministerium für Land- und Forstwirtschaft, Umwelt und Wasserwirtschaft (2004.): Journal Nachhaltigkeit, S.3
424 Ebd., S.8

Das klassische „Top Down" Prinzip ist dabei aber weiterhin von oben nach unten wirksam. Die Europäische Kommission hat Anfang 2004 das Programm „Environment Technology Action Programm" (ETAP) verabschiedet mit dem Ziel, bahnbrechende Technologien, die scheinbar aus Gründen wie dem mangelnden Risikokapital nicht verwirklicht werden können, zu fördern. *„Da die EK Europa in Zukunft als den dynamischsten wissensbasierten Wirtschaftraum der Welt sehen will, hat man einiges vor. Etwa drei Technologieplattformen zu erreichten (Wasserstoff- und Brennstoffzellen, Photovoltaik, Wasserversorgung und Sanitärtechnologien), damit es zum internationalen Wissensaustausch unter WissenschaftlerInnen, Industriellen, FinanzträgerInnen und Opinion Leaders kommen kann. Auch will man mehr Geld für den Bereich Forschung & Entwicklung bereitstellen."*[425] Dabei soll der Staat die Garantien für die Investoren übernehmen, so dass sie kein „überhöhtes" Risiko eingehen müssen. Im Klartext heißt das, dass der Staat die angeblich so innovativen und risikobereiten konzerngesteuerten Unternehmen schützt, ja ihnen wird sogar eine „Protektion" zuteil. Entgegen der allgemeinen Propaganda, dass der „Protektionismus" abgeschafft werden soll, werden die Konzerne damit überhäuft. Geschützt werden auf diese Weise gerade nicht die Klein- und Mittelbetriebe, sondern die Konzerne, denen auch Steuervorteile in Form von Steuererleichterungen (Standortvorteile) gewährt, Garantien ausgestellt und Steuervorteile gewährt werden. Zusätzlich werden sie über die Public-Privat-Partnership mit öffentlichen Geldern subventioniert. *„Ein ähnliches Instrument, das ebenso dazu dient, öffentliche und / oder private Investoren zu stimulieren, sind öffentliche Förderungen zum Schutz der Umwelt, die im Umweltförderungsgesetz geregelt sind."*[426] Für die Investitionsförderungen, Weiterbildungsmaßnahmen, Marketingstrategien und Public Relations sollen gezielte Impulse gegeben werden. Für die Effizienzsteigerung und Nutzung der erneuerbaren Energien stehen jährlich mehr als 3 Millionen Euro vom so genannten „Lebensministerium" zur Verfügung. *„Neben der direkten und indirekten Förderung von umwelttechnischen Projekten kann der Staat auch durch die öffentliche Beschaffung gezielte Umwelttechnologien stärken. Eine entsprechende Resolution wurde vom Ministerrat erstellt, durch die alle Beschaffungsabteilungen angehalten werden, ökologische Kriterien in der öffentlichen Beschaffung zu berücksichtigen."*[427]

---

425 Ebd., S.7
426 www.nachhaltigkeit.at, Stand August 2004. Die österreichische Strategie zur nachhaltigen Entwicklung wurde von der Bundesregierung im April 2002 beschlossen.
427 Ebd., Stand August 2004

Die Schaffung von Wettbewerbsvorteilen für den Einsatz von neuen Umwelttechnologien nennt man „ökoeffizientes Wirtschaften". *„Ökoeffizienz ist auch ein Gebot der ökonomischen Vernunft: Wer zunehmend knapper werdende Güter effizient nutzt, wird sich im Wettbewerb behaupten."*[428] Gemessen wird die Effizienz der neuen Technologien am wirtschaftlichen Erfolg, d.h. schlussendlich am Profit der Konzerne. Unter dem Begriff der Nachhaltigkeit und Ökoeffizienz subsumieren sich also alle privatwirtschaftlichen Entwicklungen, die zukünftig umgesetzt werden sollen. Kritiker sehen im ‚sustainability – Ansatz' nur ein Worthülse, die die Naturausbeutung lediglich legitimiert; die Mehrdeutigkeit und Manipulierbarkeit dieses Konzeptes wird in vielen Belangen ersichtlich. Die angeblich angestrebte Ökologisierung suggeriert den Menschen, dass es sich bei der „Ökologisierung der Wirtschaft" um eine positive Sache handle. Das ist ein Trugschluss, gewissermaßen eine bewusste Irreführung: Hinter der so genannten Ökologisierung stecken meist handfeste Geschäftsinteressen. Die „nachhaltige Entwicklung" ist demnach nichts anderes als ein „big business". Unter dem Schlagwort der „nachhaltigen Entwicklung" verbergen sich konzernwirtschaftliche Interessen, um neue Märkte zu schaffen. Das Fazit lautet:

Nachhaltige Entwicklung ist

- ein Projekt der dauerhaften und langfristige Sicherstellung der natürlichen Ressourcen für die weltweit operierenden Konzerne.
- ein Entwicklungsprogramm, das global durch- und national umgesetzt werden soll,
- eine planwirtschaftliche Strategie, die durch handlungs- und ordnungspolitische Maßnahmen strikt durchgesetzt werden soll,
- eine eindimensionale Zukunftsperspektive, die einerseits die Vergangenheit, d.h. die historische Dimension ausblendet und andererseits die gegenwärtige Situation nicht wirklich ernst nimmt. Nichts kann begriffen werden, ohne vorher die geschichtliche Entwicklung beleuchtet zu haben. (siehe: Forstregal)
- ein Umweltmanagementprojekt, in dem Natur als Ressourcenpool gilt und Natur zu einer den Menschen umgebenden Umwelt diskreditiert, die „gemanagt" werden soll.

---

[428] Ebd., Stand August 2004

- der Natur unverträglich, weil so getan wird, als sei sie ein juristischer Vertragspartner, dessen Interessen von Umweltanwälten bzw. in Umweltverträglichkeitsprüfungen ausgeglichen werden könnten,
- ein Wissen, das nicht mehr erlangt werden soll, sondern nutzbar bzw. verwertbar gemacht werden. Die Wissenschaft soll gänzlich im Dienste der Konzernwirtschaft stehen und zur reinen Empfängern von Aufträgen der Konzerne werden.
- ein Geldtransfer, der nur mehr in Bereiche fließt, die wirtschaftlich rentabel sind.
- ein ordnungspolitischer Hebel, den der Staat einsetzen soll, um den Standort der Konzerne zu sichern bzw. entsprechende Strukturen und Rahmenbedingungen zu schaffen.

2. Wasser als Handelsware: Das Weltwasserforum 2000

Maude Barlow und Tony Clarke schreiben in ihrem 2003 in deutscher Sprache erschienen Buch: Blaues Gold. Das globale Geschäft mit dem Wasser. *„Es hat sich noch kaum herumgesprochen, aber seit dem ‚Weltwassergipfel' 2000 ist Wasser kein Menschenrecht mehr, sondern eine Handelsware. Und das Geschäft mit der weltweit wichtigsten Ressource ist bereits in vollem Gange, denn die Privatisierung und Vermarktung der immer knapper werdenden Wasservorräte verspricht Milliardengewinne."*[429]

Mit der Abhaltung des Wasserforums in Den Haag im Jahre 2000 wurden die Thesen und Empfehlungen einer angeblich problemlösenden nachhaltigen Wasserbewirtschaftung auf ministerieller Ebene verabschiedet. Darüber hinaus war es im Rahmen des „Weltwasserforums" erklärtes Ziel, Wasser als kommerzielles Gut zu deklarieren. Diese Absicht wurde in der Enderklärung der Ministerkonferenz offenkundig, Wasser primär als *„menschliches Bedürfnis"* zu qualifizieren und nicht als ein Grund- und Menschenrecht zu verankern. Der

---

429 Barlow, Maude & Clarke, Tony (2003): Blaues Gold. Das globale Geschäft mit dem Wasser, Klappentext

„*Markt*" reagiert vornehmlich auf Bedürfnisse, an deren Deckung sich Wasser in Geld, sehr viel Geld verwandeln lässt. Zu sehr hätte ein soziales Grund- und Menschenrecht den Handlungsrahmen der privaten Investoren limitiert. Aus ihrer Sicht hätte ein Recht auf Wasser die „Freiheit" der privaten Akteure zu sehr eingeschränkt und ihnen zu viele Verpflichtungen auferlegt.

Der Preis gibt die generelle wirtschaftspolitische Ausrichtung vor. Das Gleichgewicht zwischen Angebot und stark steigender Nachfrage sieht der Entwurf der Ministererklärung nur durch angeblich gerechte Marktpreise gewährleistet, die die Gesamtkosten der erbrachten Leistung widerspiegeln sollen. Doch noch längst nicht alle Wassersektoren sind für die privaten Konzerne zugänglich. Die Frage, ob der Zugang zu Wasser für alle Menschen oder ob der Zugang zu allen Wassersektoren für die privaten Wasserkonzerne gesichert werden sollte, wurde im Jahre 2000 in Den Haag beantwortet: Wasser gilt nun als Handelsware. Nicht das Interesse der Menschen, sondern die der Konzerne steht im Vordergrund.

2.1 Wasserpreispolitik

Die Speerspitze in der Deregulierungs-, Flexibilisierungs- und Liberalisierungspolitik im Wassersektor ist die EU. Die umfassende und weltweite Offensive der EU im Wasserbereich lässt sich dadurch begründen, dass die größten Wasserversorger der Welt ihren Firmensitz in Europa haben. Darüber hinaus werden schon 30% der europäischen Bevölkerung von Privatunternehmen im Wassersektor versorgt, im Vergleich dazu nur 10% in Nordamerika und 20% in Asien. Die großen Wasserkonzerne beherrschen nicht nur den europäischen Binnenmarkt, sondern sind im Laufe der Kolonisierung und mithilfe des Internationalen Währungsfonds und der Weltbank auch in vielen Ländern des Südens präsent. Der europäischen Wasserpolitik kommt deshalb in der Globalisierung und der Privatisierung eine prominente Rolle zu. Im Folgenden möchte ich mich der ausgeklügelten EU-Politik bezüglich der Wassernormen und der Umsetzung der wirtschaftlichen Leitlinien der Wasserpreispolitik widmen.

Wasser wird in der europäische Politik zunehmend zu einem strategischen Rohstoff, zu einem integralen Bestandteil der Wirtschaftspolitik. Die neue EU soll eine gemeinsame Wassergemeinschaft bilden. Waren Kohle und Stahl die Grundlage für die Entstehung der Europäischen Gemeinschaft, so wird nun Wasser die Basis für die erweiterte Union. *„Wasser ist das wichtigste Gut des* *kommenden Jahrhunderts"*, stellte EU-Erweiterungs-Kommissar Günter Verheugen kürzlich bei einer Pressekonferenz in Brüssel fest und folgerte: Die neue EU solle eine gemeinsame Wasserpolitik, ja eine Wassergemeinschaft bilden – nach dem Vorbild der Europäischen Gemeinschaft für Kohle und Stahl, die am Anfang der europäischen Integration stand. Die Sicherstellung des Rohstoffes Wasser für die Interessen der europäischen Wasser-Konzerne, der Agrarwirtschaft und der Strommonopolisten wird zur Grundlage für die integrierte europäische Politik.

Die europäische Wasserpolitik hat ihre Anfänge in den 70er und 80er Jahren. Regelungen zur Trinkwasser- und zur Badegewässerqualität standen Pate für die weit reichenden Umweltmaßnahmen, die in den 80er Jahren in den EU-Vertrag mit Mehrheitsentscheidung aufgenommen wurden. In den 90er Jahren kam es zu einem permanenten „Updating" in Sachen Gewässerschutz, Vorgaben für die Abwasserbeseitigung und Reduktion der Nitratbelastungen für die Landwirtschaft. Mitte der 90er Jahre zeichneten sich neue Regelungsmechanismen in einzelnen Sektoren ab. 1995 kam es zu einer gewichtigen Einigung zwischen der Europäischen Kommission, dem Europäischen Parlament und dem Ministerrat über die Notwendigkeit einer grundlegenden Reform der europäischen Wasserpolitik. In der Mitteilung der Kommission an den Rat werden die Prioritäten der zukünftigen europäischen Wasserpolitik festgeschrieben.

Der Begriff „*Wasserpreis*" wird von der Europäischen Union als „*Grenz- oder Gesamtbetrag*" definiert, der von den Verbrauchern für alle in Anspruch genommenen Wasserdienstleitungen, zum Beispiel Wasserversorgung und Abwasserbehandlung, einschließlich der ökologischen Kosten, zu entrichten ist. Damit sollen die vermeintlich umweltpolitischen Ziele erreicht und die großen ökonomischen Grundsätze der „Kostendeckung" und des „Verursacherprinzips" umgesetzt werden. Die Gestaltung der Wasserpreise erfolgt nach Aufschlüsselung verschiedenen Kostentypen, denen Rechnung getragen werden muss. Umweltbelastungen, Ressourcenverbrauch und soziale Kosten werden in den Kalkulationen der Produktionsprozesses und damit auch in die Preisgestaltung miteinbezogen. Die externalisierten Kosten werden unter dem Schlagwort der „Kostentransparenz" zusammengefasst. Langfristig geht es darum, die umweltbedingten Folgekosten auf den Konsumenten abzuwälzen.

Die finanziellen Kosten der Wasserdienstleitungen werden als direkte Kosten bezeichnet, zu denen die Kosten für die Bereitstellung und Verwaltung der Dienste, Betriebs- und Wartungskosten sowie Kapitalkosten gehören. Die Umweltkosten hingegen sind Kosten für die Schäden, die der Wasserverbrauch für das Ökosystem mit sich bringt, z. B. die Versalzung oder die qualitative Verschlechterung von Anbauflächen. Dazu kommen die Ressourcenkosten, also jene Kosten für entgangene Möglichkeiten, unter denen andere Nutzungszwecke leiden. Jeder Nutzer sollte für die Kosten seines Wasserverbrauchs aufkommen. Damit die Wasserpreise „Anreiz" für eine bessere Verwendung der Wasserressourcen geben, muss der Preis direkt an die verbrauchte Wassermenge und/oder an die verursachte Verschmutzung gekoppelt sein.

Um eine effiziente Preisgestaltungspolitik zu betreiben, ist es notwendig, folgende Elemente zu kennen: Die Wassernachfrage, über die zum Beispiel auf dem Agrarsektor wenig bekannt ist, muss erhoben werden. Die Methoden, um den Wasserverbrauch zu messen, müssen flächendeckend eingeführt werden, wie Wasserzähler, Monitoring, Auswertung von Satellitenbildern, usw. Die Frage der Preiselastizität, der Wassernachfrage und auch die finanziellen Kosten für die Wasserversorgung, die Umwelt- und Ressourcenkosten sind schwer zu klären und einzuschätzen. Die Erhebung der finanziellen Kosten lassen sich besser auf der Ebene der Versorgungseinrichtungen bewerten und verwalten, bei Umweltfragen stellt jedoch das Einzugsgebiet die geeignete Grundlage dar, die erforderlichen Daten zu eruieren. Die Europäische Union verpflichtet alle Mitgliedsstaaten, diese Daten zu erheben und weiterzuleiten.

Die Preisgestaltung wird ausdrücklich als politisches Instrument zur Förderung eines nachhaltigen Umgangs mit Wasser und mit den Wasserressourcen von der Europäischen Kommission eingefordert. Die Wasserrahmenrichtlinie legt die Leitlinien der Wasserpolitik in Europa für die kommenden Jahrzehnte fest. Die Wasserpreise und die Erhebung von Wasserabgaben für die Wasserdienstleistungen in den einzelnen Wirtschaftszweigen müssen kostendeckend sein. In der Mitteilung der Kommission bezüglich der Wasserpreise wird das Augenmerk verstärkt auf den Einsatz ökonomischer Instrumente wie Steuern, Gebühren, Subventionen oder handelbare Verschmutzungszertifikate gerichtet, die in der Deklaration zu Umwelt und Entwicklung der Vereinten Nationen 1992 in Rio anerkannt wurden.

Im Vertrag wird das Verursacher- und Kostendeckungsprinzip als Grundlage der angeblich europäischen „Umweltpolitik" festgelegt. Im Rahmen der Wasserrahmenrichtlinie, die 2000 in Kraft gesetzt wurde, finden diese Prinzipien ihre Anwendung. Richtlinien werden als Sekundärrechte bewertet, die sich an die Mitgliedsstaaten richten und von den nationalen Politiken umgesetzt werden müssen. Mit dem Beitritt Österreichs zur Europäischen Union 1995 setzte daraus folgend eine wahre Gesetzesflut im nationalen Wasserrecht ein.

Seit 1959 wurde das österreichische Wasserrechtsgesetz insgesamt 23 Mal novelliert. Auffallend ist, dass seit 1996 fast zwei Mal jährlich das Wasserrechtsgesetz in Österreich geändert werden musste. Der Grund für das Nachjustieren waren einerseits „*technische Entwicklungen im Bereich Wasserwirtschaft*", aber die Wasserrechtsnovellen seit 1996 „*sind im Wesentlichen nur Schritte zur Umsetzung EU-rechtlicher Normen in das Wasserrechtsgesetz*". [430] Mit den umfangreichen Novellen erfolgte der Umbau des Wasserrechtsgesetzes nach dem Maßstab der Europäischen Union. Die meisten Normen der erlassenen europäischen Richtlinien sind bereits in nationales Recht übergegangen. Die zukünftigen nationalen Wasserpolitiken richten sich nach den wasserrechtlichen Normen und Maßstäben der EU und werden als „*großen Herausforderungen*"[431] gewertet. „*Europas Wasserwirtschaft steht vor einem massiven Umbruch. Eine Grundlage dafür bildet die europäische Wasserrahmenrichtlinie, die kostendeckende Wasserpreise, Bewirtschaftungspläne für die gesamten Flusseinzugsgebiete und die Einrichtung einer gesamtverantwortlichen Behörde vorsieht. Diese europäische Richtlinie bietet auch die Chance, die heimische Wasserwirtschaft und das Wasserrecht grundsätzlich zu überdenken und österreichischen Versorgern und Industrieunternehmen neue Geschäftsfelder zu öffnen.*"[432]

Der ökonomisch- strategische Wert der Wasserrahmenrichtlinie liegt in der Öffnung des Wassermarktes und in der Gewinnung von neuen Investitionsfeldern und Märkten. Für die Kandidaten der Osterweiterung gilt die Umsetzung der Richtlinie gleichermaßen. Sie werden damit gezwungen, die Wasserwirtschaft zu „ökologisieren", um den ökologischen Standards der EU genüge zu tragen. Damit wird die Umstellung und Modernisierung in diesen Ländern vorwärts getrieben. Darüber hinaus erwarten sich die bisherigen Mitgliedesstaaten weit reichende Geschäftfelder, so auch auf österreichischer Seite. In Kooperation zwischen Wirtschaft- und Umweltministerium werden gemeinsame Projekte gestartet, die im Internet unter „water & more" präsentiert werden. „*Gerade im Bereich Wasser bieten sich enorme Chancen für die österreichische Wirtschaft, durch die Öffnung der Märkte mehr Wertschöpfung für alle zu generieren. Effizienzsteigerung durch neue Kooperationsformen in der*

---

430 Wiedemair, Johann (2003): Geschichtliche und inhaltliche Entwicklung des österreichischen Wasserrechtes, S.10
431 www.waterandmore.at, Stand: Oktober 2003. „Water & more" ist ein gemeinsame Initiative der Industriellenvereinigung und des Bundesministeriums für Land- und Forstwirtschaft, Umwelt und Wasserwirtschaft
432 Ebd., Stand: Oktober 2003

Planung, Errichtung und Bewirtschaftung von Anlagen zwischen privater Industrie und kommunalen Versorgern sind ein erster notwendiger Schritt dazu. Dabei können von Privaten erstklassiges österreichisches Know-how und Finanzmittel bereitgestellt werden. Dadurch wird die gegenwärtige Ausgangslage insofern verbessert, als dass sich alle Beteiligten in einer win-win Situation wieder finden. Zweiter Schritt muss die Wertschöpfungssteigerung durch den Export sein. Gerade der Bereich Know-how, in dem Österreich heute schon einige starke Unternehmen vorzuweisen hat, bietet die Chance, durch verstärktes Bearbeiten von Auslandsmärkten weiter zu expandieren. Damit hätten alle profitiert: Gemeinden und Konsumenten sparen Kosten, Produzenten finden neue Märkte – der Wirtschaftsstandort gewinnt in seiner Gesamtheit."[433]

Ist das Wasser der zukünftige Wirtschaftmotor in einem erweiterten Europa? Die Industriellenvereinigung in Österreich visiert neue Märkte im Siedlungswasserbau für die heimischen Unternehmen an. *„Die Hauptexportmärkte unserer Unternehmen liegen in Europa und in den Zukunftsmärkten Südostasiens, Südamerikas sowie im Nahen und Mittleren Osten. Dort liegt auch der Export-Schwerpunkt von Anlagen zur Versorgung und Aufbereitung von Trinkwasser. In Mittel- und Osteuropa profiliert sich die Österreichische Wasserbranche primär im Bereich der Abwasserentsorgung. Durch die geografische Nähe, die historische Verbundenheit und die bevorstehende Erweiterung der Europäischen Union erwartet sich die österreichische Wasserwirtschaft besondere Exporterfolge in Osteuropa. In den wasserarmen Regionen der Welt geht es vor allem um die Bereitstellung, den Transport und die Aufbereitung von Trinkwasser. In den südostasiatischen Märkten steigt durch die verstärkte Industrialisierung der Bedarf an Abwasserentsorgungsanlagen."*[434]

Seit jeher ist der Bereich der Wasserversorgung und -entsorgung sowie der Ausbau des Stromnetzes und die Errichtung von Kraftwerken ein Eckpfeiler der Österreichischen Entwicklungszusammenarbeit. Daher arbeite die ÖEZ, die generell auf die Einbindung des Marktes setzt, in verschiedenen Wasserprojekten mit der Weltbank zusammen. In Bhutan, Nepal, Kenia, Kap Verde, Guatemala, Mosambik und Uganda wird österreichisches Wasser-Know-how zum Einsatz gebracht.

---

[433] www.waterandmore.at, Stand: Oktober 2003. „Water & more" ist ein gemeinsame Initiative der Industriellenvereinigung und des Bundesministeriums für Land- und Forstwirtschaft, Umwelt und Wasserwirtschaft.
[434] Ebd., Stand: Oktober 2003

Exkurs: Wertschöpfung aus Wasser

Die Wertschöpfung aus Wasser lässt sich an Preissteigerungen oder in profitablen Wertpapiergeschäften am Aktienmarkt und am so genannten Water Index festmachen. Die besten Aktien für die Zukunft liegen im Wasserbereich. Die Sanierung der lecken Wasserleitungen und der hohe Investitionsbedarf im Aus- und Aufbau von Wasser- und Kanalleitungen wird auf mindestens 600 Milliarden US-Dollar geschätzt, also große Chancen für Aktionäre, ein Geschäft zu machen. Der Kauf von Aktien aus dem Umwelttechnologiebereich sowie der klassischen Wasserversorger werden von den Analysten empfohlen. Während andere Leitindizes wie Dow Jones, Nasdaq und Dax die letzten Jahre keine Gewinne einbrachten und immer wieder ins Bodenlose stürzten, verzeichnete der „Bloomberg-Europe-Water-Index", der am 01.01.1997 gegründet wurde, ein permanentes Hoch. Die Euphorie des Finanzmarktes für den Wassermarkt erklärt sich daraus, dass der Wasserdienstleistungsbereich deutlich geringeren Wertschwankungen unterworfen ist.

Alle Entwicklungen laufen darauf hinaus, dass Wasser nun in der Finanzlogik von den *„Herren des Geldes"*[435] beherrscht wird. Die Idee, dass Wasser eine handelsfähige Ressource ist, die Gewinne abwirft, hat der Finanzsektor schon für sich entdeckt. Wasser zählt zu den viel versprechenden Segmenten für Anleger, denn die steigende Nachfrage führt zu steigenden Kursen. Zukünftig werde der Wassermarkt als ein *„Anlageuniversum mit einer Marktkapitalisierung von ca. 100 Mrd. US-$"*[436] identifiziert, so Hans-Peter Portner, Fondsmanager der Pictet GSF Water. Anfang 2000 legte das Schweizer Bankhaus Pictet den ersten weltweiten Wasserfonds auf. Wasser wurde eine Kernfrage für Investoren. *„Das ist das erste Mal in der Finanzgeschichte, dass ein Anlagefonds ausschließlich Investitionen in börsennotierte Titel aus der Wasserbrache tätigte."*[437]

Im Wasserfonds sind Unternehmen aufgelistet, die mit Sicherheit Wachstumsraten aufweisen und zunehmenden Geschäft mit der weltweiten Wasserversorgung profitieren. Dazu zählen die klassischen Wasserversorgungskonzerne, die Wasseraufbereitungsindustrie, Umwelttechnologien wie im Speziellen die Filtration, die Entkeimung, die Meerentsalzung und das Ingenieurwesen. Die Wasserindustrie wird boomen, aber auch die Wasserkraft spielt eine

---

435 Petrella, Riccardo (2000): Wasser für alle. Ein globales Manifest, S.53ff.
436 www.e-fundresearch.de/cgi-bin/show_article/1646 Hans Peter Portner ist Fondsmanager bei Pictet Funds in Genf
437 Petrella, Riccardo (2000): Wasser für alle. Ein globales Manifest, S.94

wesentliche Rolle. Die Mischkonzerne umfassen bereits Versorgungsdienstleistungen in den Bereichen Strom, Gas und Wasser. *„1998 prognostizierte die Weltbank dem Wassersektor in naher Zukunft ein Volumen von 800 Milliarden US-Dollar, und im Jahre 2001 wurde diese Voraussage auf eine Billion US-Dollar erhöht. Solche phänomenalen Wachstumsprognosen beruhen freilich nur auf Schätzungen, werden doch derzeit erst fünf Prozent der Weltbevölkerung von kommerziellen Unternehmen beliefert."*438

Die Marktanteile in den einzelnen Wassersektoren teilen sich jetzt schon einige Wenige. Für den Trinkwassersektor vorherrschend sind Vivendi und Suez Lyonnais; RWE, Thames Water, Bechtel, Biwater sowie Aur-Bouygues mit ihren Filialen; für den Flaschenwassersektor Coca Cola, Danone und Nestlé. Der Handel mit Mineral-, Quell- und Tafelwasser nimmt jährlich zu: *„In den letzten fünf Jahren aber ist der Konsum regelrecht explodiert, so dass im Jahre 2000 bereits 22,3 Milliarden Liter Wasser in Flaschen abgefüllt und verkauft wurden. Ein Viertel dieser Menge wurde außerhalb des Ursprunglandes vermarktet und konsumiert."*439 Wasser billig einkaufen und mit hohem Gewinn verkaufen, das ist das Ziel der Wasserexporteure: *„Die Flaschenwasserindustrie zählt zu den am schnellsten wachsenden und am wenigsten regulierten Branchen der Welt"*440 Die großen Lebensmittelkonzerne haben dieses Segment schon unter sich aufgeteilt: Marktführer ist Nestlé mit insgesamt 68 Marken, darunter Perrier, Evian, Vichy, Vittel, San Pellegrino, etc. Aber auch andere Getränkehersteller haben das Wasser für durstige Seelen entdeckt wie Pepsi, Danone und Coca Cola.

*„In der kurzen und mittleren Frist versprechen wir uns ein erhebliches Marktpotential, welches aus der Tendenz der Privatisierung der Wasserversorgung der Gemeinden und der Industrie erwächst. Immer strengere Wasserqualitätsvorschriften und die schwindende Finanzkraft vieler öffentlicher Haushalte wird dafür sorgen, dass der Anteil der Gemeinden, deren Wasserversorgung in einer Partnerschaft mit dem Privatsektor gewährleistet wird, in den nächsten 15 Jahren massiv steigen wird. So schätzen wir, dass in den USA der Anteil der Gemeinden mit einer privatisierten Wasserversorgung von momentan 10 Prozent auf 75 Prozent ansteigen wird. Die Nachfrage nach Gütern und Dienstleitungen im Wasserbereich erscheint uns deshalb sowohl kurz – als auch langfristig gesichert."*441

---

438 Barlow, Maude & Clarke, Tony (2003): Blaues Gold. Das globale Geschäft mit dem Wasser, S.138
439 Ebd., S.181
440 Ebd., S.181
441 www.e-fundresearch.de/cgi-bin/show_article/1646 Hans Peter Portner ist Fondmanager bei Pictet Funds in Genf

3. Die EU-Wasserrahmenrichtlinie

„Wasser ist keine übliche Handelsware, sondern ein ererbtes Gut, das geschützt, verteidigt und entsprechend behandelt werden muss."[442] Mit dieser Feststellung beginnt die neue Wasserrahmenrichtlinie 2000/60/EG des Europäischen Parlaments und des Rates vom 23. Oktober 2000 zur Schaffung eines Ordnungsrahmens für Maßnahmen der Gemeinschaft im Bereich der Wasserpolitik, die am 22. Dezember 2000 in Kraft getreten ist. Wasser ist wohl keine übliche Handelsware, doch wird sie im Zuge der Privatisierung zu einer gängigen Ware. Dies verdeutlicht die Wasserrahmenrichtlinie mit ihrem Bewirtschaftungsplan. Die EU Wasserrahmenrichtlinie kann durchaus als eine der „modernsten" Wassergesetzgebungen weltweit angesehen werden.

Die Ziele der Wasserrahmenrichtlinie sind wie folgt definiert:
- Alle Gewässer unterliegen einem umfassenden Gewässerschutz, dessen langfristige Planungsgrundlagen für politische, technische und finanzielle Entscheidungen eine bindende Grundlage darstellen und auch für die EU Osterweiterung gelten.
- Die Vermeidung einer weiteren Verschlechterung der Gewässer wird als Verschlechterungsverbot festgeschrieben.
- Das Verbesserungsgebot besagt, dass der „gute Zustand" (der gute Zustand wird nach chemischen und physikalische Höchstwerten bewertet) für alle Gewässer innerhalb eines festgelegten Zeitraums erreicht werden muss.
- die Reduzierung von Gewässerverschmutzungen durch Einleitungen,
- Schutz der Wasserressourcen,
- das Nachhaltigkeitsprinzip in der Wassernutzung und
- die Eindämmung von Überschwemmungen und Dürren.

Die angeblich übergeordnete „ökologische" Zielsetzung der Wasserrahmenrichtlinie wird durch ökonomische allgemeine Grundsätze verankert, d.h., dass die ökologische Ausrichtung der Wasserrahmenrichtlinie nach ökonomischen Kriterien umgestaltet wurde. Damit sollen die Liberalisierung und die Priva-

---

442 Richtlinie 2000/60/EG des Europäischen Parlaments und des Rates (2000): Amtsblatt der Europäischen Gemeinschaft L327/1, 22.12.2000, 1

tisierung des Wassersektors innerhalb der Europäischen Union geschehen. Die Umsetzung der Wasserrahmenrichtlinie ist für die Mitgliedsstaaten verpflichtend und muss nach einem festgesetzten Zeitplan schrittweise umgesetzt werden. *„Die rechtliche Umsetzung dieser Richtlinie in nationales Recht hat innerhalb von drei Jahren zu erfolgen, für die praktische Umsetzung ist ein Stufenplan mit Zeiträumen bis 2015 (teilweise verlängerbar bis 2027) vorgesehen."*443 Was nach dem „rollenden Verfahren" noch nicht bis 2015 erreicht wurde, muss bis 2021 umgesetzt werden.

Der Zeitplan für die Umsetzung der Wasserrahmenrichtlinie sieht vor, dass bis:
- 2003 die Umsetzung in nationales Recht erfolgt;
- 2004 die Erhebungen des Ist-Zustandes der Gewässer abgeschlossen wird: die Beschreibung der Wasserkörper, Analyse der Gewässermerkmale, die Bewertung des ökologischen Zustandes, Überprüfung der Belastungen auf die Gewässer, die wirtschaftliche Analyse der bestehenden Wassernutzungen, Referenzbedingungen, Definition des Soll-Zustandes, Typisierung der Gewässer;
- 2006 die Überwachung durch Monitoring, Planung und Kontrolle installiert wird. Die ökologische Gütebetrachtung unterliegt dem Grundsatz des Verursacherprinzips. Man geht nicht mehr vom Einzelfall aus, sondern beurteilt größere Gebietseinheiten nach dem Grundsatz des Imissionsverfahrens;444
- 2009 die Erstellung der Bewirtschaftungspläne in den einzelnen Flussgebietseinheiten umgesetzt wird. Die Wasserwirtschaftspläne werden auf der Grundlage von Flusseinzugsgebieten und nicht mehr an Verwaltungsgrenzen gebunden. Für Österreich gibt es drei Teilflusseinzugsgebiete. Die Wasserwirtschaft und der Gewässerschutz haben deshalb im Rahmen von Flusseinzugsgebieten zu erfolgen. Zur Anwendung kommt die in der Richtlinie festgelegte Zuordnung nach Flusseinzugsgebieten. Die behördliche Zuständigkeit musste bis Dezember 2003 festgelegt werden, um die wirt-

---

443 Wiedemair, Johann: EU-Wasserrahmenrichtlinie und Wasserkraftnutzung, in: Amt der Tiroler Landesregierung, Abteilung Umweltschutz: Ökologie und Wasserkraftnutzung. Natur in Tirol, Band 12, S.302
444 Das Imissionsverfahren geht von den Einleitungen aus, von den Einträgen in die verschiedenen Wasserkörper.

schaftliche Analyse der Wassernutzung vorzunehmen. Die sektoralen Grenzen in der Wasserversorgung werden nach den Flussgebietseinheiten neu strukturiert;
- 2010 kostendeckende Preise für Wasserdienstleitungen existieren. Die Preise für Trinkwasser und Abwasser unterliegen dem Grundsatz der Kostendeckung. Die Mitgliedstaaten müssen in den verschiedenen Sektoren einen angemessenen Anreiz zur Deckung der Kosten der Wasserdienstleistungen leisten.

Das Neue ist die Wassergebührenpolitik für Wasserdienstleistungen, die nach dem Kostendeckungsprinzip umgesetzt werden muss. Laut Sektionschef Johannes Abentung, Bundesministerium für Land- und Forstwirtschaft, Umwelt und Wasserwirtschaft, Sektion Recht, ist „*der ökonomische Ansatz*"[445] das Novum der im Jahre 2000 verabschiedeten Wasserrahmenrichtlinie. Im Artikel 9 werden die grundsätzlichen Neuerungen für die Mitgliedsstaaten und die Neuankömmlinge der erweiterten Union wie folgt festgelegt:

„*Die Mitgliedstaaten sorgen bis zum Jahr 2010 dafür, dass die Wassergebührenpolitik angemessene Anreize für die Benutzer darstellt, Wasserressourcen effizient zu nutzen, und somit zu den Umweltzielen dieser Richtlinie beiträgt; so dass die verschiedenen Wassernutzungen, die mindestens in die Sektoren Industrie, Haushalte und Landwirtschaft aufzugliedern sind, auf der Grundlage der gemäß Anhang III vorgenommenen wirtschaftlichen Analyse und unter Berücksichtigung des Verursacherprinzips einen angemessenen Beitrag leisten zur Deckung der Kosten der Wasserdienstleistungen. Die Mitgliedstaaten können dabei den sozialen, ökologischen und wirtschaftlichen Auswirkungen der Kostendeckung sowie den geographischen und klimatischen Gegebenheiten der betreffenden Region oder Regionen Rechnung tragen.*"[446]

Auf der Grundlage der ökonomischen Analysen sollen verschiedene Wassernutzungen in die Sektoren Industrie, Haushalte und Landwirtschaft gegliedert werden. Die Auswirkungen werden sich in allen Bereichen zeigen, die Umwälzungen betreffen die Bürger ebenso wie Gewerbe- und Tourismusbetriebe. Die Frage der Finanzierung von Infrastrukturmaßnahmen im Wasserent- und -versorgungsbereich betrifft v.a. die Gemeinden. Die Bürgermeister

---

445 Abentung, Johannes: Forum Land. Die Zukunft des ländlichen Raums, Zukunft der Wasserwirtschaft in Tirol, Vortrag am 16. Juni 2003
446 Richtlinie 2000/60/EG des Europäischen Parlaments und des Rates (2000): Amtsblatt der Europäischen Gemeinschaft L 327/12, 22.12.2000

sind nicht mehr für die Behebung z. B. von einem Rohrbruch zuständig, sondern müssen die Finanzierung sicherstellen, damit der Rohrbruch überhaupt behoben werden kann. Die Gebührenpolitik wird sich im Speziellen auf den Wirtschaftsstandort Gemeinde negativ auswirken, denn die Gemeinden müssen für die Wasserdienstleitungen finanziell aufkommen. Das heißt, die Gemeinden werden gezwungen, die Gebühren nach oben zu schrauben, um die realen Kosten zu decken. Zudem wird die Verschuldung und die Politik der leeren Kassen die Gemeinden noch weiter dazu zwingen, ihre Kernaufgaben, also die Dienstleistungen im Daseinsbereich auszulagern, also privaten Unternehmen zu übertragen.

Die Empfehlungen laufen im Vorfeld schon darauf hinaus, dass die Gemeinden überregionale Lösungen finden müssen. Die regionalen Zusammenschlüsse seien notwendig, um den Wirtschaftsbetrieben bessere Konditionen und niedrigere Preise anbieten zu können. Den Gemeinden werden die hohen Infrastrukturinvestitionen bei Neuerschließungen von Gewerbegebieten, die laufenden Kosten der Anpassungen an den Stand der Technik sowie die steigenden Betriebskosten aufoktroyiert. *„Ab 2007 wird ein neues Finanzierungsinstrument für Neuinvestitionen eingeführt, das die Vorwegfinanzierung durch den Rückfluss von Darlehen abdecken soll."*[447] Das hat zur Folge, dass sich eine starke Differenzierung und Änderung der Siedlungswasserwirtschaft ergeben wird. Das Fördervolumen für die Gemeinden wird von derzeit maximal 60% und minimal 20% weiter gekürzt auf voraussichtlich maximal 20% und minimal 8%. Nach Meinung des Tiroler Landesrates Eberle werden sich die Lasten vermutlich eher in den Ballungszentren auswirken, denn für die so genannten strukturarmen Gebiete wird der Bund weiterhin Zuschüsse bereitstellen. Weiter wurde ins Treffen geführt, dass die Auswirkungen des Grundsatzes der Kostendeckung bei Wasserdienstleistungen noch nicht absehbar sind. Doch soviel konnte Johannes Abentung schon vorweg nehmen, nämlich dass die Gemeinden einer großen Herausforderung gegenüber stehen, die Kostendeckung in der Daseinsvorsorge nach den Maastrichtkriterien[448] zu erfüllen.

Die Gebührensituation wird sich auf die wirtschaftliche Handlungsfähigkeit der Gemeinden in vielerlei Hinsicht negativ auswirken. Die Spar-

---

447 Eberle, Ferdinand: Forum Land. Die Zukunft des ländlichen Raums, Zukunft der Wasserwirtschaft in Tirol, Vortrag am 16. Juni 2003
448 Die Gemeinden so wie alle anderen staatlichen Einheiten sind dazu verpflichtet, die Vorgaben für den ‚Finanzierungssaldo des Sektors Staat' zu beachten.

potentiale für den immer kapitalintensiver gestalteten Wasserbereich, die Erschließungskosten, die Sanierung anfälliger Bauten und die Errichtung von neuen Anlagen sollen im regionalen Zusammenschluss der Gemeinden erfolgen. Die Gemeinden sind dann aus wirtschaftlichen Gründen gezwungen, sich in Verbänden zusammenzuschließen. Die Rahmenbedingungen für den Verkauf von Wasser müssen erst hergestellt werden: Als erstes müssen die gewachsenen Strukturen der zahlreichen kommunalen Einrichtungen zerschlagen werden. Ist dieser Schritt getan, kann die Privatisierung folgen.

4. Die österreichische Siedlungswasserwirtschaft

4.1 Die Umstrukturierung der Wasserwirtschaft

Gegenwärtig gibt es in Österreich rund 4.000 Unternehmen im Bereich der Wasserversorgung und rund 2.500 in der Abwasserentsorgung. Die größten heimischen Wasserversorger sind die Wiener Wasserwerke mit 1,5 Mio. Kunden, gefolgt von der Niederösterreichischen Siedlungswasserbau Ges.m.b.H. (Nösiwag) mit rund 450.000 Kunden. Die restlichen Wasserversorger haben bedeutend weniger Kunden, so versorgt zum Beispiel das Wasserwerk Bregenz als zehntgrößter heimischer Wasserversorger nur mehr 33.000 Menschen. In den Jahren 1993 bis 2000 wurden in Österreich ca. 8 Mrd. Euro für die Reinhaltung der Gewässer sowie für die Versorgung der Bevölkerung mit Trinkwasser investiert. Diese Anstrengungen haben sich gelohnt: 87% der österreichischen Bevölkerung leben in Gebieten mit zentraler Wasserversorgung, 99% davon werden mit Grund- und Quellwasser versorgt. Aufbereitetes Oberflächenwasser wird in Österreich im Unterschied zu vielen anderen europäischen Ländern kaum zur Wasserversorgung herangezogen. In den sechziger Jahren wurden umfangreiche Bauprogramme für Kanalisations- und Kläranlagen in Gang gesetzt. Der Anschlussgrad der Bevölkerung an Kanalisationsanlagen erreichte 1999 in Österreich rund 82%. Inzwischen ist es strittig, ob man die restlichen Haushalte über Einzelentsorgungsanlagen oder unter hohen Kostenaufwand an das öffentlichen Kanalnetz anschließen soll. Wird mit der geplanten Umstrukturierung der österreichischen Wasserwirtschaft möglicherweise die ausgezeichnete Wasserver- und -entsorgung aufs Spiel gesetzt?

Die Wifo Studie hat in einem Benchmarkverfahren festgestellt, dass die immer wieder zitierten Einsparungspotentiale in der Siedlungswasserwirtschaft um ein Vielfaches geringer sind als häufig von Wirtschaftslobbyisten angenommen, nämlich nur 5 – 10%. So stellte die Studie fest: *„Im Zeitraum 1993 bis 2001 wurden laut den Berichten zur Umweltförderung des Bundes im Rahmen der kommunalen Siedlungswasserwirtschaft über 10.000 Projekte mit einem Fördervolumen von über 3 Mrd. € unterstützt"*[449] Wie bereits erwähnt, ist die Trinkwasser Ver- bzw. -Entsorgung kostenintensiv. Die Sanierung maroder Leitungen und Abwasserkanäle, Aufbereitungsanlagen etc. verschlingt Geld, das die Kommunen nicht haben. In Österreich sind nach den EU-Richtlinien bis 2012 rund 162 Mrd. Schilling (rd. 11,8 Mrd. Euro) an Investitionen in die Siedlungswasserwirtschaft erforderlich, gleichzeitig gehen die Fördergelder drastisch zurück. Nicht mehr die Gemeinden bekommen seitdem die Fördergelder, sondern private Unternehmen lukrieren die öffentlichen Gelder. Die staatlichen Subventionen kommen nun auch den privaten Anbietern zugute, denen damit die Türen in den noch großteils öffentlichen Wassermarkt geöffnet werden.

Zudem geht der internationale Trend vermehrt in Richtung Ausbau privatwirtschaftlicher Beteiligungen. In den meisten europäischen Staaten sieht man die größten Verbesserungsmöglichkeiten in einem Rückzug des Staates und der Reduktion der öffentlichen Aufgaben auf die notwendige hoheitliche Verwaltung. So soll der Staat zwar weiterhin die Verantwortung für die Bereitstellung einer kosten- und flächendeckenden Wasserver- und Abwasserentsorgung tragen, die Planung, Errichtung, der Betrieb und die Finanzierung werden jedoch nicht mehr als primäre öffentliche Aufgabe gesehen.

In der Diskussion wird oft der Begriff Liberalisierung angeführt: Er meint das „freie Spiel", das von „protektionistischen" Regeln und äußeren Zwängen weitestgehend befreit ist. Unter Liberalisierung wird daher die Freiheit der Konsumenten verstanden, die Ver- oder Entsorgungsdienstleistung bei unterschiedlichen, insbesondere aber privaten Anbietern nachzufragen. In der Siedlungswasserwirtschaft ist laut der Studie von PriceWaterHouseCoopers eine Liberalisierung aufgrund der rechtlichen, politischen, technischen und

---

449 Kletzan, Daniela (2003): Gesamtwirtschaftliche Effekte der Siedlungswasserwirtschaft, WIFO-Monatsberichte 5/2003.

ökonomischen Rahmenbedingungen nur sehr eingeschränkt möglich. Ein weiterer Begriff ist der der Deregulierung. Unter Deregulierung versteht man legistische und verwaltungstechnische Maßnahmen der öffentlichen Hand zur Öffnung der Märkte und zum diesbezüglichen Abbau bisheriger Regeln. Ziel dieser Maßnahmen ist es, in den betreffenden Märkten möglichst Wettbewerbsverhältnisse zu schaffen. Somit stellen die Deregulierungsschritte die Voraussetzung für liberalisierte Märkte dar.

Findet eine Verlagerung öffentlicher Aufgaben in Richtung privatwirtschaftlicher Beteiligungen bzw. privatwirtschaftlichen Engagements statt, so spricht man darüber hinaus von Privatisierungen. Diese können sehr unterschiedliche Ausformungen haben und erfordern nicht per se eine organisationsrechtliche Unternehmensbeteiligung. So stellt ein Dienstleistungsvertrag eines öffentlichen Wasserunternehmens mit einem Steuerberater über die Buchhaltungsführung im Zusammenhang mit der Wasserversorgung einen Privatisierungsschritt durch Auslagerung (Outsourcing) dar. Man spricht von einer Aufgabenprivatisierung. Der häufig verwendete Begriff der Ausgliederung beschreibt eine organisationsrechtliche Privatisierung. Dabei wird beispielsweise eine im Eigenbetrieb organisierte Abwasserentsorgung einer Gemeinde an eine Organisation des Privatrechts (z. B. Aktiengesellschaft) übertragen. Damit werden von der öffentlichen Hand lediglich Instrumente des Privatrechts verwendet. Aus der Sicht der Ökonomie handelt es sich dabei um eine bloße Reorganisation eines öffentlichen Verwaltungssegments und nicht um eine echte Privatisierung. Der Begriff Private Sector Participation (PSP) wurde von der Weltbank für eine „echte Beteiligung des privaten Sektors" im Zusammenhang mit öffentlichen Aufgaben eingeführt. Dem gegenüber beschreibt der in unserem Sprachgebrauch häufig verwendete Begriff Public Private Partnership (PPP) die organisationsrechtliche „Partnerschaft zwischen öffentlicher Hand und privatem Unternehmen" in Form eines Kooperationsmodells. Die PPP ist somit eine spezifische Ausprägung der PSP.

Claudia von Werlhof stellte 2003 bei der Tagung „WasserLos – vom öffentlichen Gemeingut zur privaten Geldquelle" in Innsbruck in diesem Zusammenhang klar, dass mit diesen Begriffen der Liberalisierung, Deregulierung und Privatisierung nur ein Projekt gefördert wird, nämlich das der Konzernpolitik: *„Es besteht ein großer Irrtum darüber, dass die Liberalisierungs-, Flexibilisierungs- und Deregulierungspolitik, die mit der Privatisierungspolitik einhergeht, irgend etwas Positives bedeuten könnte für kleinere und mittlere Unternehmen. Das ist ein großer Irrtum. Dieses Projekt kommt von den Konzernen und ist allein für Konzerne gedacht. Da wird kein mittlerer und kleiner und auch größerer* *nationaler Unternehmer etwas davon haben. Vielleicht geschieht dies einmal kurz, vorübergehend, wie im Ostgeschäft. Aber das ganz große Projekt läuft darauf hinaus, allein den Konzernen sämtliche Gewinnmöglichkeiten, sämtliche Investitionsfelder und sämtliche Märkte zu Füßen zu legen. Und das verweist auf den letztlich irrationalen Charakter eines Projektes, das als ökonomische Rationalität per se daherkommt."* 450

5. Die Zerschlagung der kommunalen Strukturen

Grosses Aufsehen in diesem Zusammenhang erregte die von Landwirtschaftsminister Molterer im Jahre 2000 in Auftrag gegebene Studie von PriceWaterHouseCoopers zur *„Optimierung der österreichischen Siedlungswasserwirtschaft"*, die vorerst geheim gehalten wurde und erst später an die Öffentlichkeit gelangte. Die äußerst kleinräumige Struktur der Wasserver- und -entsorgung sei in vielen Fällen unwirtschaftlich. Die Unternehmen sind aufgrund ihrer Kostenstruktur nicht wettbewerbsfähig und könnten daher im geöffneten Markt – weder im In- noch im Ausland – erfolgreich bestehen. Dabei sei die Bildung größerer Einheiten in der Siedlungswasserwirtschaft sehr wohl auch in Österreich möglich. Allein die Integration von Wasserver- und Abwasserentsorgung in einer Hand biete ein großes wirtschaftliches Potential.

Der Ausgangspunkt für die Analyse der heimischen Wasserwirtschaft ist laut dem Auftraggeber, Bundesministerium für Land- Forst- und Wasserwirtschaft (BMLFW), der enorm hohe von der EU geforderte Investitionsbedarf, der bis 2012 auf € 9,4 Milliarden (130 Milliarden ATS) im Abwasserbereich und im Versorgungssektor auf € 2,1 Milliarden (30 Milliarden ATS) geschätzt wird. Die öffentlich rechtliche Organisation der Trinkwasserver- bzw. -entsorgung ist Sache von Bund, Land und Gemeinde, den drei Ebenen, die am Finanzausgleich beteiligt sind. Der Bund fördert derzeit Projekte der Siedlungswasserwirtschaft mit ca. 35%, betriebliche Abwassermaßnahmen mit

---

450 Werlhof, Claudia von (2003): Pressekonferenz zur Tagung: Wasser-Los. Vom öffentlichen Gemeingut zur privaten Geldquelle?, Pressekonferenz, 14.5.2003 Innsbruck

ca. 20%. Bei den Ländern fällt die Förderung unterschiedlich aus. Den Rest tragen die Gemeinden.

Die Gemeinden sind demnach von den Fördermitteln des Bundes und Landes abhängig. Seit den 90iger Jahren kommt es zu einer regelrechten Aushungerung der Kommunen. Von der öffentlichen Hand bekommen sie immer weniger Subventionen, was dazu führt, dass die Gemeinden und Städte unter einem permanenten Finanzproblem leiden. Verheerend wirkt sich das bei den infrastrukturellen Investitionen aus. Um den Investitionsbedarf aufzubringen, wird immer mehr „Familiensilber" – sprich: Gemeindevermögen bzw. Gemeingut – verkauft. Die Ausgaben selbst reichen nur mehr zum Stopfen von Löchern, und die Löcher in den Haushalten der Kommunen werden systematisch immer größer. Welche Strategien und Szenarien werden vor diesem Hintergrund in der Studie entwickelt, und wie sind sie im oben erwähnten Kontext zu verorten?

Fünf Szenarien werden von PriceWaterHouseCoopers entwickelt:
- die zur Verringerung der Abhängigkeit von Förderungen beitragen sollen,
- die eine Kostentransparenz und Kostendeckung durch Gebühren vorsehen,
- die Wettbewerbsbedingungen zur Effizienzsteigerung schaffen,
- die Kosten für Abschreibung und Zinsen senken,
- die Betriebskosten durch Rationalisierungs-, Outsourcing- und Synergieeffekte senken (Die Maastrichtverträge machen das Outsourcing erforderlich, d.h. die Erfüllung der EU-Verträge zwingt zur Umstrukturierung der kommunalen Dienstleistungen; der Referenzwert für das Kriterium öffentlicher Defizite liegt bei 3%, d.h. die laufenden Ausgaben müssen von Einnahmen gedeckt und durch Investitionen verdient werden. Infolge kommt es zur Auflösung von Rücklagen oder zur Verschuldung durch Aufnahme von Krediten),
- die zur Nutzung von Exportpotential in den Bereichen Know-how und Hardware führen und
- die Internationale Technologie zur Vereinheitlichung einsetzen.

Die Studie empfiehlt eine Zusammenfassung der bestehenden österreichischen Wasserunternehmen in zehn große Betriebe, die dann international per Konzession ausgeschrieben, also verkauft werden sollen. Nicht ausgeschlossen wird dabei die Übernahme der Leitungsnetze und Anlagen durch den Konzessionsnehmer. Als Begründung dafür werden ein mögliches Ostgeschäft sowie angebliche Kostensenkungen um ein Drittel angegeben.

2001 haben sich Minister Molterer und Industriellen-Generalsekretär Fritz erneut für mehr Privatunternehmen bei der Wasserversorgung ausgesprochen. Die Arbeiterkammer (AK) hat David Hall von der „Public Services International Research Unit" an der Greenwich Universität in London und Klaus Lanz von „International Water Affairs" in Hamburg beauftragt, den PriceWaterhouseCoopers-Bericht einer Qualitätskontrolle zu unterziehen. Das Ergebnis: Die internationalen Vergleiche sind fehlerhaft und unvollständig, die Daten sind sehr grob und teilweise falsch. Daher lassen sich die Empfehlungen von PriceWaterhouseCoopers nicht begründen. Die AK-Analyse des PriceWaterhouseCoopers-Berichts zeigt, dass die Einschätzung auf teils völlig veralteten Angaben beruht. Die Argumentation von PriceWaterhouseCoopers, die Zusammenlegung in wenige große Regionalversorger helfe, die Unabhängigkeit der heimischen Wasserwirtschaft gegenüber den Wasserkonzernen zu wahren, wird damit gerade nicht gestützt. Außerdem wird in der „Molterer-Studie" verschwiegen, dass in den Ländern, in denen die Privatisierung der Wasserversorgung schon durchgeführt wurde, wie z.B. in Großbritannien, kaum investiert wurde, aber dafür die Preise für die Konsumenten gestiegen und die Wasserqualität drastisch gesunken sind.

5.1. „Nullszenario"

Der Name „Nullszenario" verdeutlicht, dass es sich um eine Situation handelt, in der die Struktur der öffentlich rechtlichen Organisationsform im Wassersektor nicht ändert. Das Zukunftsszenarium sieht, laut Autoren der Studie, nicht besonders rosig aus. So stellen sie fest, dass die Verringerung der Bundes- und Länderförderung, die Einführung des Verursacher- und des Kostendeckungsprinzips der EU-Wasserrahmenrichtlinie die EU-Binnenliberalisierung der Daseinsvorsorge in der Siedlungswasserwirtschaft fördern bzw. notwendig erscheinen lassen. Darüber hinaus wird sich der Druck der internationalen Unternehmen und Multi-Utility-Konzerne erhöhen. Gewarnt wird in dem Zusammenhang vor der anstehenden Preiserhöhung und vor ausländischen Investoren und Partnern, die sich Aufgrund der finanziellen Schwächung der Kommunalbetriebe die Filetstücke reservieren werden, währenddessen die Umlandgemeinden bzw. die ländlichen Distrikte vernachlässigt werden. *„Lokal sind entweder starke Preiserhöhungen aufgrund der*

Forderung nach Kostendeckung und -transparenz der Wasserrahmenrichtlinie oder – mit größerer Wahrscheinlichkeit – sinkende ökologische Standards zu befürchten."[451] Vorausgeschickt sei, dass diese Argumente und Befürchtungen bei den anderen Szenarien fehlen. Interessant ist, dass beim derzeitigen kommunal organisierten System auf drastische Weise vor den Übernahmespekulationen ausländischer Interessenten gewarnt wird, hingegen bei den anderen Modellen dieser Aspekt völlig unter den Teppich gekehrt wird. *"Eine unkontrollierte Beteiligung privater Unternehmen wird mehr oder weniger „erzwungen". Die Regierung kann auf diese Entwicklung nur reagieren, diese nicht aber aktiv steuern, um gesamtösterreichische Interessen zu wahren."*[452]

5.2. „Public-Private-Partnership"

De facto wird diese Kooperationsform schon im Siedlungswasserbau angewandt, wirkt aber nur punktuell. Die Fragestellung, was soll der Staat übernehmen, und was wird von privaten Anbietern durchgeführt, wird immer wieder aufs Neue bewertet und abgewogen. Die Ausgestaltung der „Public-Private-Partnership" – so genannter PPP-Modelle – kann einerseits in Form von Betriebsführungen erfolgen, d.h. die Kommune bleibt Eigentümer der Anlagen und vergibt die Führung der Betriebe an private Unternehmen, die an die Weisungen der Eigentümer gebunden sind. Die Erteilung einer Vollmacht, die vertraglich fixiert wird, hängt von dem Eigentümer selbst ab. Das Betreibermodell hingegen weist eine andere Eigentumsstruktur auf. Der Betreiber wird Eigentümer der kommunalen Anlagen und unterhält und erweitert sie selbstständig. Bei allen Kooperationsmodellen bleibt jedoch zunächst die kleinräumige Struktur erhalten. Das partnerschaftliche Modell greift nur regional, denn überregionale Einbindungen kommen meist nicht zum Tragen bzw. erst mit einer zeitlichen Verzögerung. So stellt die Studie fest: *"Das Entstehen von überregionalen Betreibergesellschaften (z.B. EVN / Nösiwag), die mehrere Anlagen einer Region gemeinsam betreiben und dadurch wirtschaftliche Vorteile lukrieren, ist nur mit sehr großer Verzögerung zu erwarten."*[453] Die Privatunternehmen bräuchten diese Partnerschaftsmodelle, um Erfahrungen zu sammeln und Referenzprojekte für zukünftige Aufträge am osteuropäischen

---

451 PriceWaterHouseCoopers (2001): Optimierung der österreichischen Siedlungswasserwirtschaft, S.45
452 Ebd., S.45
453 Ebd., S.48

Markt vorweisen zu können. Fazit der Bewertung von PriceWaterHouse-Coopers ist, dass diese Form des PPP-Modells zu wenig Veränderung bringt.

5.3. Szenario: „Liberalisierungsmodell"

Ein Versuch, Liberalisierungsschritte einzuleiten, wäre zum heutigen Stand der Dinge nur im Wasserversorgungssektor denkbar, doch aufgrund ihrer lokalen Gebundenheit sind sie nicht im Abwassersektor durchführbar. Eine Liberalisierung mit der Folge eines Wettbewerbs um den Endkunden, der sich als Endkunde seinen Versorger aussuchen kann, wäre wohl wünschenswert, scheitere aber derzeit an dem hohen Investitionsvolumen, das zur Durchführung aufgebracht werden müsste. Das Einspeisen von Wasser in verschiedene Netzbereiche und die Durchleitungspflicht würden ein komplexes Mess- und Verrechnungssystem voraussetzen. Positiv hervorgehoben wird in der Studie, dass ineffiziente und kleine Versorger vom Markt verschwänden oder nur mehr als Durchleiter fungierten. Das Aufbrechen der Strukturen zugunsten von Großunternehmen bedeute, dass sich die wettbewerbsgemäße Gewinnorientierung erhöht und die Chancen am internationalen Markt für die Unternehmen steigen würden. Trotz alledem wird unter den gesellschaftspolitischen und infrastrukturellen Gegebenheiten von einer völligen Liberalisierung abgesehen.

5.4. Szenario: „Regionalmodell"

Im Regionalmodell würde ein schrittweiser struktureller Umbau vorgenommen. Die kleinräumigen Kommunalstrukturen sollten in größeren Strukturen aufgehen. *„Aufgrund der föderalistischen Organisation der österreichischen Verwaltung kann dieses Ziel auch auf Landesebene erreicht werden, in dem den Ländern die Verantwortung für die Bildung von größeren Einheiten (Zusammenschlüssen von Wasserver- und Abwasserentsorgern) und die Hebung der daraus resultierenden Effizienzpotentiale übertragen wird."*[454] Unter größeren Einheiten versteht man die in der EU-Wasserrahmenrichtlinie vorgegebenen Teilflusseinzugsgebiete. Die Einsparungspotentiale werden von den Ländern definiert und evaluiert. Erreicht werden könne dieses Ziel nur durch Zusam-

---

454 Ebd., S.52

menschlüsse, die nach der Übergangszeit von etwa zwei bis drei Jahren vollzogen sein sollten. Entsprechen die regionalen Betreiber nicht den vorgeschriebenen Kriterien, *„wird für das betreffende Gebiet das verpflichtende Konzessionsmodell eingeführt."*[455]

5.5. Szenario: „Konzessionsmodell"

Die Konzessionen würden von Seiten des Bundes unter wettbewerbsmäßiger Vergabe und Einbindung der Länder vertraglich für einen bestimmten Zeitraum an ein privatwirtschaftliches Unternehmen übertragen. Konzessionswerber können Stadtwerke, Multi-Utility-Unternehmen, aber auch bestehende Wasser- und Abwasserverbände sein, vorausgesetzt, sie erfüllen das Anforderungsprofil und erbringen die Leistungen kostengünstiger. Die „österreichische Lösung" soll im Vordergrund stehen. Einziger Haken an der viel zitierten Österreichlösung sei, dass eine EU-weite Ausschreibung zu erfolgen hat. *„Um die österreichischen Interessen zu wahren, sollte es einen Startvorteil für österreichische Unternehmen bei der Konzessionsvergabe geben. Die Vergabe von Dienstleistungskonzessionen unterliegt nach derzeitiger Rechtslage nicht dem österreichischen und EU-Vergabe- wohl aber dem Diskriminierungsverbot. Es scheint daher möglich, zumindest für einen Übergangszeitraum die Konzessionen überwiegend an inländische Unternehmen zu vergeben (Details sh. Anhang 11; anzumerken ist, dass die Überprüfung im Sinne von Art. 86 Abs. 2 EG-Vertrag notwendig ist.).*"[456]

Artikel 86
(2) Für Unternehmen, die mit Dienstleistungen von allgemeinem wirtschaftlichen Interesse betraut sind oder den Charakter eines Finanzmonopols haben, gelten die Vorschriften dieses Vertrages, insbesondere die Wettbewerbsregeln, soweit die Anwendung dieser Vorschriften nicht die Erfüllung der ihnen übertragenen besonderen Aufgaben rechtlich oder tatsächlich verhindert. Die Entwicklung des Handelsverkehrs darf nicht in einem Ausmaß beeinträchtigt werden, das dem Interesse der Gemeinschaft zuwiderläuft.[457]

---

455 Ebd., S.53
456 Ebd., S.55
457 Art. 86 Abs. 2 EG-Vertrag

Die Szenarien sollen die zukünftige Ausrichtung entwerfen, um herauszufinden, welches der Modelle wann und wo besser greift. Mit diesen Vorschlägen wird der Privatisierung auf nationaler Ebene Tür und Tor geöffnet. Die Gemeinden werden gezwungen, Kooperationen einzugehen, die je nach Definition des Vertrages die Planung, Errichtung, Betreibung und/oder Finanzierung übernehmen. Die Gemeinden, die seit jeher mit den alltäglichen Aufgaben betraut wurden und zu tun hatten, werden auf diesem Weg die Wasserdienstleistungen an Großversorger übergeben müssen.

6. Die Tiroler Wasserwirtschaft heute

6.1 Die „gebündelte Tiroler Wasserkraft"

Auf die Initiative der Stadt Innsbruck, des Landes Tirols und eines Bankenkonsortiums hin wurde 1924 die Tiroler Wasserkraft AG (TIWAG) gegründet, um das Achensee-Speicherkraftwerk zu errichten. Lieferverträge mit Bayern führten zum Bau eigener Kraftwerke. Das landeseigene Unternehmen TIWAG betreibt selbst 9 große und 37 kleine Kraftwerke. Der TIWAG-Konzern ist eine Aktiengesellschaft, die zu 100% im Eigentum des Landes Tirols steht und zu den bedeutendsten Energieversorgern in Österreich zählt.

Insgesamt erzeugen die Tiroler Wasserkraftgruppen zu 60% elektrische Energie in Speicherkraftwerken als so genannten Spitzenstrom. Dieser Spitzenstrom wird über Liefer- und Abtauschverträge mit deutschen Elektrizitätsgesellschaften sowie mit der österreichischen Verbundgesellschaft ausgetauscht. Die TIWAG deckt zu ca. 83% den Tiroler Strombedarf im Jahresmittel ab, dabei werden 38% direkt in das Landesnetz eingespeist, wohingegen ca. 38% aus deutschen Kern- und Kohlekraftwerken bezogen werden und der Rest aus anderen Elektrizitätsversorgungsanlagen zugekauft wird. Zu den deutschen Vertragspartnern zählen unter anderem die global agierenden Wasserkonzerne E.on und RWE.

Die TIWAG agiert als Marktöffner auf Landesebene und geht strategische Partnerschaften ein. Das Regionalmodell oder die „Tiroler Lösung" nimmt den Umbau der kommunalen Wasserwirtschaft vorweg. Das landeseigene Unternehmen als übergeordnete Einheit soll nun die Aufgabe der Bildung von größeren Versorgungsgebieten vorantreiben. Die Kompetenzverschiebung nach oben, also auf Landesebene, hat strategisch durchaus Sinn und kann im Sinne der Price-Waterhouse-Studie als erster und wesentlicher Schritt zur Entkommunalisierung gewertet werden. Mit der Ausdünnung der staatlichen/kommunalen Wasserwirtschaft gleicht man sich schrittweise an die EU-Standards an. Die Infrastrukturnetze werden weiter ausgebaut, die Durchleitungsrechte von kleineren Versorgern gesichert. Die Vorbedingungen für eine Privatisierung werden schrittweise umgesetzt. Die Privatisierung öffentlicher Einrichtungen und Betriebe ist zum Hauptinstrument der Kommerzialisierung des Wassers geworden. Die Umstrukturierung in den entsprechenden Bereichen wird mit öffentlichen Geldern vorgenommen.

Claudia von Werlhof analysierte im Rahmen der Pressekonferenz zur Tagung: „WasserLos – Vom öffentlichen Gemeingut zur privaten Geldquelle?" in Innsbruck, dass die Privatisierung auch hierzulande bereits angefangen hat. *„Da wird samt öffentlicher Gelder eine Umstrukturierung der entsprechenden Bereiche vorgenommen, also z.B. eine Modernisierung oder eine Zusammenlegung von Inputs etwa im Wasserbereich, um hinterher das Ganze als Paket verkaufen zu können. Der Verkauf passiert nicht sofort, sondern erst, nachdem ganz bestimmte Zerstörungen bisheriger Strukturen und deren Umwandlung vorgenommen worden sind, und das Ganze dann überhaupt erst verkaufbar machen. Die ‚Tirol-Lösung', dass man Wasser hier erst einmal generell bearbeitet oder die Wasserversorgung modernisiert, weist nicht darauf hin, dass das Tiroler Wasser von der Privatisierung ausgenommen ist. Sondern das ist im Gegenteil nur die Vorstufe, jedenfalls was die Erfahrung im internationalen Raum angeht, dass überhaupt das Geschäft gemacht werden kann."*[458]

So titelte die Tiroler Tageszeitung, vom 16. Jänner 2004: „*Eberle denkt an Verkauf von Familiensilber*".[459] Durch die Steuerreform 2005 wird dem Land Tirol ein geschätztes 50 Millionen Euro Finanzloch hinterlassen. Durch die Senkung der Körperschafts-, Lohn- und Einkommenssteuer werden die Länder noch stärker vom Bund belastet. Zur Konsolidierung des Defizits, das sich nach Einschätzungen der Finanzexperten auf 77 Millionen Euro erhöhen wird, denkt der Tiroler Landesrat Eberle an den Verkauf von Landesvermögen. Dazu zählen die jeweils 100% im Land befindliche Hypo-Bank,

---

458 Werlhof, Claudia von: Wasser-Los. Vom öffentlichen Gemeingut zur privaten Geldquelle?, Pressekonferenz, 14.5.2003 Innsbruck
459 Tiroler Tageszeitung, 16.01.2004

die TIWAG und Wohnbauförderungen. "*Allein diese Brocken werden auf einen Wert von 4 bis 5 Mrd. Euro geschätzt.*"460

6.2 Die „Stromehe"

Im folgenden Beispiel soll gezeigt werden, wie das landeseigne Energieunternehmen TIWAG die Privatisierungsschritte einleitet. Dabei wird klar ersichtlich, dass die Tiroler Wasserkraft Aktiengesellschaft versucht, die kommunalen Strukturen aufzubrechen, um eine konzernartige Struktur aufzubauen.

Am 05.04.02 kam es in einer Sondersitzung der Stadt Innsbruck zur Beschlussfassung über den Verkauf von 25% + 1 Aktie der Innsbrucker Kommunalbetriebe AG (IKB) an die Tiroler Wasserkraft AG (TIWAG) samt Festlegung weiterer Transaktionen in den Folgejahren. Der Kaufpreis belief sich auf 134,4 Millionen Euro (1,85 Mrd. ATS). Mit diesem Verkauf der IKB an die TIWAG wurde ein irreversibler Weg eingeschlagen. Die Stadt Innsbruck hatte sich ein einseitiges Recht, in 8 bis 10 Jahren die ganze IKB AG an die TIWAG zu verkaufen, vorbehalten. Nimmt sie das Recht nicht wahr, müsste die Stadt Innsbruck auf 36,3 Millionen Euro verzichten.

Mit diesem Schritt wurde nicht nur der Gesamtverkauf beschlossen, sondern der Kommunalzweck aufgegeben, „..... *aber dies könnte der unvermeidlich zu zahlende Preis für die Erhaltung eines wettbewerbsfähigen öffentlichen Dienstleistungs- und Kommunalversorgungsunternehmen sein.*"461 Das war die Aussage der „Grünen" in Innsbruck, die auch für die Ausgliederung der Kommunalbetriebe votierten. Das seit der ersten Privatisierungswelle in Großbritannien bezeichnete TINA-Syndrom (There Is No Alternative) wird hier ersichtlich: „*Eine Alternative gibt es allerdings im Ernst nicht: Sie bestünde darin, auf Teufel komm raus bzw. ‚Stand alone' die kommunale Selbstbestimmung hochzuhalten, damit im Wettbewerb unterzugehen, und am Schluss ohne kommunales Unternehmen dazustehen, und nicht einmal einen Verkaufserlös für das jetzt noch florierende Unternehmen bekommen zu haben.*"462

Mit der Ausgliederung aus der kommunalen Verwaltung fallen auch das solidarische Prinzip und die Möglichkeit der Subventionierung im Quer-

---

460 Tiroler Tageszeitung, 16.01.2004
461 Schwarzl, Uschi & Fritz, Gerhard: Aber die Konsequenzen müssen klar auf den Tisch! Stellungnahme der Innsbrucker Grünen, http://www.innsbruck.gruene.at, Stand: 04.04.2002
462 Ebd., Stand: 04.04.2002

verbund[463] weg. Konnten nach dem kommunalen Umlageprinzip Überschüsse von einem nicht defizitären Bereich in einen defizitären Bereich verlagert werden, z.b.: Bäder oder Nahverkehr, so ist das nach der Ausgliederung nicht mehr möglich. Der Kommunalzweck wird dem Wettbewerbszweck geopfert. Mit der Umwandlung von einem öffentlich-rechtlichen Unternehmen in eine private Rechtsform wie eine Aktiengesellschaft oder eine Gesellschaft mit beschränkter Haftung (GmbH) müssen Gewinne geschrieben werden. Die Nachteile[464] entstehen dadurch, dass die öffentlichen Ausgaben der Haushaltskontrolle entzogen werden. Die parlamentarische Kontrolle wird erschwert, denn die Aufsichtsratsitzungen bleiben intern und sind öffentlich nicht zugänglich. Die Entscheidungen werden vom Vorstand, Geschäftsführer und Aufsichtsräten getroffen. Eine handvoll Personen entscheidet oligarchisch über öffentliche Belange. Die Rechnungsprüfung obliegt nun privaten Wirtschaftsprüfern, die zudem an den zu erstellenden Gutachten verdienen. Die Akteneinsicht wird verweigert mit dem Hinweis, dass dies laut Aktiengesetz nicht üblich ist. Die Entscheidungen werden hinter verschlossenen Türen getroffen, ohne öffentliche Diskussion und außerhalb der „Tagespolitik". Welche Inhalte auf den Geschäftsordnungen von den Aufsichtsräten beschlossen werden, bleiben unbekannt, denn es gibt – trotzdem dass die Einrichtungen zu 100% im Landeseigentum stehen – keine der Öffentlichkeit verpflichteten Kontrollinstanzen in den Aufsichtsgremien. Die Übertragung von Geldmitteln von einer Gesellschaft in eine andere kann ohne weiteres unter Ausschluss aller demokratischen Kräfte autonom getroffen werden. Kommunale Aktiengesellschaften können verbindliche Anteile an- und verkaufen, ohne öffentlich Rechenschaft abzugeben.

Die formale Privatisierung wird durch die Gründung von GmbHs und Aktiengesellschaften eingeleitet. Damit sind die Betriebe der unmittelbaren kommunalen Kontrolle entzogen. Die demokratischen Grundstrukturen sind außer Kraft gesetzt. Der Stadtsenat in Innsbruck hat in der Beteiligungsverwaltung nur mehr geringe Einflussmöglichkeiten, obwohl die Stadt auf dem Papier zu 75% Mehrheitseigentümer ist. Die IKB Vorstände berufen sich auf die einschlägigen Paragraphen des Aktiengesetzes und weigern sich, die gewünschten Informationen über die Abwasserkalkulationen an die städtische

---

463 Ein Querverbund ist eine Zusammenfassung mehrerer betrieblicher Organisationseinheiten wie Strom- und Wasserversorgung, etc. in einem Wirtschaftsunternehmen wie z. B. Stadtwerke.
464 Vgl. Rühel, Wilhelm: Nachteile der Überführung öffentlicher Aufgaben und Unternehmen (Eigenbetrieb) in eine private Rechtsform (insbesondere in GmbH) http://www.privatisierung.info/_223.html

Finanzabteilung weiterzuleiten. Die Stadt Innsbruck hat selbst die Installierung der Aktiengesellschaft zugelassen und damit die Möglichkeit der politischen Steuerung aus der Hand gegeben. Eine sozialverträgliche Gebührenpolitik ist damit nicht mehr gewährleistet. Alles wird den Interessen der Profitmaximierung unterworfen. So sind z.b. das Kanalnetz und auch die Kläranlage schon an so genannte US-Investoren „verleast".

6.3 Cross-Border-Leasing in Tirol

Nach den Zusammenschlüssen mit privatwirtschaftlichen Unternehmen folgt meist der internationale Verkauf oder „Cross-Border-Leasing" (CBL) von Anlagen. Aufgrund der unterschiedlichen Zurechnungsbestimmungen im amerikanischen und österreichischen Steuerrecht kommen US-Investoren, die im Ausland investieren, in den Genuss amerikanischer Steuervorteile. Die strukturelle Abwicklung der Geschäfte erfolgt unter Einbeziehung von bonitätsstarken in- und ausländischen Banken. Die Transaktion läuft über einen nach amerikanischem Recht errichteten Trust, der im „Headlease" die Anlagen vom Eigentümer anmietet, um sie umgehend an den Eigentümer wieder zurückzuleasen. Zur Abwicklung dieser steuertechnischen Spitzfindigkeiten müssen Anwaltskanzleien konsultiert werden, die 1000 bis 3000 Seiten umfangreichen Vertragswerke erstellen. Kaum ein Kommunalpolitiker ist in der Lage, das juristisch verfasste englische Vertragswerk zu lesen, geschweige denn zu verstehen. Meist wird ihnen eine „Zusammenfassung" von den Banken übermittelt, in denen einige Eckdaten vermerkt sind. Die Vertragswerke beschäftigen sich mit der oft sehr heiklen rechtlichen Situation. Eines ist aber bei jeder „lease-in/lease-out transaction" [465] von vorn herein klar, der Gerichtsstand ist New York, verhandelt wird nach amerikanischen Gesetzen, d.h., der Eigentümer ist der US-Investor.

Österreich befindet sich im Spitzenfeld der Transaktionsgeschäfte. *„"Austria is the hottest market in Cross Border Leasing' laut internationaler Fachpresse. Unbemerkt von der Öffentlichkeit wurden in Österreich seit 1995 bereits 10 Mrd. Euro Transaktionsvolumen umgesetzt. Dies vorwiegend in ausgegliederten, staatsnahen Betrieben, die Gemeingut verwalten."* [466] Das erste „Cross-Border-

---

465 Die Bezeichnung der „Lease-in/lease-out transaction" stammt aus dem Amerikanischen und meint Cross-Border-Leasing-Geschäft.
466 http://members.aon.at/lienz.gegenverkehr/attac/cross-border-salzburg.htm, Stand:11.6.2003

Leasing-Geschäft" in Tirol wurde 2000 von der TIWAG abgewickelt und seitdem wurden in Österreich verschiedene US Cross-Border-Verträge abgeschlossen. Darunter fallen sieben Transaktionen der Verbundgesellschaft; die Wiener U-Bahn, Züge und Straßenbahnen; ÖBB Verschiebebahnhöfe, rollendes Material und Signalanlagen; Gas- und Stromnetze; sogar die AUA Flugzeuge und digitalen Vermittlungsanlagen. Weitere Transaktionen sind in Planung und betreffen das österreichische Schienennetz und die netzwerkbezogenen Anlagen der Innsbrucker Kommunalbetriebe wie Strom-, Gas-, Kanal- und Kläranlagen.

Die Tiroler Wasserkraftwerke Aktiengesellschaft (TIWAG), das landeseigene Elektrizitätsunternehmen, hat inzwischen schon mehrere Kraftwerke an amerikanische Investoren verleast – auch hier unter Ausschluss der Öffentlichkeit sowie des Landtages. So hat der TIWAG-Konzern bereits acht Kraftwerke an US-Investoren verleast und zurückgemietet. Für die erste Transaktion der Kraftwerkgruppe Sellrain-Silz erhielt die TIWAG einen internationalen Finanzpreis[467] wegen der Komplexität des Leasinggeschäftes. Die Kraftwerksgruppe Sellrain-Silz wurde auf 75 Jahre verleast, d.h., dass das Hauptmietrecht auf diese Zeit ein US-Investor hat. Die TIWAG mietete im Gegenzug in einem Untermietvertrag das Kraftwerk für 33 bis 35 Jahre wieder zurück. Die TIWAG bleibt aber nur nach österreichischem Recht „zivilrechtlich Eigentümer" der Kraftwerksgruppe, nach dem amerikanischen Gesetzbuch ist der Investor der „wirtschaftliche Eigentümer", denn ansonsten könnte er seine Investitionen nicht steuerlich geltend machen. Aus der Differenz, die sich aus den Hauptmietzahlungen und den Untermietzahlungen ergibt, schöpften der US-Investor sowie die TIWAG nach Abschluss der Transaktion einen finanziellen Vorteil. Der Kapitalzufluss zur TIWAG wird als „Barwertvorteil" umschrieben. Im Fall Sellrain-Silz fließen in der gesamten Laufzeit ca. 105 Millionen Euro zurück. Vom Bilanzgewinn schüttet die TIWAG ihrem Hauptaktionär, dem Land Tirol, einen Dividende aus, die nach eigenen Angaben im Jahre 2001 3.636.690 Euro betrug. Der Netto-Barwertvorteil von rund 200 Millionen Euro, mit denen 2002 die TIWAG die 25-Prozent-Beteiligung an der IKB finanziert haben soll, ist abhängig vom US-Zinsniveau, von den Transaktionskosten, den Bankgarantien und der Restnutzungsdauer. Die aus der steuerlichen Behandlung des Eigenkapitals fließenden Gewinne werden zum Teil an die involvierten Partner weitergegeben. Der Aufwand

---

467 Die TIWAG gwann den „Global Power Deal of the Year Award" des Fachmagazins „Aset Finance International".

muss sich also für alle Beteiligten lohnen. Mit der Erstellung der komplexen Vertragswerke ist ein Beraterteam betraut, bestehend aus Arrangeuren, Anwälten auf Investoren und Eigentümerseite, Steuerberatern und Schätzgutachtern. Das Team ist für die erfolgreiche Abwicklung des CBL-Geschäftes zuständig, dessen Aufgabe es ist, mittels Machbarkeitsstudien die rechtlichen Rahmenbedingungen zu erheben, einen Katalog der wichtigsten Anforderungen zu erstellen und Ausschreibungen bzw. die Auswahl der Investoren und der Finanzdienstleister vorzubereiten.

Den wenigsten ist bekannt, dass inzwischen schon folgende Kraftwerke verleast worden sind: Sellrain-Silz, die Kraftwerke Achensee, Kirchbichl und Imst, die Osttiroler Kraftwerke Amlach, Kalserbach, Heinfels und Leibnitzbach. Das nächste Kraftwerk, das auf der Leasingliste steht, ist der Kaunertal Speicher. *„Außerdem bestehen lt. Bericht der Tiroler Landesregierung Überlegungen, unter anderem auch die Kraftwerke Kaunertal, Leibnitzbach, Brennerwerk, Langkampfen, Schmirnbach, Leiersbach, Urgbach und Sidan sowie das Verteilernetz der TIWAG zu ‚vercrossbordern'."*[468] In der Zwischenzeit werden aber auch andere Infrastrukturanlagen verleast, d.h. verkauft und wieder geleast, wie z.B. das Innsbrucker Kanalnetz und die Kläranlage, das Innsbrucker Stromnetz und seine Kraftwerke. Für diese Transaktionen bekamen die Innsbrucker Kommunalbetriebe 30 Millionen Euro. Weitere öffentliche Einrichtungen werden für die Leasinggeschäfte vorbereitet, darunter fallen das Niederspannungsnetz und das komplette Gasnetz. Die Erhaltungspflicht für die Anlagen bleibt über die gesamte Laufzeit des Vertrags beim vermeintlichen „Eigentümer", der einer laufenden Berichts- und Dokumentationspflicht unterliegt. Für den ausreichenden Versicherungsschutz muss ebenfalls der rapportpflichtige „Eigentümer" aufkommen, d.h. im Falle einer „Naturkatastrophe", eines Unfalls oder anderer unvorhersehbarer Ereignisse liegt die Haftung alleine beim Betreiber. Das heißt, dass das Betriebsrisiko erhöht wird, insofern als bei Nicht-Einhaltung der festgeschriebenen Verpflichtungen die Klausel der Vertragsverletzung in Kraft tritt.

Die Risiken, die bei einem Vertragsabschluss auftreten können, sind enorm. Darunter fällt das Risiko der steuerlichen Anerkennung der Transaktion, die meist der US-Leasinggeber trägt. *„Das Land Tirol als Eigentümer der TIWAG haftet für die Risiken derartiger Geschäfte – Stichwort Gerichtsstandort, Vertragsdauer bzw. Ausstiegsmodalitäten, Schadensersatzforderungen."*[469] Der

---

468 http://members.aon.at/lienz.gegenverkehr/attac/cross-border-salzburg.htm, Stand:11.6.2003
469 Ebd., Stand: 11.6.2003

Leasingnehmer, also in unserem Fall die TIWAG, übernimmt weit mehr Risken, z.B. die vorzeitige Vertragsbeendigung, die Kreditrisiken von Fremd- und Eigenkapitalabsicherung, das Währungsrisiko, die Einschränkung der betrieblichen Flexibilität und die Risiken, die aus Schadloshaltungspflichten entstehen. Bei etwaigen Schäden, die beim Betrieb des Kraftwerkes auftauchen, übernimmt die TIWAG die Haftung. Weiters müssen die Transaktionskosten, die Mehrkosten nach Vertragsschluss, die Zahlungspflichten bei Insolvenzverfahren, die Entschädigungspflicht für den Verlust des U.S. Steuervorteils und das Kostenrisiko bei einem Vertragsbruch mit einkalkuliert werden. Die Risiken werden von den politisch Verantwortlichen jedoch gleich Null eingeschätzt. *„Als ein ‚modernes Finanzmodell' wurde Cross-Border-Leasing im Büro von Landesfinanzreferent, LHStv. Ferdinand Eberle (ÖVP) bezeichnet. Es sei hinsichtlich der Risiken ‚intensiv' untersucht und für ‚gut' befunden worden."*470

Die Finanztransaktionen der TIWAG hängen von der Zustimmung des Aufsichtsrats ab. Der dreizehn Mitglieder zählende Aufsichtsrat setzt sich aus zehn Aufsichtsräten zusammen, die die drei Vorstandsmitglieder bestellen und die Geschäftsführung kontrollieren. Darunter finden sich auch Spitzenpolitiker, die im Aufsichtsrat und im Landtag anschließend diese ominösen Geschäfte vertreten. Die Tiroler Landespolitiker haben im Aufsichtsrat der TIWAG inzwischen schon acht Mal diesen Finanzspekulationen zugestimmt. Es wundert also kaum, dass die dafür verantwortlichen Politiker sich voll und ganz hinter diese fragwürdigen und von manchen als „halbillegal" bezeichneten Geschäftspraktiken der TIWAG stellen. Die politisch Verantwortlichen bagatellisieren die Gefahren und Risiken, die dabei entstehen. Sie versuchen tunlichst, diese Transaktionen nicht als tagespolitische Themen in die Öffentlichkeit zu bringen, auch die Opposition nicht.

Bis jetzt sind zu diesem Thema zwei Landtagsanfragen an die zuständigen Landtagsmitglieder von Seiten der Grünen gestellt worden. Die Landtagsabgeordnete Maria Scheiber hat betreffend der Cross-Border-Leasinggeschäfte der TIWAG (282/03) folgende schriftliche Anfrage am 04.08.2003 eingebracht. Die Anfrage und die Beantwortung werden zitiert, um die völlig unzureichende Information vom zuständigen Landeshauptmann-Stellvertreter Ferdinand Eberle über die bereits getätigten Cross-Border Geschäfte zu dokumentieren.

---

470 http://tirol.orf.at/oesterreich.orf, Stand: 16.02.2004

Landtagsbeantwortung von LHStv. F. Eberle auf die Anfrage von Maria Scheiber:

"Zunehmend werden europaweit auch im Bereich der Öffentlichen Hand ‚Sale-and-lease-back-Geschäfte', ‚Cross-border-Leasing' und ähnliche Finanzierungsmodelle angeboten und abgeschlossen, bei denen eine Anlage langfristig von einem US-Investor angemietet und an den Leasingnehmer wieder rückvermietet wird, um einen Teil der daraus entstehenden Steuervorteile in Form einer Einmalzahlung zu erhalten.

Auch in Tirol wurden bereits für die Kraftwerke Sellrain/Silz, Achensee, Imst, Kirchbichl, Amlach, Kalserbach, Heinfels und Leibnitzbach sowie für das Strom- und Kanalnetz der IKB derartige CBL-V abgeschlossen. Weitere Verträge sind laut TIWAG-Informationen in Vorbereitung. Allerdings mehren sich zunehmend Stimmen, die vor den Risiken eines derartigen „kreativen Finanzierungsmodells" eindringlich warnen. Eigentums- und Haftungsfragen, langfristige Zinsentwicklungen sowie Erhaltungsverpflichtungen könnten für das Land u. U. zu enormen Kosten führen.

Durch die „Doppelte Eigentümerschaft" bei den TIWAG-Anlagen ist es durchaus zu eigentumsrelevanten Veränderungen des Landeseigentums gekommen. Damit wäre der Landtag vor Vertragsabschluss zu befassen gewesen. Auf die von Ihnen bereits vor einiger Zeit in Aussicht gestellte genaue Information an den Landtag wartet dieser bis heute noch.

Daraus ergeben sich nachstehende Anfragen:
1. Für welche im Eigentum des Landes stehenden Vertragsgegenstände wurden bereits Vorerhebungen oder Verhandlungen zum Zweck des möglichen Abschlusses eines Cross-Border Leasingvertrages oder eines ähnlichen Vertrages geführt?
2. Welche im Eigentum des Landes stehenden Werte und Immobilien sind bereits Vertragsgegenstand eines Cross-Border-Leasingvertrages oder eines ähnlichen Vertrages?
3. Wer sind die Vertragspartner, mit Firmenbezeichnung und Firmensitz, gesondert nach den einzelnen Verträgen?
4. Welche Gerichtsstände wurden vereinbart, gesondert nach den einzelnen Verträgen?
5. In welcher Höhe wurden die Verträge abgeschlossen und mit welchem Barwertvorteil, gesondert nach den einzelnen Verträgen?

6. *Über welche Laufzeit und mit welchen Ausstiegsmodalitäten wurden diese abgeschlossen, gesondert nach den einzelnen Verträgen?*
7. *Welche Cross-Border Vertragstransaktionen sind geplant, detailliert mit voraussichtlichen Daten zu Vertragspartner, Vertragsgegenstand, Laufzeit, Höhe und Abschlusszeitraum?*
8. *Aufgrund welcher Rechtsgutachten wurden die bereits unterzeichneten Cross-Border Leasingverträge als juristisch unbedenklich und verantwortbar erachtet?*
9. *Welche Rechtsgutachten werden für geplante Transaktionen noch eingeholt?*
10. *Wie ist in den bereits vertraglich abgeschlossenen Fällen der Entscheidungsprozess innerhalb der TIWAG bzw. der vom Land Tirol als Eigentümervertreter entsandten Aufsichtsräte abgelaufen?*
11. *Warum wurde der Landtag bei den Entscheidungen über die Transaktionen nicht eingebunden, obwohl diese nach internationalem Recht zu eigentumsrelevanten Veränderungen führen?*

Hiezu beehre ich mich folgendes mitzuteilen:

Zu Fragen 1 und 2: Im Eigentum des Landes Tirol befinden sich die Aktien der TIWAG – Tiroler Wasserkraftwerk AG und keine Vertragsgegenstände.

Zu Fragen 3 bis 9: Auf Grund oben stehender Beantwortung zu Fragen 1 und 2 ist die Beantwortung der Fragen 3 bis 9 gegenstandslos.

Zu Frage 10: Der Abschluss sämtlicher Transaktionen erfolgte in Übereinstimmung mit den Bestimmungen des Aktienrechts und der Satzung der Tiroler Wasserkraft. Alle für den Abschluss einer derartigen Transaktion erforderlichen Zustimmungen durch die Organe der Tiroler Wasserkraft liegen vor.

Zu Frage 11: Nach den anzuwendenden aktienrechtlichen Bestimmungen und der Satzung der Tiroler Wasserkraft waren die abgeschlossenen Transaktionen von den Organen der Tiroler Wasserkraft zu genehmigen. Diese Zustimmungen wurden eingeholt."[471]

---

471 Tiroler Landtag, Parlamentarische Materialien, http://landtag.tirol.gv.at/Stand: 23.06.2003

Die berechtigte Frage, die sich jede/r BürgerIn stellen muss, ist außerdem: In welche Kanäle fließt das Geld, das mit der Verleasung der Kraftwerke und anderer infrastruktureller Einrichtungen gewonnen wurde? Die Intransparenz in der Abwicklung der Geschäfte unter Ausschluss der Öffentlichkeit weist darauf hin, was in vielen anderen Städten und Ländern – v.a auch in Deutschland – bekannt wurde, nämlich die Methode absichtlicher Verschleierungen. Für die Initiative gegen Cross-Border-Leasing wie z. b. die Osttiroler Gruppe „Gegenverkehr" ist es eine prinzipielle politische Frage, ob PolitikerInnen überhaupt befugt sind, mit Volksvermögen derart riskante Finanzspekulationen einzugehen. So wird die Öffentlichkeit nicht über diese Geschäfte informiert. Es ist nicht bekannt, wer die so genannten US-Investoren sind. Es wird nur immer von einer amerikanischen Versicherungsgesellschaft und einem regionalen Versorger gesprochen. Wer wirklich hinter diesen „Deals" steckt, ist unklar, oder er wird bewusst nicht genannt. Das Stillschweigen über die Investoren ist meist sogar vertraglich fixiert.

Die CBL haben nichts mit einer Entlastung des Kommunalhaushaltes zu tun, im Gegenteil. „*Schätzungen des US Finanzministeriums aus 1999 haben ergeben, dass die Cross-Border-Leasings mit europäischen Städten zu einem jährlichen Steuerverlust für die öffentlichen Haushalte von 10,2 Mrd. Dollar führen.*"[472] Die Verlierer in der so genannten win-win-Strategie sind die öffentlichen wie auch die privaten Haushalte. Die Einnahmen aus den CBL werden nicht an den Kunden weitergegeben. Derzeit wird geprüft, ob es sich hier nicht um einen rechtswidrigen Vorgang handle, der durch eine Gebührenklage eingefordert werden könnte.

Werner Rügemer, „Business Crime Control Köln", erklärte bei einer Podiumsdiskussion in Innsbruck, dass der Handlungsspielraum der Unternehmen für die gesamte Laufzeit des lease in/lease out Vertrages auf Eis gelegt ist, das käme einer „Investitionsblockade" gleich. In seinem Buch „Colognia Corrupta", dem Fall der CBL in Köln, stellte Rügemer fest, dass die politischen Vertreter selbst diese Geschäfte decken, ja sie befürworten. Der Zusammenhang mit Korruption wird immer wieder bei solchen „dubiosen" Geschäftspraktiken bekannt. Korruptionsskandale stehen bei diesen Umwandlungs- und Aneignungsprozessen auf der Tagesordnung, wie das Beispiel des Cross-Border-Leasings in Köln zeigt. Das Kanalnetz wurde an einen amerikanischen Investor verleast. Dieser Leasingdeal ist eine einzige Kriminal-

---

472 http://members.aon.at/lienz.gegenverkehr/attac/cross-border-salzburg.htm, Stand:11.6.2003

geschichte. Oft sind die Geschäftspraktiken schon korrupt. Die Korruption spielte immer mit hinein, wenn es darum geht, die politischen Kräfte zu überzeugen, dass hier alle die Gewinner sind. Diese Spekulationsgeschäfte sind insofern ein Betrug, als alle Beteiligten nur scheinbar gewinnen. Die so genannte win-win Strategie ist immer ein Versuch, den wahren Betrug zuzudecken, denn zunächst wird einmal der amerikanische Steuerzahler betrogen. Durch die Vertragsbeteiligung der Banken als Schuldübernahme- und Darlehens-Bank entstehen Steuerausfälle nicht nur in den USA, sondern auch in den Ländern, die ihr Gemeingut zum Verleasen freigeben, z. B. Österreich. Der kurzfristig scheinende Vorteil für die Stadt ist ein Steuernachteil für den Staat.

Weitere Konsequenzen könnten laut Experten auftreten, wenn die Steuerrechtsänderung in den USA durchgeführt wird. Genau eine solche Gesetzesänderung hat Senator Grassley am 18. November eingebracht mit der Begründung, dass das gesamte Geschäftmodell ausschließlich der systematischen Steuerhinterziehung diene, und das könne nicht im Sinne des amerikanischen Steuerzahlers sein. Die Lease-in/lease out Geschäfte seien unter anderem nichts anderes als Raub am Volksvermögen. Die im öffentlichen Auftrag stehenden Kommunalbetriebe wollen nun durch die Möglichkeit der Cross-Border-Leasing Transaktionen Liquiditätsgewinne erzielen. Die gesetzliche Grundlage für die Änderung des US-Einkommenssteuergesetzes schuf Senator Pickle-Dole im Jahre 1987 in den USA („Pickle Lease").

Weiters wurde in der Diskussion über Cross-Border-Leasing vom International Revenue Services (IRS) festgestellt, dass das reine Hin- und Zurückleasens keinen ersichtlichen volkswirtschaftlichen Zweck im Sinne von Wertschöpfung erkennen lasse. Die geplante Abschaffung der Steuervorteile in den USA dürfte nicht zu Lasten der Kommunen gehen. *In der Kommunalkredit Austria, Österreichs Spezialbank für die Finanzierung der öffentlichen Hand, rechnen die Experten mit einer rückwirkenden Änderung des Cross-Border-Gesetzes ab Jänner 2004. Dass in bestehende Verträge eingegriffen wird, hält Kommunalkredit-Chef Reinhard eher für unwahrscheinlich. Doch seit Anfang des Jahres können keine neuen Cross-Border-Verträge mehr abgeschlossen werden, da sich US-Investoren nicht auf ein solch waghalsiges Unterfangen einlassen wollen.*"[473] Es geht wohl nicht darum, in die bestehenden Verträge einzugreifen, sondern künftige Geschäfte auf Eis zu legen. Der Missbrauch der Steuermittel – „Abusive Tax Shelter" – wird damit unterbunden.

---

[473] http://300.wienerzeitung.at

Doch diese langfristigen Geschäfte, die nur auf eine kurzfristige Lücke in der amerikanischen Gesetzgebung zurückzuführen sind, entpuppen sich letztendlich als Kauf bzw. Verkauf. Die Belastungen am Eigentum der verleasten Objekte sind in Österreich im Grundbuch vermerkt: Dort werden den Investoren oft im Grundbuch die Vorkaufsrechte eingeräumt. Nach einer bestimmten Laufzeit – meist nach 35 Jahren – kann die Kommune das Objekt zurückkaufen oder aber dem Investor überlassen.

In der Bewertung über die „Steuergeschenke" aus den USA gibt es in den österreichischen Bundesländern unterschiedliche Auffassungen. In Kärnten, Salzburg und Vorarlberg wurden entweder Cross-Border-Leasing-Geschäfte verhindert, oder wie im Falle Kärntens, sogar verboten mit der Begründung, dass dies keine passende Geldbeschaffung für verschuldete Gemeinden sei. In Tirol ist die Meinung nicht so zögerlich: Cross-Border-Leasing sei ein „modernes Finanzmodell", das im Büro des Landesfinanzreferent Ferdinand Eberle „ausreichend geprüft" und für „gut" befunden wurde.

6.4 Die „Wasserschiene"

Die Privatisierung schafft nicht mehr Wettbewerb, sondern die öffentlichen Monopole werden durch private ersetzt, mit der paradoxen Folge, dass bei der Vergabe von Konzessions- oder Versorgungsaufträgen das Wirken des Marktes endet, anstatt diese zu begünstigen. Die marktbeherrschenden Wasserversorger diktieren allein Preis und Qualität. Im Zug der so genannten „Stromehe" zwischen den kommunalen Stadtbetrieben und der TIWAG plante man eine Wasser- und Abwassergesellschaft, kurz WAT genannt.

Die Dienstleistung Wasserversorgung hat sich im Zug der europäischen Marktöffnung in den letzten Jahren stark dem zahlungskräftigen Kunden zugewandt. Stand früher im Wesentlichen die flächendeckende und verbraucherorientierten Versorgungssicherheit an erster Stelle, so wird heute großes Augenmerk auf den nachfrageorientierten und zahlungskräftigen Kundenbereich gelegt. Die marktwirtschaftliche Hinwendung stellt eine große Herausforderung im Rationalisierungs- und Kostenbereich dar. Die Innsbrucker Kommunalbetriebe AG (IKB) bietet im Rahmen eines Dienstleistungspaketes auch Umlandgemeinden ihr „Know-how" an.

Mit der Planung der Unterinntal-Bahntrasse soll eine Wasserleitung errichtet werden, damit sich alle interessierten Gemeinden und Wasserverbände an der Wassergesellschaft beteiligen können. Die Wasserschiene Telfs-Kufstein habe nicht das Ziel, alle Betriebe im großen Landesenergieunternehmen Tiroler Wasserkraft zusammenzufassen, die Wasserschiene sei wegen der Notversorgung und Umweltzielen wie der Gewässerreinhaltung „notwendig".

Die Nordkette liefert weit mehr Wasser, als die Innsbrucker benötigen. 99% des Innsbrucker Trinkwassers sind reinstes Quellwasser. Es stammt vorwiegend aus den Mühlauer Quellen. Die IKB AG ist das größte Wasserversorgungsunternehmen in Tirol. Der Tätigkeitsbereich der IKB erstreckt sich über das Stadtgebiet hinaus. Zusammen mit der TIWAG sollen die IKB ihre Dienste den Umlandgemeinden zur Verfügung stellen. Der Betrieb oder die Wartung solcher kommunaler Anlagen könnten zukünftig ein neues Standbein für die neu gegründete Wasser Abwasser Gesellschaft sein.

„Erste Anzeichen dafür muss ich leider schon feststellen, denn ein großes, noch landeseigenes Unternehmen baut eine erste Wasserschiene im Unterinntal, unter dem Aspekt, dass ein großes Verkehrsbauvorhaben verwirklicht wird, und dass man andere Infrastrukturleitungen verlegen muss. Gleich dazu vorsorglich eine große Wasserachse zu beginnen, muss man natürlich auch kritisch hinterfragen. Ist das nicht schon der Beginn einer ersten Privatisierung, ist das nicht ein erster Schritt, diese Verfügbarkeit der Ressource aus der Hand zu geben?"[474]

Der Überfluss des Naturschatzes wird seitens der IKB nun vorausblickend gemanagt und für den Verkauf vorbereitet. Die Erarbeitung von Strategien für einen Wasserverkauf wird als Kernaufgabe der neuen Wasser Abwassergesellschaft angekündigt. Das neue Dienstleistungsmanagement der Innsbrucker Kommunalbetriebe sieht den Ausbau der Wasserschiene vor, einem Leitungsverbund, der die Gemeinden untereinander vernetzen soll. Sieben bereits gefasste Quellgebiete, die sich alle im Karwendelgebirge befinden, sind für dieses Leitungsnetz vorgesehen. Das Karwendelgebirge wird gemeinhin als „Badewanne" bezeichnet. Das riesige Wasserreservoir, das in den kalkhaltigen Gesteinschichten nördlich des Inntals liegt, ist eines der bedeutendsten Schon- und Schutzgebiete. Diese Quellhorizonte sollen nun angezapft werden und das Überwasser in einem Rohr mit 300/400l/sec ableiten. Eine Trinkwasserpipeline, die so genannte Wasserschiene – soll parallel zur Unterinntal-Bahntrasse gebaut werden, damit sich alle interessierten Gemeinden und Wasserverbände an der Wassergesellschaft beteiligen könne.

Begründet wird der Bau der Wasserschiene mit der Notwendigkeit einer krisensicheren Versorgung. Zwei Ereignisse Mitte der neunziger Jahre waren

---

[474] LH-Stv. Gschwentner, Hannes: WasserLos – vom öffentlichen Gemeingut zur privaten Geldquelle?, Pressekonferenz zur Tagung am 14.05.2003

ausschlaggebend für die Argumentation eines Leitungsverbundes. Einmal wurde die Wasserversorgung von zwei Gemeinden kurzzeitig durch einen Murenabgang unterbrochen, und das zweite Ereignis war eine plötzliche Grenzwertüberschreitung eines bestimmten Wasserinhaltsstoffes bei einer kommunalen Wasserversorgung. Die kurzfristige Krisenversorgung und die Abdeckung der Wasserverbrauchsspitzen sollen daher in einem Leitungsverbund von den Gemeinden betrieben werden.

Mit der Zunahme der Bevölkerung in den zentralen Räumen, dem vermehrten Wasserbedarf des Einzelnen und auch dem zunehmenden Wasserbedarf von Wirtschaft und Industrie einerseits und einer verantwortungsvollen Krisenvorsorge andererseits wird es ohnehin notwendig, im Anlagenbereich längerfristig Verbesserungen vorzunehmen. Die Gründung der gemeinsamen Tochtergesellschaft „Wasser Abwasser Tirol" (WAT) der TIWAG und der IKB erfolgte im November 2003, wobei die IKB zu 40% beteiligt ist und die TIWAG zu 60%, d.h. die TIWAG hält auch hier die Mehrheit der Anteile. Kurz nach der Fusionierung wurden schon die Pläne, eine Wasserpipeline vom Achensee nach Bayern zu schaffen, angedacht. An der Realisierung des Projektes wird gearbeitet.

Die Begründung dafür ist, dass die Tiroler Wasserbranche extrem klein strukturiert sei, und nur mit einer neuen Wassergesellschaft könne verhindert werden, dass große Wasserkonzerne auf unser Wasser zurückgreifen. Die Absicht ist durchschaubar: Man erzeugt Ängste, um die Bevölkerung auf Zustimmungskurs zu bringen. Immer wieder wird von Seiten der Landespolitik der Druck auf die Gemeinden erhöht, sich in diesen Leitungsverbund einzuklinken. Sollten die Gemeinden sich nicht anschließen, so das Argument der politischen Vertreter, wird die wasserhungrige Wirtschaft das Projekt selbst realisieren. Das Interesse der im Inntal angesiedelten Industriebetriebe ist dementsprechend groß, Wasser im Überfluss zu niedrigen Preisen und unabhängig von den Gemeinden anzuzapfen. Die Gemeinden hätten das Nachsehen, denn ihnen würde eine große Einnahmequelle abhanden kommen. Allen Drohungen zum Trotz ließen sich die Gemeinden bisher nicht ins Bockshorn jagen. Obwohl sich im Abwasserbereich die Gemeinden teilweise zu regionalen Verbänden zusammengeschlossen haben, trifft auf Gemeindeebene im Bereich Wasserversorgung das Regionalkonzept auf keine allgemeine Zustimmung. Jede Gemeinde nimmt seit alters her die Wasserversorgung als ihre ureigene Kernaufgabe wahr. Die Wasserversorgung ist und war ein „Hoheitsrecht" der Gemeinden, die ihre eigenen Quellen hoch halten und nicht das Wasser aus einem Leitungsnetz wollen. Die lokale Identität ist hier noch ein wesentliches Kriterium. Doch wie lange werden sich die Gemeinden dem Anschluss-Wunsch der landeseigenen WAT widersetzen?

Die so genannte „Tiroler Lösung" wird als einzige konkurrenzfähige Alternative gegen den Zugriff internationaler Wasserkonzerne gewertet. Bruno Wallnöfer, bis vor kurzem Vorstandsdirektor der IKB und nun im Vorstand der TIWAG, meinte: *„Hauptziel der ‚Wasser Abwasser Tirol' ist es, den drohenden Zugriff internationaler Konzerne auf die heimische Wasserwirtschaft zu verhindern."*[475] Um es klar zu sagen: Den Zugriff internationaler Konzerne auf Tiroler Wasser verhindert man gerade nicht durch Konzentrationsprozesse und Konzessionsmodelle, im Gegenteil, nur durch eine klare Absage an den Leitungsverbund und an das GATS.

---

475 Wallnöfer, Bruno: Leitungsrauschen, in: Echo. Tirols erste Nachrichtenillustrierte, 5. Jg., S.76

Der ästhetische Riss
© Cornelia Kaufmann

V. WasserLos

1. Wasser als Energiequelle: Das Ökostromgesetz

Die Kraft des Wassers zählt zu den gängigsten angeblich „regenerativen" Ressourcen. Die Bewirtschaftung der Wasserkraft gehört global gesehen zu den Energiesystemen mit dem höchsten Wirkungsgrad. Außer Zweifel steht, dass das Generieren von Energie aus der Wasserkraft im Vergleich zu fossilen Energieträgern ein sauberes Image pflegt. So werden in Schwellen- und Entwicklungsländern bereits 97% der Energie aus der Wasserkraft gezogen.

Die Megastaudämme, die mit Hilfe der Weltbank und des IWF finanziert wurden, stehen dafür Pate. Mittlerweile gibt es 1 Million Staudämme weltweit – zusätzlich kommen jährlich einige 10.000 dazu. Doch das Argument der „umweltfreundlichen" Wasserkraft ist mittlerweile umstritten. Welchen Einfluss hat die Forderung nach einer substanziellen Erhöhung von angeblich „erneuerbaren" Energien aus global- bzw. lokalökologischer Sicht?

Das ehrgeizige Ziel der EU ist es, bis ins Jahr 2010 zusätzlich 4000 Gigawattstunden aus erneuerbaren Ressourcen zu ziehen, vor allem aus der Wasserkraft. Die Reduktion des CO_2 Ausstoßes kann ohne die vielen schon bestehenden kleinen Wasserkraftwerke nicht bewerkstelligt werden, um das so genannte Kyoto-Protokoll, das 1997 von den reichen Industrieländern zur Reduktion der Emissionen der treibhausrelevanten Gase, allen voran des CO_2 Ausstoßes, vereinbart wurde, umzusetzen. Dies sollte ein erster Schritt sein, um die globale Erwärmung aufzuhalten. Beim Kyoto-Protokoll handelt es sich um ein internationales Abkommen, das die Unterzeichnerländer zu einer Senkung des CO_2 Ausstoßes verpflichtet. Doch dieses Abkommen kann erst in Kraft treten, wenn es von insgesamt 55 Ländern, die für mehr als die Hälfte der Emissionen von 1990 verantwortlich sind, ratifiziert wird. Die Ratifizierung dieses Protokolls sollte bis zum Weltgipfel zur nachhaltigen Entwicklung im September 2002 in Johannesburg in Südafrika erfolgen.

Die Teilnehmer in Johannesburg formulierten in ihrer Schlusserklärung den Kompromiss, den Anteil an erneuerbaren Energien „vordringlich substanziell zu erhöhen". Genauere Angaben wurden diesbezüglich nicht festgeschrieben. Die Europäische Kommission gibt im Bereich „Erneuerbare Energien" ein ambitioniertes Programm zur Forcierung des Marktes für regenerative Energiequellen vor. Bis 2010 soll die derzeitige Nutzung der „erneuerbaren" Energien auf das Doppelte angehoben werden.

Zur Finanzierung des erforderlichen Ausbaus werden seitens der Kommission eine Beteiligung von 75 bis 80% aus privaten Quellen veranschlagt, und die Restfinanzierung über Mittel der EU und Mitgliedsstaaten gedeckt. Die Zuschüsse belaufen sich auf rund 7 Milliarden Euro. Die „Campaign for Take Off" (CTO) soll nicht nur im EU-Raum greifen, sondern eine langfristige win-win-Strategie darstellen. Primäres Ziel ist die Schaffung und Öffnung neuer Märkte für die Konzernwirtschaft.

Aktives Interesse kündigte die österreichische Wirtschaftskammer in Zusammenarbeit mit dem Umweltministerium an, die innovativen Potentiale der erneuerbaren Energien zu bündeln, um die Marktchancen optimal für Österreich nutzen zu können. Mit der Selbstverpflichtung Österreichs, die Nutzung der erneuerbaren Energien von 6% auf 9% des gesamten Energieverbrauchs zu heben, nimmt Österreich eine Vorreiterrolle innerhalb der EU ein. Damit ergeben sich neue internationale Wachstumsmärkte für österreichische Unternehmen im Bereich Energie- und Umwelttechnik.

Die uneingeschränkte Ausbeutung der „erneuerbaren" Energieträger findet ihren Niederschlag im kürzlich in Kraft getretenen Ökostromgesetz, und dies, obwohl der Einsatz erneuerbarer Energien aktuell in Österreich bereits bei 70% liegt. Gemäß der ‚RES-Richtlinie' soll in Österreich der Anteil der Erneuerbaren von 70% (Basis 1997) bis 2010 auf 78,1% angehoben werden. Absolut betrachtet bedeutet diese Anhebung einen Zubau von Kraftwerken auf Basis erneuerbarer Energie von mindestens 5.000 GWh/Jahr.

Werden ökologisch verträgliche alternative Konzepte und Projekte wie Solarenergie, dezentrale Biomasse oder Windenergie dadurch tatsächlich gefördert? Wird die Umsetzung der prozentualen Erhöhung der Einspeisequoten und -zuschläge des Ökostromgesetzes eine anhaltend „nachhaltige" Veränderung in der Energielandschaft Österreichs herbeiführen? Werden Effizienzsteigerungen und Energiesparen zur Deckung des derzeitigen Energiebedarfs mit vertretbarem Aufwand betrieben? Skepsis bei der Umsetzung auf lokaler Ebene erscheint angebracht. Wenn auch die Auswirkungen dieser Gesetzgebung auf die lokalen Gegebenheiten noch nicht absehbar sind, zeichnet sich doch ein Trend im Vorfeld ab.

2. Ökologische Auswirkungen der Wasserkraftnutzung

Wasser ist nicht nur Lebensmittel, sondern auch Energiespender. Bei der Tagung „WasserLos – Vom öffentlichen Gemeingut zur privaten Geldquelle?" fügte der Tiroler Landeshauptmann-Stellvertreter und damals zuständiger Landesumweltreferent, Hannes Gschwentner, noch zwei Gedanken, zu den mit dem Wortspiel „WasserLos" in vielfacher Weise angesprochenen Problematiken hinzu. In Sachen Wasser dürfe man nicht „konzeptlos", noch „Wild-drauf-los-gehen". Aus diesem Grund veranlasste er die Ausarbeitung eines Gewässerschutzkonzeptes, das vorbeugend die Ressource Wasser in Tirol schützen soll. *„Hier geht es im Wesentlichen darum, die kommerziellen Interessen an der Nutzung des Wassers sehr gut zu überlegen, und die Auswirkungen, die aus ökologischer Sicht eintreten, zu überprüfen. Sie wissen, es gibt in Österreich ein Ökostromgesetz, das ermöglichen würde und ermöglicht, dass Wasserkraftwerke in Zukunft besser finanziert werden können. Damit beginnt ein „run" auf Energienutzung, auf Wassernutzung, was an und für sich aus dem Umweltrecht heraus nichts Schlechtes ist, aber aus ökologischer Betrachtung doch sehr problematisch sein kann."*[476]

Schon jetzt ist absehbar, dass eine weitere Freigabe und Erschließung der letzten unverbauten Bäche und Flüsse zur Stromerzeugung seitens der Energiewirtschaft gefordert wird. Aufgrund der topografischen Gegebenheiten werden alternative Energieträger wie Biomasse und Windenergie vernachlässigt, und es wird vorwiegend die Nutzung der Wasserkraft zur „nachhaltigen" Energieversorgung propagiert. Die Forderungen nach einer Verpflichtung zur Verbesserung der beeinträchtigen Gewässer steht im Widerspruch zur Richtlinie 2001/77/EG vom 27. September 2001, in der der Förderung der Wasserkraft ein hoher Stellenwert eingeräumt wird.

Die „Stromlandschaft" hat sich nach der Liberalisierung verändert und öffnet der TIWAG neue Geschäftsfelder im Strommarkt. Der Stromhandel mit den in- und ausländischen Unternehmen soll zukünftig in einer erweiterten Stromallianz mit den Energiegesellschaften in Südtirol ausgebaut werden. Mit der neu gegründeten Energiegesellschaft SEL AG werden die Wasserkräfte südlich und nördlich des Alpenhauptkammes gebündelt mit der Absicht, am

---

[476] LH-Stv. Hannes Gschwentner (2003): WasserLos. Vom öffentlichen Gemeingut zur privaten Geldquelle?, Pressekonferenz zur Tagung, am 14.05.2003

internationalen Strommarkt mitzumischen. Die Kapitalzuführung soll die Wettbewerbsfähigkeit der TIWAG im deregulierten Strommarkt erheblich stärken und ihr den Gang auf die internationalen Kapitalmärkte erleichtern.

Die Tiroler Wasserkraft will im Jahr 2004 über 77 Millionen Euro in den Bau neuer Wasserkraftwerke investieren „*Vor dem Hintergrund des zuletzt kräftig gestiegenen Strombedarfs und der großräumigen Netzzusammenbrüche in Teilen Europas und Nordamerikas im letzten Sommer plant die TIWAG-Tiroler Wasserkraft AG im kommenden Jahr ein umfangreiches Investitionsprogramm, um die Eigenständigkeit der Tiroler Elektrizitätsversorgung weiter zu stärken. Dieses Programm umfasst ein Volumen von 77,3 Mio. Euro und wurde heute vom Aufsichtsrat der Landesenergiegesellschaft genehmigt.*"[477]

Die Investitionsvorhaben liegen vor allem beim Aus- und Neubau von Wasserkraftwerken sowie der Planung von Hochspannungsleitungen durch den Brennerbasistunnel, dem Ausbau des Ergas- und Telekommunikationsnetzes. „*Auf Grundlage des geltenden Ökostromgesetzes, das eine Ausweitung der österreichischen Stromerzeugung auf Basis erneuerbarer Energieträger bis zum Jahr 2010 von derzeit knapp 70% auf über 78% vorgibt, ist der Bau mehrerer Kleinwasserkraftwerke in den im Bezirken Lienz und Landeck geplant.*"[478]

In Österreich und speziell in Tirol stellt die Wasserkraftnutzung nach wie vor die klassische Form der Stromerzeugung dar. „*Wie sehr Tirols Bäche von Kleinkraftwerken beeinflusst werden, zeigt u.a. eine Studie des ÖWWV (1992). Darin wird aufgezeigt, dass in Tirol die gewonnene Energie aus Kleinkraftwerken an fast 280 Bächen zusammengerechnet nicht einmal 4/5 an Energie des Speicherkraftwerkes Zemm-Ziller liefern, welches selbst mit Wasser aus 18 Bächen gespeist wird. Insgesamt bestehen in Tirol derzeit über 790 Wasserkraftwerke (davon über 760 Kleinwasserkraftwerke).*"[479]

Allein in Tirol werden über 670 Fliessgewässer energiewirtschaftlich genutzt. 22 Bäche im Einzugsgebiet von Inn und Lech sind – von den 188 im Tiroler Fliessgewässeratlas untersuchten Hauptgewässern Tirols – der energiewirtschaftlich ungenutzte Rest. „*22 Bäche sind also bei derzeitigem Stand und im Rahmen der untersuchten Hauptgewässer Tirols noch frei von jeder energiewirt-*

---

477 http://www.tiroler-wasserkraft.at/service/presse_service/pressemitteilungen/00725/index.php, Stand: 18.12.2003
478 http://www.tiroler-wasserkraft.at/service/presse_service/pressemitteilungen/00725/index.php, Stand: 18.12.2003
479 Kostenzer, Johannes (2003): Erfahrungen und Perspektiven bei der Wasserkraftnutzung in Tirol aus naturkundlicher Sicht, in: Amt der Tiroler Landesregierung, Abteilung Umweltschutz (Hrsg.): Ökologie und Wasserkraftnutzung, Natur in Tirol, Band 12, S.162

schaftlichen Nutzung. Das heißt nicht, dass diese Bäche besonders naturnah sind, denn sehr wohl können sie massive Sicherungsbauten, Abtreppungen oder andere Hochwasserschutzbauten aufweisen."[480]

Auch in den abgelegenen, wasserreichen Alpentälern stellt die Wasserentnahme zur Energiegewinnung einen massiven Eingriff in die Funktionsfähigkeit der Fliessgewässer und deren aquatischen wie terrestrischen Artenbestand und Lebensraum dar. Die Entnahme von Wasser und eine Pflichtwasserdotation werden höchst kontrovers hinsichtlich der Wasserrahmenrichtlinie diskutiert. Neben der Landwirtschaft konnten v.a. die Umweltauswirkungen der Wasserkraftnutzung als eine Hauptursache der ökologischen Wasserkrise ausgemacht werden. Die Wasserentnahme für die Energiegewinnung zählt zu den signifikantesten anthropogenen Belastungen von Flusslandschaften. Der gesamte Naturhaushalt – sowohl aquatische wie terrestrische Lebensräume – sind davon betroffen. Die Veränderung der Gewässerdynamik, des Grundwasserhaushaltes und des Fließkontinuums wirken sich auf die Lebensräume von Menschen, Pflanzen und Tieren aus.

Diese Auswirkungen können durchaus tief greifend sein. Die Schwankungen im Wasserabfluss durch Entnahme und Schwall wirken sich sowohl unmittelbar wie mittelbar auf die verzahnten Wasser- und Uferlebensräume und den Naturhaushalt aus. Zu den Auswirkungen, die sich durch die Wasserentnahme an Gebirgsbächen aufgrund des fehlenden Wassers ergeben, zählt Kostenzer auf:

- *Die verringerte Breite der benetzten Fläche,*
- *die verringerte Verzahnung der Gewässerdynamik mit dem umliegenden Gelände,*
- *die starke Vergleichmäßigung der Gewässerdynamik (über einen großen Teil des Abflußjahres) mit all ihren Folgen,*
- *der Zersträubungseffekt vom Weißwasser und die Abgabe des Bachwassers an den näheren Luftraum (bestimmen wesentlich die aktuelle Vegetation in den Schluchtabschnitten bzw. Steilabschnitten),*
- *den Schwall und Sunk (Spülsaum zwischen Schwall und Sunk durch Entsanderspülung als Lebensraum nicht mehr bewohnbar = Entwertung)*"[481], d.h.: die Fauna und Flora sind beeinträchtigt.

---

480 Ebd., S.163
481 Kostenzer, Johannes (2003): Erfahrungen und Perspektiven bei der Wasserkraftnutzung in Tirol aus naturkundlicher Sicht, in: Amt der Tiroler Landesregierung, Abteilung Umweltschutz (Hrsg.): Ökologie und Wasserkraftnutzung, Natur in Tirol, Band 12, S.159

Die Entnahme und Speicherung von Wasser hat weiters zur Folge, dass Fliessgewässer als Erlebnisräume und landschaftsprägende Elemente verloren gehen. Neben den limnologischen und naturkundlichen Veränderungen sind vor allem auch die Auswirkungen der Wasserentnahme auf das jeweilige Landschaftsbild und den Erholungsraum mit einzubeziehen. *„Die Wildheit der fließenden Welle im Zusammenhang mit der Naturnähe und Ursprünglichkeit des Bachlaufes und der Ufer spricht alle Sinne an."*[482] Das Zusammenspiel der sinnlichen Erfahrung an Fließgewässern wird massiv durch die Anlagen verunstaltet. Nicht nur die optische Beeinträchtigung spielt dabei eine Rolle, sondern auch *„das unmittelbare Erleben des Menschen hinsichtlich der mikroklimatischen Änderungen und spürbaren Kühle an den Gebirgsbächen (taktile Wahrnehmung). Weiters ergibt sich als olfaktorischer Reiz die Frische der Luft in unmittelbarer Bachnähe sowie der Geruch der feuchtigkeitsliebenden Vegetation im Bachbereich."*[483]

Eine weitere Freigabe und Erschließung der letzten unverbauten Bäche und Flüsse Tirols zur Stromerzeugung hätte unter anderem eine Aufweichung des Gewässerschutzes zur Folge. *„Alpine Fließgewässer sind repräsentative Lebensräume für Tirol und sollten daher eine hohe Schutzwürdigkeit genießen."*[484] Die Nichtnutzung der letzten naturnahen und energiewirtschaftlich nicht genutzten Bäche muss oberste Priorität erlangen, um den Gewässerschutz für die nächsten Generationen sicherzustellen. *„Unsere Bäche sind mehr als nur Wirtschaftsgut, sie sind Orte des Lebens und Erlebens."*[485]

Die globalen und ökonomischen Festschreibungen von Standards in der Nutzung von „erneuerbaren Energiequellen" stehen oft im Widerspruch mit lokalen und ökologischen Interessen. Bei der Abwägung zwischen den verschiedenen Interessen muss auf lokale Belange Bedacht genommen und diesen Vorrang eingeräumt werden.

---

482 Ebd., S.162
483 Ebd., S.161
484 Lentner, Reinhard (2003): Naturschutz und Wasserkraftnutzung – Spannungsfeld und Lösungsansätze, in: Amt der Tiroler Landesregierung, Abteilung Umweltschutz (Hrsg.): Ökologie und Wasserkraftnutzung, Natur in Tirol, Band 12, S.40
485 Kinospot der Abteilung Umweltschutz

Exkurs: Wasserhaushalt – Ist Wasser erneuerbar?

Mit dem Begriff erneuerbar wird suggeriert, dass die elementaren Energiequellen aus menschlicher Sicht erneuert werden könnten. Das deutsche Wort erneuern meint neu machen, renovieren, wiederholen und auswechseln. Das Synonym für Erneuerung ist der Begriff der Regeneration. Die Regenerierung leitet sich aus dem lateinischen Wort „regeneratio" (re- zurück, wieder und generatio erzeugen) ab, was soviel bedeutet wie „vom Neuem hervorbringen", Erneuerung, Wiederauffrischung, Wiederherstellung und Wiedererzeugen.

In der Natur mangelt es wohl nicht an Wasser. Von Haus aus gibt es genügend Wasserreserven. *„Seit der Entstehung unseres Planeten ist die Wassermenge gleich geblieben; ja es handelt sich mehr oder weniger um dasselbe Wasser, das zirkuliert."*[486] Die Wassermenge bleibt an sich immer konstant. Doch um über einen bestimmten Zeitraum die Konstanz der Wassermassen zu gewährleisten, müssen Wasserabfluss und Wasserzufluss in der Erneuerungsperiode und in einem bestimmten Gebiet gleich groß sein. Wird der Wasserkreislauf gestört oder unterbrochen, kann sich das verheerend auswirken. *„Wir wiegen uns gern in dem Glauben, der Vorrat an Süßwasser auf unserem Planeten sei unendlich, und viele von uns gehen damit um, als könnte es nie knapp werden – ein tragischer Fehlschluss. Die verfügbare Menge an Süßwasser beläuft sich auf weniger als ein halbes Prozent sämtlichen Wassers auf Erden. Der Rest besteht aus dem Salzwasser sowie dem im Polareis gebundenen und im Boden gelagerten Wasser, das für uns unerreichbar scheint."*[487]

Die globale Gesamtmenge an Wasser beträgt 1,4 Milliarden Kubikkilometer, davon wiederum zirkulieren nur elf Millionen Kubikkilometer – das sind 0,77% der Gesamtmenge im Wasserkreislauf. Süßwasser ist jedoch nur durch Regen und Schnee erneuerbar. *„Somit kann die Menschheit letztlich nur auf die jährlich anfallenden 34.000 Kubikkilometer Regenwasser zählen, die über die Flüsse und das Grundwasser in die Ozeane zurückkehren."*[488]

Das Grundwasser ist unser größter Bodenschatz. *"Die Süßwasserreserven speichern sich im Boden, entweder direkt unter der Erdoberfläche oder in noch tieferen Schichten. Die Menge dieses Grundwassers ist 60-mal größer als diejenige des Wassers auf der Erdoberfläche."*[489] Die lange Sickerungs- und Verweildauer

---

486 Barlow, Maude & Clarke, Tony (2003): Blaues Gold. Das globale Geschäft mit dem Wasser, S.19
487 Ebd., S.19
488 Ebd., S.20
489 Ebd., S.20

der Niederschlagswässer macht die hohe Qualität des Trinkwassers aus. Hinsichtlich der Sickerwege unterscheidet sich das Wasser der Quellen nicht vom reinen Grundwasser. Das Grundwasser fließt in den unterirdischen Schichten, Hohlräumen und Spalten der Erde und wirkt zudem als Puffer gegen Erdbeben. Die Wasservorräte fließen zwischen den Speicherräumen, die mit der hydrologischen Zirkulation gekoppelt sind. *„Alle 3100 Jahre wandert eine Wassermenge, die der Gesamtmasse der Ozeane entspricht, durch die Atmosphäre; sie gelangt dorthin, indem sie verdampft, und in Form von Niederschlägen wird sie wieder aus ihr entfernt. Doch zu jeder Zeit befindet sich nur ein Tausendstel Prozent des irdischen Wassers in der Lufthülle, was gerade eben drei Zentimeter Regen ergäbe, wenn er gleichmäßig über der ganzen Erde fallen würde."*[490] Diese Umwälzung des Wassers nennt man hydrologischen Kreislauf, der das Wasser durch die Bäche, Flüsse und Ozeane, durch die Atmosphäre, die Eisschilde, lebende Organismen und in die Tiefen der Erde befördert.

„Regenfälle sind ein entscheidender Bestandteil des hydrologischen Kreislaufs, den das Wasser auf seinem Weg von der Atmosphäre zur Erde und zurück durchläuft; er findet zwischen einer Höhe von 15 Kilometer über der Erde und einer Tiefe von fünf Kilometer im Boden statt. Wasser aus den Ozeanen und den Gewässern der Landmasse verdunsten, steigen auf und bilden eine Schutzschicht rund um den Planeten."[491] Dieser Schutzschild bildet die Atmosphäre, in der sich gesättigter Wasserdampf zu Wolken formt. Regen entsteht, wenn sich die Wolken abkühlen. Das Regenwasser wiederum dringt nur zu einem kleinen Teil in den Boden ein und sickert langsam durch die wasserdurchlässigen Aquifer.[492] Dieses unterirdische Wasser kehrt durch Risse in den wasserführenden Schichten, an Bergflanken oder am Talhang in Form einer Quelle wieder. Zutage getreten können die Oberflächengewässer, also die Bäche, Flüsse und das Meerwasser erneut verdunsten, in die Atmosphäre aufsteigen und so den Zyklus weiter fortsetzen. *„Etwa zwei Drittel des Regenwassers kehren durch Verdunstung und Transpiration direkt in die Atmosphäre zurück; der größte Teil dessen, was übrig bleibt, ist abfließendes Oberflächenwasser, das Flüsse und Ströme speist."*[493]

Die intensive Nutzung von Wasservorräten mit langen Erneuerungszyklen stellt einen spürbaren Eingriff in den natürlichen Kreislauf dar, weil diese

---

490 Ball, Philip (2002): H2O. Biographie des Wassers, S.40
491 Barlow, Maude & Clarke, Tony (2003): Blaues Gold. Das globale Geschäft mit dem Wasser, S.20
492 Aquifer sind die wasserführenden Schichten des Grundwassers.
493 Ball, Philip (2002): H2O. Biographie des Wassers, S.61

Reserven, ähnlich wie Kohle, Öl und Gas, nicht erneuerbar sind. Der Naturhaushalt bleibt auf lange Sicht nur dann im Gleichgewicht, wenn der laufende Verbrauch überwiegend aus dem sich ständig erneuerbaren Teil des Erdwasserzyklus gedeckt werden kann.

Die vorhandenen Vorräte an sauberem Süßwasser gehen weltweit zurück. Warum? „*Die Abholzung von Wäldern, die Zerstörung von Feuchtgebieten, die Einleitung von Pestiziden und Kunstdünger in Gewässer und die globale Erwärmung – dies alles wirkt sich auf die empfindlichen Wassersysteme der Erde verheerend aus.*"[494] Die Zerstörung der natürlichen Wasserlandschaften führt nicht nur zu einer Versorgungskrise für Mensch und Tier, sondern vermindert auch dramatisch die tatsächliche Menge des auf der Erde verfügbaren Süßwassers. Der hydrologische Kreislauf eines Wassertropfens, der auf einen versiegelten Boden fällt, kann nicht stattfinden, daher nicht vom Boden absorbiert werden kann und unverzüglich Richtung Meer fließt. „*Nimmt die Wassermenge, die von der Erdoberfläche in den Boden versickert, ab, so spricht man von einem Nachlassen des Kapillareffektes, der unter anderem durch zu dichte Bebauung entsteht. Trifft der Regen auf versiegelten Boden und Gebäude statt auf naturbelassene Flächen, kann er nicht vom Erdreich absorbiert werden und lässt stattdessen Flüsse und Meere anschwellen. So verwandelt sich kostbares Süßwasser in Salzwasser.*"[495]

Mit Hilfe der Kapillarwirkung wird das Wasser durch die Poren der Erde nach oben gesaugt. Sind diese Poren verstopft, kann das Wasser nicht an die Oberfläche gelangen und in umgekehrter Richtung nicht in den Boden eindringen. Durch die Zerstörung der Wasser speichernden Landschaften wie z. B. Auenlandschaften, Feuchtgebiete und die weltweit fortschreitende Urbanisierung und demzufolge einer zunehmenden Bodenversiegelung schmälern sich die Süßwasserreserven. „*Das heißt, dass den Kontinenten jährlich 1.800 Milliarden Kubikmeter Süßwasser verloren gehen, wodurch der Meeresspiegel jährlich um fünf Millimeter steigt. Hält der Trend an, werden im Lauf der nächsten 100 Jahre der Landmasse rund 180 Billionen Kubikmeter Süßwasser verloren gehen, was annähernd der Gesamtmenge des hydrologischen Kreislaufes entspricht.*"[496]

Darüber hinaus beeinträchtigen Schmutzpartikel den hydrologischen Kreislauf, weitere Ursachen sind das Aufstauen und Umleiten von Gewässern

---

[494] Barlow, Maude & Clarke, Tony (2003): Blaues Gold. Das globale Geschäft mit dem Wasser, S.23
[495] Ebd., S.26
[496] Ebd., S.27

und die massive Entnahme von Grundwasser, ein Phänomen, das erst im 20. Jahrhundert durch die Verbreitung der Elektrizität und kostengünstiger Pumpanlagen möglich wurde. „*Die Grundwasserentnahme raubt der Erde nach und nach die Fähigkeit, Wasser zu speichern.*"[497] Erst, wenn die Quellen versiegen, die Erschöpfung der Wasserreserven durch das dramatisches Absinken des Grundwasserspiegels und sinkende Pegelstände der Flüsse und Teiche ersichtlich wird, werden wir das Problem in seiner ganzen Dimension begreifen.

Die so genannten „heißen Flecken" – also Orte an denen Wasser verschwunden ist – werden rasant zunehmen. „*In naher Zukunft wird das „Austrocknen" des Planeten dazu führen, dass sich Dürren mehren, die globale Erwärmung und damit extreme Wetterlagen enorm zunehmen, der Schutzschild der Atmosphäre schwächer wird und die Sonneneinstrahlung steigt, die Artenvielfalt schwindet, die Polarkappen abschmelzen, riesige Landflächen überflutet werden, die Ausbreitung von Wüsten voranschreitet und schließlich – in Michal Kravciks Worten – der „globale Kollaps" eintritt.*"[498]

Der exponentielle Anstieg des Wasserverbrauchs lässt die Reserven an der Oberfläche schrumpfen und die Grundwasserspeicher gehen schneller zur Neige, als durch Niederschlag wieder zufließt. Der Begriff der „exponentiellen Umweltzerstörung" bedeutet, dass die Schädigung der Umwelt sich nicht linear, d.h. schrittweise vollzieht, sondern dass sich die Zerstörung potenziert und beschleunigt. „*Bei einem exponentiellen Verlauf jedoch setzt die kumulative Wirkung sämtlicher Ursachen schlagartig und oft ohne Vorwarnung ein.*"[499] Doch eines muss uns klar sein: „*Die Katastrophe „geschieht" nicht einfach nur so. Sie ist unter anderem das Ergebnis der massiven Eingriffe des Menschen in die Süßwassersysteme der Erde, Eingriffe, wie sie Tag für Tag unvermindert stattfinden.*"[500], ja enorm zunehmen sollen! Barlow und Clarke resümieren: „*Ökonomisch gesprochen, leben wir nicht von unserem Süßwasser-Einkommen, son-dern wir zehren auf unwiederbringliche Weise unser Süßwasser-Kapital auf. Und irgendwann in naher Zukunft werden wir vor dem Süßwasser-Bankrott stehen.*"[501] Anders gefragt: Werden wir wasserlos?

---

497 Ebd., S.30
498 Ebd., S.27
499 Ebd., S.45
500 Ebd., S.45
501 Ebd., S.31

3. Wasserlos in Tirol?

Bereits 1893 wurde der hydrographische Zentralbüro gegründet. Der hydrographische Dienst in Österreich erhebt laut Hydrographiegesetz den Wasserkreislauf. *„Die Erhebung des Wasserkreislaufes hat sich auf das Oberflächengewässer, die Verdunstung und die Feststoffe in den Gewässern hinsichtlich Verteilung nach Menge und Dauer, die Temperatur von Luft und Wasser, die Eisbildung in den Gewässern und im Hochgebirge sowie die den Wasserkreislauf beeinflussenden oder durch ihn ausgelösten Nebenerscheinungen zu beziehen."*[502] Dabei wurden die Datenaufbereitung und -auswertung, Messnetzausbau und hydrographische Überprüfung von wasserbaulichen und -wirtschaftlichen Projekten, Sachverständigentätigkeit, hydrographische Studien und Gutachten sowie der Hochwassernachrichtendienst als Aufgaben der Landesstelle in Tirol angesehen.

Die Gesamtfläche Tirols teilt sich wie folgt auf: Wald 35%, Alpen 27%, Landwirtschaft 11%, Besiedlung 13%, Sonstige 13% und Gewässer 1%. Die Einzugsgebiete der wichtigsten Fliessgewässer in Tirol sind namentlich der Lech, die Vils, die Drau und der Inn mit den Nebenflüssen. Der Großteil der Tiroler Wasserreserven ist im gefroren Zustand vorhanden, denn der Tiroler Anteil an der österreichischen Vergletscherung beträt 70,5%. Der hydrographische Dienst legt nach eigner Aussage *„dem Wasser Maß an".*[503]

So ist eine Hauptaufgabe der 740 Messeinrichtungen, die relevanten Daten für den Wasserkreislauf zu erheben. Darüber hinaus werden die Hochwasserereignisse anhand des Wasserstandes, der Wassertemperatur, des Durchflusses, etc. an den Flüssen dokumentiert. Daraus ergeben sich eine Vielzahl an Daten, die Aufschluss über die Monats- und Jahresmittel der Wasserstände geben. Die Wasserstandsnachrichten des Landes Tirol ermöglichen einen Überblick über die der aktuelle Wasserführung in den größeren Einzugsgebieten. *„Im hydrometeorologischen Messwesen ist Kontinuität einziger Garant dafür, dass die Erfahrung aus der Vergangenheit mit den Erkenntnissen der Gegenwart gepaart*

---

502 § 1 Hydrographiegesetz, Bundesgesetzblatt Nr. 58/1979 in der Fassung des BGBL. Nr. 317/1987 und der Wasserrechtsgesetznovelle 1990, BGBL. Nr. 252/1990.
503 http://www.tirol.gv.at/themen/umwelt/wasser/wasserkreislauf/wasserstand, Stand, 1. September 2004

werden, um eine leistungsfähige Grundlage für die Beantwortung laufender und zukünftiger wasserwirtschaftlicher Fragen zu schaffen."[504]

Vielerorts musste im Sommer 2003 – auch in Mitteleuropa – der Notstand ausgerufen werden: Der Wassermangel führt zu katastrophalen Dürren, die Pegel der Flüsse und Seen befanden sich auf einem historischen Tiefststand. Der Sommer 2003 wird in die Geschichte eingehen. Er markierte eine Wende: Es ist eine Wende im Bewusstsein der Menschen, denn die dramatischen Veränderungen im Wasserhaushalt haben nicht einfach mehr mit einer Normalität oder klimatischen Zufällen zu tun. Sie sind allerorts und für jedermann/frau spürbar. Die Hitzewelle und Trockenheit machte den Menschen, Pflanzen und Tieren zu schaffen. Sie ächzten unter der brütenden Hitze, Ernten fielen aus, die Brandgefahr südlich der Alpen [505] stieg und der Wasserverbrauch musste drastisch eingeschränkt werden. In Norditalien stellte sich schon die Frage, ob man entweder das Wasser für die Bewässerung der Felder oder für die Energiegewinnung nutzt. *„Zudem wird erwogen, Stauseen in den Alpen zu öffnen, um die Flüsse vor dem Austrocknen zu bewahren."*[506]

Die Wasserkrise ist gleichermaßen eine Energiekrise. Schon ein Sommer genügte, damit der Energiefluss unterbrochen war. Die „blackouts" in den von Knappheit stark betroffenen Ländern führten zu einer ernsthaften Gefahr für die Versorgung. Große Stromexporteure mussten ihre Produktion drosseln. Lokale Stromabschaltungen konnten nicht mehr ausgeschlossen werden. Das Angebot ging folglich zurück, wohingegen die Nachfrage stieg. Der niedrige Wasserstand der Flüsse und Seen führte zu einem Engpass in der Energieversorgung. Die Folgen für die Elektrizitätswirtschaft waren in diesem Sommer dramatisch. Die zusätzliche Verknappung des Wasserdargebots[507] durch die Trockenheit wirkte sich direkt auf die Stromproduktion aus. Die Flusskraftwerke liefen wegen der Wasserknappheit unter ihrer Kapazität. Die thermischen Kraftwerke, dazu gehören Kern-, Kohle- und Gaskraftwerke, hatten ein erhebliches Kühlproblem. Die Reaktorräume erhitzten sich dermaßen, dass sie mit Wasser besprengt werden mussten. Frankreich lockerte

---

504 Ebd., Stand 1. September, 2004
505 Vor allem die romanischen Länder südlich des Alpenkammes waren von der Trockenheit betroffen. Die extreme Trockenheit führte in Italien, Frankreich, Portugal und Spanien zu verheerenden Waldbränden.
506 Standard, 15.07.2003, S.2
507 Die Quellschüttung bestimmt das Wasserdargebot, damit ist jene Wassermenge eines Wasservorkommens gemeint, welche in einer bestimmten Zeiteinheit zur Verfügung steht.

erstmals die Umweltbestimmungen über die vorgeschriebene Temperatur des am AKWs ausfließenden Wassers.

Ganz anders stellte sich die Situation bei den Stauseen dar: *„Die Speicher sind voll, weil die Gletscher heuer doppelt so stark abschmelzen wie in einem Normaljahr. So ist ein Strommangel ausgeschlossen."*[508] Durch das exorbitante Abschmelzen der Gletscher hatte man kein quantitatives Problem, aber ein qualitatives. Das Eiswasser war durch den raschen Schmelzprozess verunreinigt und verstopfte die Speicher. Die Hitze war gut für die E-Wirtschaft, aber schlecht für die Umwelt. Die Erzeugung von Strom aus den Laufkraftwerken hatte sich auch in Österreich halbiert, v. a. an der Mur und an der Enns. Die Verbund-Speicherkraftwerke liefen dafür auf Hochtouren. Die Nachfrage in Österreich lag 10% höher aufgrund der energieverschlingenden Ventilatoren und Kühlanlagen. Es gab wohl Entwarnung für Österreich, doch Preissteigerungen werden auch hierzulande erwartet, da die Energieeinspeisung durch die sinkenden Netztarife kompensiert werden müssen. So hatte sich zum Beispiel in den skandinavischen Ländern im vergangenen Jahr gezeigt, dass es durch Stromexporte zu massiven Versorgungskrisen und einer Vervierfachung der Strompreise sogar in den wasserreichsten Gebieten kommen kann.[509]

Die anhaltende Hitze über Europa machte sich auch in den alpinen Gebieten bemerkbar. Ein Gletscherabbruch im schweizerischen Grindelwald führte bereits zu einer Flutwelle. *„Ein großes Stück des bis weit ins Tal hinunter reichenden Gletschers löste sich und staute das Wasser, bis es sich in einer zwei Meter hohen Flutwelle entlud."*[510] Die Gletscher ziehen sich immer weiter zurück. Die Situation spitzt sich zu, sie gipfelt in den Höhenlagen, in den Gletschergebieten. *„Während oben, im Nährgebiet der Gletscher, kein Neuschnee fällt, schmilzt unten, im Zehrgebiet, das Eis weg."*[511] Die Gletscher schmelzen seit 150 Jahren unaufhaltsam in den Alpen, sie haben bereits insgesamt die Hälfte ihrer Eismassen verloren.

Besonders deutlich wurde der Rückzug der Gletscher in den letzten Jahren. Die Schneegrenze auf den Gletschern ist 100 m höher als vor 15 Jahren.[512] Schon jetzt schlagen die Experten Alarm, denn es ist absehbar, dass 2003 zum

---

508 Standard, 05.08.03, S.14
509 Ebd., S.14
510 Standard, 16.07.2003, S.6
511 Ebd., S.6
512 Dazu gibt es im Gletscherarchiv der Gesellschaft für ökologische Forschung in München eindrückliches Bildmaterial, das den Schwund seit dem 19. Jahrhundert illustriert.

„Katastrophenjahr"[513] für das „Ewige Eis" werden wird. Die winterliche Schneedecke war zu gering, und die hohen Temperaturen ließen das Eis fast ununterbrochen abschmelzen. Darüber hinaus, *„...kam braun-ocker gefärbtes Eis zutage: Wüstenstaub, der im November 2002 bis zu den Alpen verfrachtet worden war."*[514] Dort, wo die Gletscher schneefrei daliegen, wird das Sonnenlicht noch stärker absorbiert. So kommt es, dass die Gletscherzunge der Pasterze (Großglockner) schon Anfang Mai ohne ausreichend schützende Schneelage den erhöhten Temperaturen ausgesetzt war, was wiederum dazu führte, dass bereits im Juli, statt Ende September, die „Ausaperung"[515] bis in die Höhenlage von 2900 Meter eingetreten war. Das frühe und komplette Abschmelzen der Schneedecke stellt auch für die Gletscherskigebiete ein großes Problem dar, da neben einem eingeschränkten Skibetrieb vor allem die direkt im Eis verankerten Stützen der Aufstiegshilfen davon betroffen sind. Das Schmelzen des Eises droht die Verankerung der Stützen zu destabilisieren. Daher wurde z. B. am Pitztaler Gletscher der Versuch unternommen, mit weißen großflächigen Abdeckungen rund um die Stützen und an einigen Stellen auf den Pisten das Abschmelzen zu verhindern bzw. zu verlangsamen.

Die Alpen spannen den Bogen zwischen den globalen Phänomenen der Wasserkrise und den Auswirkungen vor Ort. Die Wasserkrise bekommt damit eine zusätzliche Dimension. Die globale Wasserkrise muss im Spannungsfeld einer lokalen Höhen- und Tiefendimension erörtert werden. Die globale Krise wird besonders in den sensiblen Alpengebieten spür- und messbar. *„In den Alpen fokussieren sich die globalen Probleme, sie kulminieren im Gebirge. Die Alpen sind ein Seismograph, ein Sensor, ein Frühwarnsystem. Was heute in den Alpen abläuft, passiert morgen in den Ebenen."*[516] Experten sprechen von einer Trendwende in den Alpen, denn die Alpen sind die wichtigsten Forschungslabors. Gerade hier kann man die weltweiten Veränderungen beobachten.

Die alpinen Forschungsstellen[517] stellen fest, dass die Alpen besonders vom Klimawandel betroffen sind. Die Alpen gelten als „Wetterküche". Sie stellen ein Extrem dar, und Extremereignisse werden sich in den Alpen häufen. Der globale Temperaturanstieg ist nicht mehr zu leugnen. Seit ca. 100 Jahren steigt die Jahresdurchschnittstemperatur im Weltmittel um einen halben Grad, in

---

513 Standard, 23.07.2003, S.6
514 Ebd., S.6
515 Süddeutsche, schweizerische und österreichische Bezeichnung für schneefrei.
516 Psenner, Roland: Zukunft der Natur, S.4
517 Davos, Säntis, Garmisch Partenkirchen, Innsbruck alpS, etc.

den Alpen um 2 Grad. Erklärbar ist dieses Phänomen durch die Gradienten: 1 km Höhe entspricht ca. 1000 Kilometer an geographischer Breite. Der Alpenraum ist mit seinen Klimazonen vom arktischen Hochgebirgsklima bis zum ariden Mittelmeerklima ein Mikrokosmos für sich. Die Wahrnehmung der „globalen" Veränderungen wird besonders in den Alpen sichtbar: Das Schmelzen der Gletscher, das Auftauen der Permafrostböden, die zunehmende Bodenerosion, die Verschiebung der Baumgrenze, die Schutzbauten an Bächen und Flüssen.

Österreich und insbesondere Tirol gehören zu den wasserreichsten Gebieten Europas. *„Und dennoch ist Wasser bei uns knapp, besonders als Lebensraum für Pflanzen und Tiere. Feuchtgebiete gehören zu den gefährdetsten Lebensräumen überhaupt."*[518] Feuchtgebiete sind alle von Wasser geprägten Lebensräume: Sumpfgebiete, Seen, Tümpel, Teiche, Quellen, Auen und Fließgewässer. Feuchtgebiete sind also Zonen des Übergangs vom Wässrigen ins Feste und vice versa. Erst durch die Durch- und Vermischungen von Erde und Wasser entfalten sich besondere Wasserlebensräume. *„Sie sind unersetzlicher Lebensraum für eine besondere Tier- und Pflanzenwelt. Sie sind Teil des globalen Wasserkreislaufs, unentbehrliche (Trink-)Wasserspeicher, tragen wesentlich zur Gewässerreinigung und Grundwasserneubildung bei, verhindern Überschwemmungen. Und nicht zuletzt bereichern sie unsere Landschaft und zeichnen sich durch einen hohen Erlebnis- und Erholungswert aus."*[519]

Feuchtgebiete sind ein wesentlicher Bestandteil des Naturhaushaltes, denn sie regulieren den Wasserhaushalt, stellen ihn immer wieder her und speisen die natürliche Bach- und Flussläufe, Moore und Auwälder mit dem lebensnotwendigen Nass. Wie im Kapitel: „Wasserbau: Das Wasser als Quelle des Wirtschaftens" dargelegt wurde, führten die ersten großen Begradigungen von Flüssen, Entwässerungen von Auen und Trockenlegungen von Mooren im 19. Jahrhundert zum immensen Verlust wertvoller Lebensräume. Die unmittelbar zerstörten Wasserlebensräume haben damit den Wasserhaushalt ganzer Gebiete nachhaltig verändert und beeinträchtigt. *„Aber auch noch in den letzten Jahrzehnten müssen bei kaum einem anderen natürlichen Lebensraumtyp derartige Flächenverluste hingenommen werden wie bei Feuchtgebieten."*[520]

---

518 Naturschutzbund Österreich (2003): Wasserfestschrift. Mehr Natur für Österreichs Wasserlebensräume, S.6
519 Ebd., S.6
520 Ebd., S.6

Der Verlust an Wasserlebensräumen in Österreich ist nicht von der Hand zu weisen. In der „Wasserfestschrift" des österreichischen Naturschutzbundes wird resümiert, dass allein im 20. Jahrhundert mehr als 60% dieser Feuchtgebiete verloren gingen. Darüber hinaus stellte man fest, dass sich auch der Zustand der noch verbliebenen Moore, Flüsse und Seen verschlechterte: *„Noch immer werden Fließgewässer verbaut, Feuchtwiesen und Moore entwässert, Seen und Bäche verschmutzt und als Vorfluter missbraucht."*[521] Damit verschwindet wertvoller Lebensraum für Pflanzen und Tiere, die in vielfältiger Weise auf diese Wasserlebensräume angewiesen sind. *„Vor allem wasserbauliche Maßnahmen, energiewirtschaftliche Nutzungen, Entwässerung, Verbauung, Verschmutzung, Nährstoffeinträge aus der (industriellen) Landwirtschaft, Bewirtschaftungsänderung und intensive Freizeitnutzung sind als Ursachen zu nennen."*[522] Trocknet ein Wasserlauf aus, wird ein Bach begradigt und zementiert, eine Streuwiese „intensiviert", ein Moor „genutzt", verändert sich Kleinklima und Wasserhaushalt, und es geht eine unglaubliche Vielfalt an Pflanzen und Tieren vielleicht für immer verloren!

---

521 Ebd., S.6
522 Ebd., S.7

InEinanderÜberGehen
© Cornelia Kaufmann

ZusammenFluss

In der vorliegenden Arbeit wurde der Versuch unternommen, die gegenwärtigen Tendenzen und Vorläufe der globalen Wasserkrise in einen historischen, kulturgeschichtlichen, rechtlichen und politischen Kontext zu stellen. Dabei wurde vorwiegend auf Tirol Bezug genommen. Anhand der Thesen der Internationalen Tagung: „WasserLos. Vom öffentlichen Gemeingut zur privaten Geldquelle" 2003 in Innsbruck soll zusammenfassend überprüft werden, ob und wie Wasser weltweit von einem „gemeinen" und öffentlichen Gut zu einer privaten und letztendlich zu einer „privatisierten", also konzernprivaten Geldquelle wird.

Im Zusammenfluss wird die Dimension der Wasserkrise in einem globalen Zusammenhang eingebettet. Bei genauer Bestandaufnahme erweitert und verdichtet sich die Problematik, erhöht und vertieft sich die Dimension und zwar insofern, als „wasserlos" kein natürlicher Zustand ist, sondern ein gesellschaftlich produzierter. Am Ende spitzt sich die historische Konsequenz des jahrhundertlangen Raubbaus auf die gesellschaftliche Zustandsbeschreibung von „WasserLos" zu. So entsteht die paradoxe Situation, auf dem „blauen Planeten" zu leben und trotz alledem zuwenig Wasser zum Leben zu haben, oder wie das Maria Mies ausdrückte: *„Water, water all around and no drop to drink."*[523]

WasserLos ist keine Utopie, Wasser-los-zu- sein keine Fiktion, sondern eine alltägliche Erfahrung, welche inzwischen ein Viertel der Menschheit jeden Tag macht und zwar: *„WasserLos! Ohne Wasser kein Leben. Wo Wasser schwindet, verschwindet das Leben. Eine Milliarde Menschen haben keinen Zugang zu sauberem Trinkwasser. Jährlich sterben in den Entwicklungsländern 4 Millionen Kinder unter 5 Jahren an den Folgen von verschmutztem Trinkwasser und Wassermangel. Gleichzeitig steigt der Wasserverbrauch der Menschen in den Industrieländern tagtäglich."*[524] Die ökologische Konsequenz aus der sich permanent fortsetzenden

---

523 Mies, Maria: WasserLos. Vom öffentlichen Gemeingut zur privaten Geldquelle? Internationale Tagung zum Jahr des Süßwassers vom, Pressekonferenz, 14. Mai 2003
524 Internationale Tagung zum Jahr des Süßwassers: WasserLos. Vom öffentlichen Gemeingut zur privaten Geldquelle? vom 14. – 16. Mai 2003

konzerngesteuerten Enteignung der letzten Gemeingüter mündet letztendlich in den Zustand der Wasserlosigkeit v. a. in den so genannten „Drittweltländern", nun auch in den „Industrieländern".
Die Krisen des 19. Jahrhunderts waren Ausgangspunkt für den so genannten „ökologischen Imperialismus"[525]. Die imperiale Strategie war es, aus den Dürreperioden absichtlich Hungersnöte zu machen wie Mike Davids analysiert. Er bezeichnet dies als die „Geburtsstunde" der Dritten Welt. *„Millionen starben nicht außerhalb des ‚modernen Weltsystems', sondern im Zuge des Prozesses, der sie zwang, sich dem ökonomischen und politischen Strukturen anzupassen. Sie starben im goldenen Zeitalter des liberalen Kapitalismus; viele wurden,(...), durch die dogmatische Anwendung der heiligen Prinzipien von Smith, Bentham und Mill reglerecht ermordet."*[526] Mike Davis hebt in seiner Arbeit vor allem das Moment der Gleichzeitigkeit von Entwicklung und Unterentwicklung hervor und gewährt uns darüber hinaus einen Einblick anderer Art. Er beschreibt, wie verheerende Dürren und Wassermangel fast zeitgleich mit der Etablierung von Herrschaft auftreten.

Die Wechselbeziehung zwischen ökologischen, ökonomischen und sozialen Prozessen kulminierte bereits im 19. Jahrhundert. Auch Joachim Radkau stellte in seiner Umweltgeschichte den Zusammenhang zwischen Natur- und Machtergreifung her: *„Es ist jedoch evident, dass in sehr vielen – vor allem gebirgigen – mediterranen Regionen Entwaldung und Erosion vor allem im 19. und 20. Jahrhundert rapide voranschritten, und die tiefe umwelthistorische Zäsur eher hier als in einer fernen Vergangenheit zu suchen ist."*[527] Dennoch haben die Eingriffe ökologischer, ökonomischer und sozialer Art schon früher begonnen, ja man kann sagen, dass erst durch den „ökologischen Imperialismus" im 19. Jahrhundert das Ausmaß der Katastrophe weltweit sichtbar wurde.

Chronologisch markierte die erste uns bekannte „globale" Hungergeschichte Mitte des 19. Jahrhundert eine Zäsur. *„Die wissenschaftlichen, technischen, wirtschaftlichen und gesellschaftlichen Entwicklungen seit 1850 bleiben nicht ohne Einfluss für das Verständnis von (Natur-)Katastrophen. Deren Folgen lassen sich nun nicht mehr länger auf ‚verrückt spielende' Naturgesetze zurückführen, sondern werden wesentlich mitbedingt durch menschliches Verhalten, durch menschliches*

---

525 Dieser Begriff wurde von Alfred W. Crosby in seinem umwelthistorischen Werk: „The Ecological Imperialism" geprägt und beschrieb die europäische Expansion von Pflanzen, Krankheiten und Tiere insbesondere in der Neuen Welt.
526 Ebd., S.18
527 Radkau, Joachim (2000): Natur und Macht, S.162

Handeln bzw. Nichthandeln."[528] Josef Nussbaumer erweitert im 3. Band seiner „Weltchronik der Katastrophen" die Analyse vom inneren Zusammenhang von Gewalt und Macht um die Dimension des (Aus-)Hungerns.

Dürrebedingte Hungersnöte haben tatsächlich einen beträchtlichen hohen „man made"-Anteil. *„Hydrologische Dürren haben immer einen sozialgeschichtlichen Hintergrund. Künstliche Bewässerungssysteme sind selbstverständlich abhängig von einem gewissen Niveau an gesellschaftlichen Investitionen und Instandhaltung, aber auch die natürlichen Wasserspeicherkapazitäten können durch menschliche Eingriffe wie Abholzung, die zu Bodenerosion führen, stark beeinträchtigt werden."*[529] Hydrologische Krisen wären folglich vermeidbar, denn Dürren hängen nicht nur vom ausbleibenden Niederschlag, sondern auch von der Verfügbarkeit und Verteilung der vorhandenen Wassermengen ab. *„Die Auswirkungen von Niederschlagsdefiziten auf die Lebensmittelproduktion hängt außerdem davon ab, wie viel gespeichertes Wasser zur Verfügung steht, ob es rechtzeitig auf die Äcker geleitet werden kann, und die Regionen, in denen Wasser eine Ware ist, davon, ob die Bauern sich den Zugang zu Wasser überhaupt leisten können. Eine hydrologische Krise tritt auf, wenn sowohl natürliche Speicher (Flüsse, Seen, Grundwasser führende Schichten) als auch künstlichen Wasserspeichersysteme (Reservoire, Brunnen und Kanäle) keine zugänglichen Reserven mehr bieten, mit denen die Ernte gerettet werden kann."*[530]

Laut der These von Mike Davis läuteten die gesellschaftlich fabrizierten Hungersnöte des 19. Jahrhunderts einen neue Phase primitiver Akkumulation ein. Er beschrieb für das 19. Jahrhundert, wie verheerende Dürren und auftretende Wasserkrisen ein Milieu komplexer sozialer Konflikte schufen. Es kam zu einer fatalen Synergie extremer Entwicklungen im weltweiten Klimasystem, zu einer Wechselbeziehung zwischen klimatischen und ökonomischen Prozessen und schlussendlich zu den Hungerkatastrophen. *„Wie wir sehen werden, ging den verheerenden Dürren des 19. Jahrhunderts eine fortschreitende Bodenerosion, die Vernachlässigung traditioneller Bewässerungssysteme, der Abbau kommunaler Beschäftigung und/oder mangelnde staatliche Investitionen in Wasserspeichersysteme voraus."*[531]

Dabei wurden Arbeitskräfte und Boden zu Waren gemacht, „... *was wiederum nur eine Kurzformel für die Liquidation aller und jedweder kultureller*

---

528 Nussbaumer, Josef (2003): Gewalt.Macht.Hunger, S.23
529 Davis, Mike (2004): Die Geburt der Dritten Welt. Hungerkatastrophen und Massenvernichtung im imperialistischen Zeitalter, Ebd., S.28
530 Ebd., S.28
531 Ebd., S.28

Institutionen in einer organisch strukturierten Gesellschaft darstellt."[532] Die Einbindung der Landwirtschaft in den Warenkreislauf zerstörte in den Dörfern das System gegenseitiger Unterstützung und Nachbarschaftshilfe (siehe: Im Zeichen der Modernisierung). Die veränderte landwirtschaftliche Kultur hatte schwerwiegende Konsequenzen für das „gemeine" und „solidarische" Handeln. Die Entwicklung zeigt, dass Hungersnöte nicht per se Nahrungsmittelknappheit sind, *„sondern komplexe Wirtschaftskrisen, die durch Dürren und Ernteausfall bedingte und deren Auswirkungen auf dem Markt hervorgerufen wurden."*[533] Der offizielle Diskurs über Agrarkrisen und Hungersnöte geht vom Dogma der Naturkatastrophe als deren Hauptursache aus, wohingegen das menschliche Handeln als Reaktion auf die naturgegebenen Krisen bezeichnet wird.

Ab Mitte des 19. Jahrhunderts sind die klimatischen wie wetterbedingten Extremverhältnisse sowohl in den Tropen als „El-Nino-Phänomen"[534] bekannt, als auch in den Alpenregionen nachgewiesen. Die Kohärenz der globalen klimatischen Veränderungen und der tief greifenden ökologischen, ökonomischen und sozialen Eingriffe weltweit müssten in einer eigenen Forschung erörtert werden. Was hier einstweilen erkannt werden kann, ist, dass sowohl in Europa wie auch in anderen Teilen der Welt im 19. Jahrhundert die ersten erschreckenden Auswirkungen der auf Gewalt basierenden Eroberungen, Unterdrückung, Verschuldung auf der einen Seite und der Boden- und Wasserübernutzung, exzessiven Abholzung und Hungersnot auf der anderen Seite zusammenfließen und sich in verheerenden sozialen und ökologischen Katastrophen äußerten. Der in meiner Arbeit zugrunde gelegte jahrhundertlange sukzessive Prozess der Enteignung der Land- und Wasserrechte wurde in den Ländern des Südens mit brachialer Gewalt kurzfristig und vehement durchgeführt.

Die allgemeine These von Davis, dass Modernisierung und Kommerzialisierung von Verarmung begleitet wird, gilt nicht nur für die Schaffung der Dritte-Welt-Länder, sondern bewahrheitet sich auch in den heimischen Gefilden. Wasser wurde ab Mitte des 19. Jahrhunderts als Quelle des Wirtschafts-

---

532 Polanyi, In: Davis (2004) S.19
533 Ebd., S.29
534 El-Nino wird die Warmphase bezeichnet, die um die Weihnachtszeit (El-Nino ist das Christkind) auftritt und für Verschiebung der Warmwassermassen nach Osten zuständig ist. Die Passatwinde lassen warmes Wasser im Pazifik zusammenfließen und bewirken dadurch eine globale Temperatur- und Luftdruckbewegung, die in der wissenschaftlichen Fachliteratur El-Nino-Southern Oscillation (ENSO) genannt wird.

aufschwungs erkannt. Just in der Zeit, in der staatlich finanzierte hydraulische Großprojekte wie Entwässerungsprogramme und Drainageprojekte, aber auch die Errichtung der Wasserkraftwerke forciert wurden, ist eine eigenständige, indigene Kultur der Bergbauern zerstört worden. Auch sie sind nicht als ein unausweichliches Opfer von Modernisierung oder ein unvermeidbares ‚Übergangsproblem' bei der Entwicklung zu einer marktgerechten Wirtschaft zu sehen.

Der allseits verbreitete Glaube, dass Märkte immer zu einem „besser und mehr" führen, wurde von Davis grundlegend widerlegt, denn „*Märkte sind immer „gemacht.*"[535] Hungersnöte und Krisen passieren nicht einfach so, sondern sind im Wesentlichern immer Teil von permanenter Gewalt sind und nicht ihr Ausgangspunkt. Auch für die Hungersnöte im vorindustriellen Europa wurde bereits von Abel eine „Parallelität von Todesrate und Preisexplosion"[536] festgestellt. „*Je größer die Not, desto steiler steigen meist auch die Preise für lebenswichtige Grundnahrungsmittel.*"[537]

Hungersnöte sind also auch Kriege, die das Existenzrecht der dörflich strukturierten Agrargesellschaften in Frage stellen. Eine Hungersnot hat eher mit den hohen Preisen zu tun als mit Nahrungsmittelknappheit. „*Ausschlaggebend für Leben und Tod waren indessen die aufkommenden Warenmärkte und Preisspekulationen auf der einen und der (breite Protesten nachgebende) Wille des Staates auf der anderen Seite.*"[538] Wie es zur Verknappung der lebensnotwendigen Gemeingüter kam, wollte ich anhand der florierenden Bergwerkskommune Schwaz exemplifizieren. Nach der Enteignung kommt die Inflation, und die arme Bevölkerung wird gezwungen, bei den Gewerken ihr Brot zu verdingen. Dabei wurde auch in meiner Arbeit klar, dass erst durch die Verknappung der Lebensgrundlage das kapitalistische System zu greifen begann, ja die Voraussetzung für die Einleitung eines gesellschaftlichen Wandels darstellte. Hungers- und Wassernöte sind auch immer das Terrain für Klassenkämpfe mit dem Ziel der Umverteilung gewesen: „*Prozesse, bei dem ein Teil der Gemeinschaft Gewinn ansammelt, und der andere die Verluste trägt.*"[539] Die Ressourcen der Dorfgemeinschaften z. B. in Indien wurden wohl von allen

---

535 Ebd., S.20
536 Die Untersuchung von Abel, Wilhelm (1974): „Massenarmut und Hungerkrisen im vorindustriellen Europa" war bahnberechend für die Katastrophenforschung.
537 Nussbaumer, Josef: Gewalt.Macht.Hunger, S.26
538 Davis, Mike (2004): Die Geburt der Dritten Welt. Hungerkatastrophen und Massenvernichtung im imperialistischen Zeitalter, S.21
539 Ebd., S.30

Klassen in Anspruch genommen, aber für die ärmeren Haushalte sicherten sie schlichtweg das Überleben. Nach dem gewaltsamen Wegfall der Gemeingüter konnten sich die verarmten Massen auch dort nicht mehr mit dem Überlebensnotwendigsten versorgen. Ihnen wurde nicht nur sprichwörtlich der Boden unter den Füssen weggezogen. Die Trennung von gemeinen, öffentlichem und in der Folge privatem Land, Wald, Wiesen und Wasser ist der hervorstechendeste Eingriff in die Dorfgesellschaft. Durch die Teilung von Grund und Boden wird die Herrschaft erst möglich. Die Landesherren wie die britischen Kolonialherren führten entweder steuerpflichtiges Privateigentum ein oder transformierten das Gemeingut in Staatsbesitz. *„Ehemals frei zugängliche Güter wurden so entweder zu Waren oder zu Schmuggelgut."*540

Ähnlich wie in Großbritannien und Indien *„zerstörte diese Enteignung gemeinschaftlicher Ressourcen die traditionelle Ökologie der Dorfhaushalte."*541 Die neu etablierte Eliten – wie die Landesfürsten in Tirol – rissen die Verfügungsmacht über die Gemeingüter an sich. Sie schnitten wie auch in anderer Herren Ländern den Zugang zu kommunalen Weideressourcen ab und exekutierten dieses neue Herrenrecht mit brachialen Methoden. Gewohnheitsrechtlich war es fast nirgendwo üblich, Landtitel und die dazugehörigen Wasserquellen an Personen zu knüpfen. Erst mit der gesetzlichen Änderung – wie bei der Einführung des römischen Amtrechtes in Tirol skizziert – gelingt es dem neuen Regime die Oberhand über die Ressourcen zu erlangen. Dabei wurde am Tiroler Beispiel deutlich, dass die territoriale Erschließung der Ressourcen wie Holz und Wasser, ohne die eine wirtschaftliche Entwicklung im Bergbau nicht forciert werden hätte können, erst im Rahmen der Ent- und Aneignung der Gemeingüter durch die Landesherren erfolgen konnte. Die neue Herrschaft konsolidiert sich vor allem über die Kontrolle der strategisch wichtigen Ressourcen, die von der dörflichen Kommune auf den Staat übertragen wird. Das war kein freiwilliger Kompetenzverschiebung, sondern wurde meist mit Gewalt, Strafen und Terror herbeigeführt. Das ist der springende Punkt, der sich auch in meiner vorliegenden Arbeit herausstellte. Die Aufsicht der strategisch wichtigen Ressourcen wurde von der Gemeindeebene in die staatliche Gewalt gebracht. Das war kein zufälliger Vorgang, sondern dieser Verlauf entspricht im Nachhinein der Logik der sogenannten ursprünglichen Akkumulation in Tirol und ihrer Fortsetzung, die nie aufgehört hat: Ganz im Gegenteil, sie breitete sich zuerst auf die Länder der so genannte

---

540 Ebd., S.330
541 Ebd., S.330

„Dritten Welt" aus, und nun dehnt sie sich auf all jene Bereiche aus, die bis zum heutigen Tag noch geschont und geschützt geblieben sind. Die ab dem 15. Jahrhundert noch fortdauernde historische Gleichzeitigkeit zwischen gemein – öffentlich – privat wird immer mehr zugunsten eines konzernprivaten Anspruchs aufgelöst. Diese „Privatisierung" erfolgt dabei Schritt für Schritt und wird erst bei gesamthafter Betrachtung erkennbar.

Neben der historischen Aufarbeitung wurde die Bedeutung und Nutzung des Wassers in Tirol über die Jahrhunderte auch kulturgeschichtlich dargelegt. Die Enteignung der Gemeingüter begann somit nicht erst Ende des 20. Jahrhundert, sondern bereits um 1500. Dabei ist der Faktor nicht zu vernachlässigen, dass die Bevölkerung ihre Ansprüche auf den Zugang zu den Ressourcen oft in Form von Aufständen reklamierte. Das angeführte Beispiel der Bauernkriege in Tirol 1525 sind Ausdruck des bäuerlichen Widerstandes gegen die Enteignung und der vehementen Rückforderung der Gemeingüter. Nie wurde die Enteignung stillschweigend hingenommen, sondern meist nachträglich verschwiegen. Unter diesem Paradigma müsste Geschichte neu geschrieben werden. Historische und heroische Bilder – wie beispielsweise das von Kaiser Maximilian – müssten insofern überprüft und unter dem Blickwinkel des „Gemein" beleuchtet werden. Denn die Probleme, denen wir heute hierzulande gegenüber stehen, wurden bereits zur Zeit Erzherzog Sigmund des Münzreichen und Kaiser Maximilians I eingeleitet. Anhand ausgewählter Beispiele konnte dargestellt werden, wie die naturnahen Fluss- und Aulandschaften teilweise irreversibel zerstört und damit die Lebensgrundlagen einer „subsistenzorientierten Gemeinschaft" verknappt wurden. Wie es dazu kam, wurde im zweiten Kapitel ausführlich dargelegt.

Die Wassernöte, die in der Warenzirkulation und im Handelskreislauf verwurzelt beschrieben wurden, waren Teil dieser permanenten Gewalt. Die Einziehung der Gewässer durch Gewalt der Landesfürsten stärkte die Liquidität der Gewerken und der Bankiers. (siehe: Exkurs: Geldfluss – Die Umwertung des Wassers). Geld sollte fließen wie Wasser: Die vielfältigen Metaphern zwischen Geld und Wasser sind nicht beliebig, sondern sie zeigen auf, dass gerade heute Wasser selbst zur sprudelnde Geldquelle werden soll.

Wasser wurde im Zuge der technischen Umwandlung von einem lebendigen zu einem leblosen Stoff, der viel von seiner heilenden Kraft verlor. Damit einher ging auch der Verlust des Gebrauchs- oder Eigenwertes bzw. des „subsistenten Charakter" von Wasser. Zusätzlich lösten sich oft historisch gewachsenen, gegenseitige ökologische Abhängigkeiten auf. *„Die radikalen Veränderungen in den gesellschaftlichen Verhältnissen wurden von ähnlich drastischen* *ökologischen Transformationen begleitet."* ⁵⁴² Traditionelle Praktiken wie extensive Fruchtwechsel, lange Brachzeiten und Düngung durch das Vieh wurden zugunsten einer gewinnbringenden Anbau von Baumwolle, Mais oder Weizen etc. aufgegeben. Damit einher vollzog sich eine Minderung der Boden- und Wasserqualität. Die Überausbeutung der Böden durch massiven Einsatz von Bewässerung führt(e) dazu, dass es bei hoher Niederschlagsmenge zur Erosion kam/kommt. *„Erodierte Böden können natürlich weniger Oberflächenwasser speichern und verstärken somit die Anfälligkeit gegenüber Dürren."*⁵⁴⁵

Die Versorgungssicherheit mit Wasser ist für Menschen und Natur nachhaltig gefährdet, denn die alten Trinkwasserversorgungsanlagen und indigene Brunnenbewässerung wurden zerstört, durch Kanäle verdrängt und durch moderne Ringleitungssysteme ersetzt. War die Zuleitung und Zuteilung von Wasser früher dörfliche oder kommunale Angelegenheit, die Ausbesserungen die Angelegenheit von allen, so werden nun die daseinswichtigen Entscheidungen in den Chefetagen der Konzerne getroffen, wann, wo, wer wie viel Wasser erhält bzw. Reparaturen erfolgen. Damit sind Menschen, Pflanzen und Tiere nur mehr von den Maschinen, Systemen und Technologien der globalen Dienstleister rund ums Wasser abhängig. Die Einführung des modernen Wasser- und Abwassersystems ist immer vom Einsatz von Technologien und von den Diensten anderer abhängig. Damit versiegt auch das „gemeine" Wissen um die Quellen, dessen Schutz und die Zugangrechte. Das „Recht auf Gemeinheit" umfasst also weit mehr als nur eine technokratische Lösung des Wasserkrise. Deshalb ist mit dem Recht auf Wasser nicht nur eine humanitäre, juristische und moralische Frage verknüpft, sondern generell die Frage nach unserer Kultur, nämlich wie wir mit dem lebenswichtigsten aller Naturgüter, dem Wasser, umgehen, wie wir es pflegen und hegen. Das Verhältnis zur Natur prägt eben auch unseren Umgang mit allen gesellschaftlichen Bereichen.

Damals wie heute wurde der Eingriff in die Rechte auf freien Zugang zu Wasser von den Menschen als Unrecht empfunden. *„Aus der Zugangberechtigung zum Wasser wurde somit unmittelbar ein Verhältnis der Ungleichheit und ein Instrument der Ausbeutung."*⁵⁴⁶ Die Aufarbeitung der rechtlichen Absicherung des Wassers und dessen Nutzung zeigt schließlich die Entwicklung bis zum heutigen Tag und die Änderung der Rahmenbedingungen für das Volk. Das Recht der „Gemeinheit" auf Wasser wurde im Zuge der „sog.

---

542 Ebd., S.331
543 Ebd., S.333
544 Ebd., S.342

ursprünglichen Akkumulation" zu einem Recht der öffentlich-staatlichen Verfügungsmacht und zunehmend zu einem ausschließlichen Recht der privatwirtschaftlichen Aneignung für Konzerne umgebildet. Im Kapitel III. wurde der rechtliche Übergang von Wasser als res publica zu einer res privata nachvollzogen.

Wer zieht das große Wasser-Los? Auf diese Frage, die im Rahmen der internationalen Tagung: „WasserLos – vom öffentlichen Gemeingut zur privaten Geldquelle?" gestellt wurde, kann im internationalen Konzentrations- und Monopolisierungsprozess eine vorläufige Antwort gegeben werden: *„Wasserkonzerne wie Vivendi und Suez Lyonnais beherrschen den derzeitigen globalen Wassermarkt. Die WTO und IWF-Strukturanpassungsprogramme erzwingen die weiter Privatisierung der Wasserver- und -entsorgung als Bedingung für Wirtschaftshilfe und Umschuldung. Auch sonst werden kommunale Wasser-Dienstleistungen weltweit dereguliert, liberalisiert und anschließend privatisiert, d.h. an Konzerne verkauft. Während sie verdienen, wird das Wasser schlecht, knapp und teuer – das sind die bisherigen Erfahrungen weltweit."*⁵⁴⁵

Auch in Österreich wird die Verfügung über Wasser weitgehend in die Hände der Konzerne gespielt. Die von den Konzernen gewünschten Veränderungen in den bis dato öffentlich verwalteten Kommunalstrukturen werden – wie im IV. Kapitel: Wasserpolitik. Die heutige Verfügungsmacht über Wasser – gezeigt wurde, durch die strukturelle Anpassung an die Kostendeckung in der EU-Wasserrahmenrichtlinie, an die Forderungen des Weltwasserforums, Wasser als Handelsware zu deklarieren, und letztlich an den Vorstoß der GATS-Verhandlungen zur Liberalisierung der Wasserdienstleistungen auf nationaler Ebene durchgeführt. Das Wasser wird heute vermehrt zu einem globalen Geschäft: Weltweit werden kommunale Dienstleistungen rund ums Wasser an Konzerne verkauft. *„Die Wasserprivatisierung ist ein Teil des GATS (General Agreement on Trade in Services), einem Abkommen der WTO, das beabsichtigt, alle Dienstleistungen zu kommerzialisieren und an Konzerninteressen auszuliefern. Es ist dafür der gesetzliche Rahmen im Range des Völkerrechts und damit eine neue globale Verfassung, die Privatisierung erzwingen und ihre Rücknahme verbieten kann."*⁵⁴⁶ Damit wird Wasser nicht nur für Länder des Südens zum Luxusgut.

---

545 Internationale Tagung zum Jahr des Süßwassers: WasserLos. Vom öffentlichen Gemeingut zur privaten Geldquelle? vom 14. – 16. Mai 2003
546 Ebd.

Die Darstellung der politischen Situation und der Verbindlichkeiten Tirols und Österreichs als Mitglied der Europäischen Union zeigt, dass Entscheidungen zur Zukunft des Wassers als öffentlichem Gut zwar (noch) möglich sind, der aktuelle politische Weg aber ein anderer ist. *„Der aktuelle Trend geht dahin, Tirol zum profitträchtigen „Wasserpark" auszubauen, die Vermarktung des Tiroler Wassers zu verstärken, die lokalen Wasserversorger in größere Gebietseinheiten zu fassen und den Wasserwirtschafstandort Tirol für interessierte Konzerne attraktiver zu gestalten. Am Ende steht der Verkauf des Tiroler Wassers."*[547] Die Vermarktung des Tiroler Wassers soll auf vielfältige Weise geschehen. Die Nachfrage nach sauberen Wasser steigt weltweit. Tirol erfüllt mit dem reichlich vorhanden Wasserschatz die Voraussetzung für einen Export. Dabei wird an die kommerzielle Vermarktung und den Verkauf von Wasser in Flaschen und Gebinden gedacht. Der Vorschlag einer einheitlichen Wassermarke „Tiroler Bergquell" wird von politischer Seite lanciert. Zur Förderung von Initiativen in dieser Richtung werden entsprechend Mittel bereitgestellt. Wasser hat einen hohen Freizeitwert, und das Erlebnis Wasser soll v.a. im Tourismus genutzt werden. Die Errichtung von Beschneiungsanlagen zur Sicherung des Wintertourismus bzw. die Erweiterung des Wellnessbereichs werden von Seiten des Landes unterstützt. Aber auch Canyoning, Eisklettern, Rafting und andere sportliche Aktivitäten rund ums Wasser sollen im „Wassererlebnis Tirol" professionell vermarktet werden. Tirol will sich ein Wasserimage zulegen, denn im Zusammenhang mit Wasser erfolgen weltweit große Investitionen, im Ausbau der Wasserkraft, in der Schaffung von Wasser- und Abwasserinfrastrukturen, im Hochwasser- und Lawinenschutzbau. Um die Chancen auch hierzulande effizient auf dem Weltmarkt einzusetzen, wird an der Schaffung eines Kompetenzzentrums Wasser gearbeitet.

Wasser ist fast überall und immer ein kommunal verwaltetes Gemeingut gewesen. Das Recht auf Wasser ist ein Menschenrecht und muss als solches bewahrt werden. Deshalb fordern die an der Tagung „WasserLos – vom öffentlichen Gemeingut zur privaten Geldquelle?" beteiligten NGO's: *„Wasser ist für alle da. Die weltweite Wasserkrise ist kein naturgegebenes Schicksal. Der Umgang mit dem blauen Lebenselixier beruht auf politischen Entscheidungen. Er kann also auch wieder geändert werden. Wasser ist ein öffentliches Gemeingut. Wasser darf nicht zur privaten Geldquelle werden!"*[548]

---

547 Ebd.
548 Ebd.

WellenSpiel
© Cornelia Kaufmann

Literatur

Alt Füssen. Jahrbuch des Historischen Vereins „Alt Füssen" (Hrsg.), Kempten, 1998.
Amberger, Christoff (um 1505 -1562), Ferdinandeum 96 586.
Amt der Tiroler Landesregierung, Abteilung Umweltschutz: Ökologie und Wasserkraftnutzung. Neueste Forschungsergebnisse zur Auswirkung der Wasserkraftnutzung auf Struktur und Funktion von Fliessgewässerlebensräumen, Natur in Tirol, Naturkundliche Beiträge der Abt. Umweltschutz, Band 12, Innsbruck, 2003.
Amt der Tiroler Landesregierung, Abteilung Umweltschutz: Verträgt Österreich noch weitere Nationalparks? Das Beispiel Tiroler Lechauen Nationalpark. Natur in Tirol, Naturkundliche Beiträge der Abt. Umweltschutz, Band 11, Innsbruck, 2003.
Ball, Philip: H_2O. Biographie des Wassers, Piper Taschenbuchausgabe, München, 2002.
Barlow, Maude & Tony Clarke: Blaues Gold. Das globale Geschäft mit dem Wasser. Verlag Antje Kunstmann, München, 2003.
Barlow, Maude: Frauen stoppt das GATS, in: Dienste ohne Grenzen? GATS, Privatisierung und die Folgen für die Frauen, Internationaler Kongress, Köln 2003.
Barlow, Maude: GATS – Die letzte Grenze der Globalisierung, in: The Ecologist, Februar 2001.
Biermann, Frank: Mensch und Meer. Zur sozialen Aneignung der Ozeane, in: Prokla – Zeitschrift für kritische Sozialwissenschaft, 102, Nr. 1, 1996.
Bodini, Gianni: Wege am Wasser. Südtiroler Waale; ihre Geschichte und ihre Bedeutung, die Waalwege; ein Bildwanderführer durch eine untergehende Kultur; Verlag J. Berg, München, 1993.
Böhme, Gernot & Böhme, Hartmut: Feuer, Wasser, Erde, Luft. Eine Kulturgeschichte der Elemente, C.H. Beck, München, 1996.
Böhme, Hartmut: Kulturgeschichte des Wassers. Suhrkamp Verlag, Frankfurt a.M., 1988.
Böhme, Hartmut: Natur und Subjekt. Suhrkamp Verlag, Frankfurt a.M., 1988.

Brunnengräber, Achim (Hrsg.): Globale öffentliche Güter unter Privatisierungsdruck. Festschrift für Elmar Altvater. Verlag Westfälisches Dampfboot, Münster, 2003.

Bundesministerium für Land- und Forstwirtschaft, Umwelt und Wasserwirtschaft (Hrsg.): Journal Nachhaltigkeit. Newsletter des Akteurnetzwerks nachhaltiges Österreich, ARGE Nachhaltiges Österreich Wallner & Schauer und SPES Akademie, Wien, Ausgabe 1/2004.

Cipra Österreich (Hrsg.): Wasser in den Alpen – Kapital der Zukunft? Jahresfachtagung 6. – 8. November 1997, Villach/Kärnten/Österreich, Wien, 1998.

Delumeau, Jean: Angst im Abendland. Die Geschichte kollektiver Ängste im Europa des 14. bis 18. Jahrhunderts. Rowohlt Taschenbuch Verlag, Reinbek bei Hamburg, 1989.

Duerr, Hans Peter: Nacktheit und Scham. Der Mythos vom Zivilisationsprozess, Suhrkamp Verlag, Frankfurt a.M., 1994.

Echo: Das silberne Zeitalter 1450 – 1550. Wie Tirol zum Mittelpunkt Europas wurde, Echo Spezial, Nr. 5, 07/2002

Echo: Tirols erst Nachrichtenillustrierte, 5. Jg., September Ausgabe, 28.8.2003.

Echo: Tirols erste Nachrichtenillustrierte, 5. Jg., Oktober Ausgabe, 25.9.2003.

Erhard, Andreas & Ramminger, Eva: Die Meerfahrt. Balthasar Springers Reise zur Pfefferküste, Haymon-Verlag, Innsbruck, 1998.

Fischnaler, Konrad: Innsbrucker Chronik mit Bildschmuck nach alten Originalen und Rekonstruktionszeichnungen, IV. Verwaltungs-, Wirtschafts- und Kulturchronik, Verlag Vereinsbuchhandlung und Buchdruckerei, Innsbruck, 1930.

Gemeinde Völs (Hrsg.): Völser Dorfbuch, Tyrolia, Innsbruck, 1991.

Gierke, Otto (Hrsg.): Untersuchungen zur Deutschen Staats- und Rechtsgeschichte, 67. Heft, 1903.

Gimbutas, Marija: Die Ethnogenese der europäischen Indogermanen, Innsbrucker Beiträge zur Sprachwissenschaft, Vorträge und kleinere Schriften 54, Innsbruck, 1992.

Gleirscher, Paul: Die Räter. Rätisches Museum Chur, Chur 1991.

Görg, Christoph & Christine Hertler & Engelbert Schramm & Michael Weingarten (Hrsg.): Zugänge zur Biodiversität. Disziplinäre Thematisierungen und Möglichkeiten integrierender Ansätze. Metropolis Verlag, Marburg, 1999.

Göttner-Abendroth, Heide: Das Matriarchat I. Geschichte seiner Erforschung, Kohlhammer, Stuttgart/Berlin/Köln 2. Aufl., 1989.

Göttner-Abendroth, Heide: Das Matriarchat II, 1. Stammesgesellschaften in Ostasien, Ozeanien, Amerika, Kohlhammer, Stuttgart/ Berlin/ Köln, 1991.
Grass, Nikolaus: Tirolische Weistümer, Österreichische Weistümer, Bd. 17, Universitätsverlag Wagner, Innsbruck, 1966.
Gronemeyer, Marianne: Die Macht der Bedürfnisse. Reflexionen über ein Phantom. Rowohlt Taschenbuch Verlag, Reinbek bei Hamburg, 1988.
Günther, Franz (Hrsg.): Bauernschaft und Bauernstand. 1500 – 1970, Büdinger Vorträge 1971- 1972, Starke, Limburg an der Lahn, 1975.
Günther, Franz (Hrsg.): Geschichte des Bauernstandes vom frühen Mittelalter bis zum 19. Jahrhundert, Ulmer, Stuttgart, 1970.
Hardin, Garett: The Tragedy of Commons, Science, 1968, S. 1243–1248, in: www.dieoff.org/page95.htm
Hofer, Sabine: Trinkwasser, Unser wichtigstes Lebensmittel. Kammer für Arbeit und Angestellte für Tirol, Innsbruck, 1998.
Hofer, Viktor: Struktur der Tiroler Wasserwirtschaft – Versorgung in Tirol, ÖVGW-Jahrestagung 2003, Innsbruck, 11.6.2003.
Huemer-Plattner, Ingrid: Innsbrucker Trinkwasser. Eine immer kostbarer werdende Ressource – eine wirtschafts- und umwelthistorische Betrachtung im Rahmen des 19. und speziell des 20. Jahrhunderts, Diplomarbeit, Universität Innsbruck, 1998.
Hye, Franz-Heinz : Geschichte der Trinkwasserversorgung der Landeshauptstadt Innsbruck, Innsbruck, Stadtmagistrat, Veröffentlichungen des Innsbrucker Stadtarchivs, Innsbruck, 1993.
Illich, Ivan: Das Recht auf Gemeinheit, Rowohlt Taschenbuch Verlag GmbH, Reinbeck bei Hamburg, 1982.
Illich, Ivan: H_2O und die Wasser des Vergessens, Reinbeck, Hamburg, 1987.
Katschthaler, Hans: Zur Geschichte von Hötting, Veröffentlichung des Stadtarchivs, Bd. 5, Innsbruck, 1974.
Kletzan, Daniela: Gesamtwirtschaftliche Effekte der Siedlungswasserwirtschaft, WIFO-Monatsberichte 5, 2003.
Klocker, Christoph: Golfsport in Tirol. Eine wertende Bestandaufnahme aus einer fachübergreifenden Perspektive, Diplomarbeit, Universität Innsbruck, 2004.
Kluge, Thomas & Schramm, Engelbert: Wassernöte. Zur Geschichte des Trinkwassers, Kölner Volksblatt Verlag, 2. Auflage, Köln, 1988.
Kostenzer, Johannes: Erfahrungen und Perspektiven bei der Wasserkraftnutzung in Tirol aus naturkundlicher Sicht, in: Amt der Tiroler Landesregierung, Abteilung Umweltschutz (Hrsg.): Ökologie und Wasserkraftnutzung.

Neueste Forschungsergebnisse zur Auswirkung der Wasserkraftnutzung auf Struktur und Funktion von Fliessgewässerlebensräumen, Natur in Tirol, Naturkundliche Beiträge der Abt. Umweltschutz, Band 12, Innsbruck, 2003.

Kostenzer, Otto: Dem Himmel sei gedankt. Rosenheimer Verlag, Rosenheim, 1974.

Kuntscher, Herbert: Höhlen Bergwerke Heilquellen in Tirol und Vorarlberg, Steiger Verlag, Berwang, 1986.

Lamb, H.H.: Klima und Kulturgeschichte. Der Einfluss des Wetters auf den Gang der Geschichte, Rowohlt Taschenbuch Verlag GmbH, Reinbek bei Hamburg, 1989.

Land Tirol: Hochwasser- und Lawinenschutz in Tirol, Innsbruck, 1975.

Lentner, Reinhard: Naturschutz und Wasserkraftnutzung – Spannungsfeld und Lösungsansätze, in: Amt der Tiroler Landesregierung, Abteilung Umweltschutz (Hrsg.): Ökologie und Wasserkraftnutzung. Neueste Forschungsergebnisse zur Auswirkung der Wasserkraftnutzung auf Struktur und Funktion von Fliessgewässerlebensräumen, Natur in Tirol, Naturkundliche Beiträge der Abt. Umweltschutz, Band 12, Innsbruck, 2003.

Liehl, Heidi : Die Alpwirtschaft im tirolischen Lechtal in Geschichte und Recht, Wirtschaft und Brauch, 1. Allgemeiner Teil, Dissertation, Universität Innsbruck, Innsbruck, 1968.

Liehl, Heidi : Die Alpwirtschaft im tirolischen Lechtal in Geschichte und Recht, Wirtschaft und Brauch, 2. Allgemeiner Teil, Dissertation, Universität Innsbruck, Innsbruck, 1968.

Lipp, Richard: Karte des Lechtals zwischen Reutte i.T. und Füssen von 1559, in: Jahrbuch des Historischen Vereins „Alt Füssen" 1998, Füssen, 1999.

Manifior, Michael: Die Wasserversorgungswirtschaft von Innsbruck und Hall in Tirol. Entwicklungs- und Strukturanalyse, Zukunftsperspektiven und Erfordernisse sowie ökonomische und ökologische Beurteilung, Universitätsverlag Wagner, Innsbruck, 1993.

Marx, Karl & Friedrich Engels: Das Kapital. Band 23, Dietz Verlag, Berlin, 1974.

Meid, Wolfgang: Aspekte der germanischen und keltischen Religion im Zeugnis der Sprache, in: Innsbrucker Beiträge zur Sprachwissenschaft, Vorträge und Kleine Schriften 52, Innsbruck, 1991

Merchant, Carolyn: Der Tod der Natur. Ökologie, Frauen und neuzeitliche Naturwissenschaft, C.H. Beck'sche Verlagsbuchhandlung München, 1987.

Mies, Maria & Werlhof, Claudia von: Lizenz zum Plündern. Das Multilaterale Abkommen über Investitionen „MAI". Globalisierung der Konzernherrschaft – und was wir dagegen tun können, Europäischer Verlagsanstalt, Hamburg, 2003.
Mies, Maria: Globalisierung von unten. Der Kampf gegen die Herrschaft der Konzerne, Rotbuch Verlag, Hamburg, 2001.
Molterer, Wilhelm: Euro Austria, TV-Interview am 19. Oktober 2000.
Moser, Bernhard & Peter, Reinhard & Kratschmar, Andreas: Der Wasserhahn – ein Geschäft für die österreichischen Gemeinden? Fragen, Meinungen, Positionen, Interessen, Politicum 89/2001/5, Altenberger Wasserforum, 12.-13.9.2001, www.modernpolitics.at
Naturschutzbund Österreich (Hrsg.): Wasserfestschrift. Mehr Natur für Österreichs Wasserlebensräume, Naturschutzbund Österreich, Salzburg, 2003.
Neisser, Heinrich und Verschraegen, Bea: Die Europäische Union. Anspruch und Wirklichkeit, Springer, Wien, 2001.
Netzwerk gegen Konzernherrschaft und neoliberale Politik: Hände weg von unserem Wasser! Wasser ist für alle da! Infobrief, Nr. 13, September 2003
Neumann, Franz (Hrsg.): Handbuch Politische Theorien und Ideologien 1, Leske+Budrich – UTB Verlag, Opladen, 1995.
Neumann, Franz (Hrsg.): Handbuch Politische Theorien und Ideologien 2, Leske+Budrich – UTB Verlag, Opladen, 1996.
Neunlinger, Irmgard: Die künstliche Bewässerung im oberen Inntal. Diplomarbeit, Universität Innsbruck, 1945.
Niederwolfsgruber, Franz: Kaiser Maximilians I. Jagd- und Fischereibuch. Jagd und Fischerei in den Alpenländern im 16. Jahrhundert, Pinguin-Verlag, Innsbruck, 1992.
Oberleitner, Franz: Die Rechtsfrage. In: Politicum 89/2001/5. Altenberger Wasserforum, 12.-13.9.2001, www.modernpolitics.at
Oblasser, Stephan: Die Bedeutung der Wasserkraft auf dem Weg in eine nachhaltige Energiewirtschaft, in: Amt der Tiroler Landesregierung, Abteilung Umweltschutz (Hrsg.): Ökologie und Wasserkraftnutzung. Neueste Forschungsergebnisse zur Auswirkung der Wasserkraftnutzung auf Struktur und Funktion von Fliessgewässerlebensräumen, Natur in Tirol, Naturkundliche Beiträge der Abt. Umweltschutz, Band 12, Innsbruck, 2003.
Ovidius, Publius Naso: Metamorphosen, Epos in 15 Büchern, Reclam, Stuttgart, 2001.
Palme, Rudolf & Wolfgang Ingenhaeff: Stollen, Schächte, fahle Erze. Zur Geschichte des Schwazer Bergbaus, Berenkamp Verlag, Innsbruck, 1995.

Parlamentarisches Material: Stenographisches Protokoll. 41. Sitzung des Nationalrates der Republik Österreich, XXI. Gesetzgebungsperiode, Donnerstag, 19. Oktober 2000.

Petrella, Riccardo: Wasser für alle. Ein globales Manifest, Rotpunktverlag, Zürich, 2000.

Pöll, Josef: Unsere Auen, in: Tiroler Heimatblätter. Monatsheft für Geschichte, Natur- und Volkskunde, 13. Jahrgang, Heft März/April, Innsbruck 1935.

Prass, Reiner: Die Privatisierung der kollektiven Nutzung des Bodens im 18. und 19. Jahrhundert. Neue Forschungsergebnisse und Deutungsangebote der europäischen Geschichtsschreibung, Bericht über die Sommertagung des Arbeitskreises für Agrargeschichte in Zusammenarbeit mit dem Max-Planck-Institut für Geschichte und der Mission historique française von PD Dr. Brakensiek, Stefan, in: http://hsozkult.geschichte.hu-berlin.de/BEITRAG/TAGBER/sagra6.htm

PriceWaterHouseCoopers: Optimierung der österreichischen Sieldungswasserwirtschaft – BMFFUW, vorläufiger Endbericht 1.3.2001.

Radkau, Joachim: Natur und Macht. Eine Weltgeschichte der Umwelt, Verlag C.H. Beck, München, 2000.

Randa, Anton: Das österreichische Wasserrecht im Bezug auf die ungarische und ausländische Wassergesetzgebung, Bernhard Windscheid (Hrsg.), Prag, 1891.

Raster, Bernhard: Der Lech. Nutzung und anthropogenen Veränderungen des Lechs in historischer Zeit, Dissertation, Würzburg, 1979.

Rauch, Beate: Stauseen. Dörfer unter Wasser, Dokumentarfilm für NZZ, Zürich, 1995, http://www-x.nzz.ch/format/broadcasts/broad_372.html

Richtlinie 2000/60/EG des Europäischen Parlaments und des Rates (2000): Amtsblatt der Europäischen Gemeinschaft L327/1, 22.12.2000.

Rügemer, Werner: Colonia Corrupta. Globalisierung, Privatisierung und Korruption im Schatten des Kölner Klüngels, Verlag Westfälisches Dampfboot, Münster, 2003.

Sahlins, Marshall: Stone Age Economics. Aldine Publishing Company, New York, 1972.

Schretter, Bernhard: Die Pest in Tirol 1611 – 1612. Ein Beitrag zur Medizin-, Kultur- und Wirtschaftsgeschichte der Stadt Innsbruck und der übrigen Gerichte Tirols, Stadtmagistrat, Veröffentlichungen des Innsbrucker Stadtarchivs, Innsbruck, 1982.

Schubert, Kurt & Hyne, Hans: Der Inn. Gebirgsfluss dreier Länder, Rosenheimer Verlagshaus, Rosenheim, 1988.

Schulze, Ulrich: Brunnen im Mittelalter. Politische Ikonographie der Kommunen in Italien, Peter Lang GmbH., Frankfurt am Main, 1994.
Schwarzl, Uschi & Fritz, Gerhard: Aber die Konsequenzen müssen klar auf den Tisch! Stellungsnahme der Innsbrucker Grüne, http://www.innsbruck.gruene.at/, 04.04.2002.
Shiva, Vandana: Der Kampf um das blaue Gold. Ursachen und Folgen der Wasserverknappung, Rotpunktverlag, Zürich, 2003.
Sonderdruck aus Wirtschaft und Kultur. Festschrift zum 70. Geburtstag von Alfons Dopsch, Baden, 1938.
Stolz, Otto: Geschichtskunde der Gewässer Tirols. Schlern-Schriften, Nr. 32, Universitäts-Verlag Wagner, Innsbruck, 1936.
Tiroler Landesausstellung (2000): Circa 1500, Skira, Genf/Mailand, 2000.
Tiroler Landtag, Parlamentarische Materialien, http://landtag.tirol.gv.at/, 23.06.2003.
Treichel, Marina: Ent-Sicherung im Zeitalter der Globalisierung am Beispiel des GATS, General Agreement on Trade in Services (Allgemeines Abkommen über den Handle mit Dienstleitungen), unveröffentlichtes Manuskript, Innsbruck, 2003.
Walz, Dorothea: Auf den Spuren der Meister. Die Vita des heiligen Magnus von Füssen, Jan Thorbecke Verlag Sigmaringen, 1989.
Werlhof, Claudia von, Veronika Bennholdt-Thomsen, Nicholas Faraclas (Hrsg.): Subsistenz und Widerstand. Alternativen zur Globalisierung, Promedia Verlag, Wien, 2003.
Werlhof, Claudia von: Raum in der Welt oder Orte auf der Erde?, in: Kosmos, Frauen.schrift, 1/200, Mai.
Wiedemair, Johann: Geschichte und inhaltliche Entwicklung des österreichischen Wasserrechtes, unveröffentlichtes Manuskript, Innsbruck, 2003.
Wopfner, Hermann: Beiträge zur Geschichte der freien bäuerlichen Erbleihe Deutschtirols im Mittelalter, in: Dr. Otto Gierke (Hrsg.): Untersuchungen zur Deutschen Staats- und Rechtsgeschichte, 67. Heft, 1903.
Wopfner, Hermann: Beiträge zur Geschichte der freien bäuerlichen Erbleihe Deutschtirols im Mittelalter, in: Dr. Otto Gierke (Hrsg.): Untersuchungen zur Deutschen Staats- und Rechtsgeschichte, 67. Heft, Verlag von M. & H. Marcus, Breslau, 1903.
Wopfner, Hermann: Bergbauernbuch. Bäuerliche Kultur und Gemeinwesen, Universitätsverlag Wagner, Innsbruck, 1995.
Wopfner, Hermann: Bergbauernbuch. Siedlungs- und Bevölkerungsgeschichte, 1. Band, Universitätsverlag Wagner, Innsbruck, 1995.

Wopfner, Hermann: Bergbauernbuch. Wirtschaftliches Leben, 3. Band, Universitätsverlag Wagner, Innsbruck, 1997.

Wopfner, Hermann: Das Almendregal des Tiroler Landesfürsten, Universitätsverlag Wagner, Innsbruck, 1906.

Wopfner, Hermann: Güterteilung und Überbevölkerung tirolerischer Landbezirke im 16., 17., 18. Jahrhundert, in: Südostdeutsche Forschungen, Jg. III, 1938.

Wopfner, Hermann: Sonderdruck aus Wirtschaft und Kultur. Festschrift zum 70. Geburtstag von Alfons Dopsch, Rudolf M., Rohrer Verlag, Baden bei Wien, Leipzig, 1938.

Zipperle, Andreas & Rachwiltz, de W. Siegfried & Togni, Roberto (Hrsg.): Transhumanza. Weideplätze wechseln, Edition Sturzflüge & Löwenzahn, Bozen, 1994.

http://members.aon.at/lienz.gegenverkehr/gal/cross-border-leasing.htm, Stand: 11.06.2003

http://tirol.orf.at/oesterreich.orf?read=detail&channel=6&id=306381, 16.02.2004

http://www.jura.uni-sb.de/Rechtsgeschichte/Ius.Romanum/RoemRFAQ.html

http://www.privatisierung.info/_223.html

http://www.tirol.gv.at/b.h-innsbruck/wr.oo.html

http://www.tirol.gv.at/themen/umwelt/wasser/allgemeines/wasserbuch.shtml

http://www.tirol.gv.at/themen/umwelt/wasser/wasserrecht, 12.01.2004

http://www.waterandmore.at, Oktober 2003

http://www-x.nzz.ch/format/broadcasts/transcripts_372_587.html

Beiträge zur Dissidenz

Herausgegeben von Claudia von Werlhof

Band 1 Renate Krammer: Frauenpolitik. 1996.

Band 2 Doris Miller: Über – Gänge. Ein Plädoyer gegen die gespaltene Existenz der Menschen und für eine abenteuerliche Reise in eine bewegte Welt. 1996.

Band 3 Alex Fohl: Gratwanderungen. Autonomie und Pathologie. 1996.

Band 4 Sibylle Hammer: Humankapital. Bildung zwischen Herrschaftswahn und Schöpfungsillusion. 1997.

Band 5 Doris Schober: Angst, Autismus und Moderne. 1998.

Band 6 Michael Stark: vom Grund. 1998.

Band 7 Gerhard Diem: Über die Melancholie. In der Spannung von Last und List, Apokalypse und Aufklärung. 1999.

Band 8 Renate Genth: Frauenpolitik und politisches Handeln von Frauen. Ein Versuch im Licht der Begrifflichkeit von Hannah Arendt. 2001.

Band 9 Michaela Moser: Drogen und Politik. Dionysische Welten und die gereinigte Gesellschaft. Überlegungen zur staatlichen Heroinabgabe anhand von Erfahrungen aus Tirol. 2001.

Band 10 Renate Genth: Über Maschinisierung und Mimesis. Erfindungsgeist und mimetische Begabung im Widerstreit und ihre Bedeutung für das Mensch-Maschine-Verhältnis. 2002.

Band 11 Jürgen Mikschik: Wider die Metaphysik. Patriarchale Leibes-, Lebens- und Liebesvorstellungen und ihre gesellschaftspolitische Wirksamkeit. 2002.

Band 12 Elisabeth Sorgo: Die Brüste der Frauen. Ein Symbol des Lebens oder des Todes? Brustkrebs als Audruck der "Kränkung" von Frauen im Patriarchat. 2003.

Band 13 Barbara Thaler: Biopiraterie und Indigener Widerstand. Mit Beispielen aus Mexiko. 2004.

Band 14 Irene Mariam Tazi-Preve: Mutterschaft im Patriarchat. Mutter(feind)schaft in politischer Ordnung und feministischer Theorie – Kritik und Ausweg. 2004.

Band 15 Markus Walder: Die Diskussion um erneuerbare Energien in der Politik. Ist die Nutzung erneuerbarer Energien nur noch eine Frage des politischen Willens? 2004.

Band 16 Johannes Eder: Die Villgrater Kulturwiese. Von der Schwierigkeit des *Anderssein-Wollens* im Dorf. 2004.

Band 17 Ines Caroline Zanella: Kolonialismus in Bildern. Bilder als herrschaftssicherndes Instrument mit Beispielen aus den Welt- und Kolonialausstellungen. 2004.

Band 18 Franco Ruault: „Neuschöpfer des deutschen Volkes". Julius Streicher im Kampf gegen „Rassenschande". 2006.

Band 19 Verena Oberhöller: WasserLos in Tirol. Gemein – öffentlich – privatisiert? 2006.

Band 20 Andrea Salzburger: Zurück in die Zukunft des Kapitalismus. Kommerz und Verelendung in Polen. 2006.

Band 21 Eva-Maria Loidl: Risiken und Nebenwirkungen von Gender Mainstreaming. Am Beispiel der *Offenen Jugendarbeit*. 2006.

www.peterlang.de

Beatrix Besche

Wasser und Wettbewerb

Möglichkeiten und Grenzen einer Öffnung des Wassermarktes

Frankfurt am Main, Berlin, Bern, Bruxelles, New York, Oxford, Wien, 2004.
261 S., zahlr. Tab. und Graf.
Deutsches und Europäisches Wirtschaftsrecht.
Herausgegeben von Jürgen F. Baur. Bd. 15
ISBN 3-631-53006-4 · br. € 45.50*

Nach § 131 Abs. 8 des Gesetzes gegen Wettbewerbsbeschränkungen ist die öffentliche Wasserversorgung nach wie vor ein kartellrechtlicher Ausnahmebereich. Auch angesichts der fortgeschrittenen Liberalisierung anderer Märkte stellt sich die Frage, ob der Wassermarkt dem Wettbewerb geöffnet werden sollte. Eine Neuregelung muß dabei dem Spannungsfeld aus Daseinsvorsorge und Wettbewerb ebenso Rechnung tragen wie den Vorgaben des europäischen und des nationalen Rechts sowie den unterschiedlichen Interessen der Verbraucher, der Gemeinden und der privaten Versorgungsunternehmen. Schließlich soll sie auch im Vergleich zu anderen Rechtsordnungen selbst wettbewerbsfähig sein. Vor diesem Hintergrund wird in dieser Arbeit aus der Perspektive des Gesetzgebers mit Regelungsauftrag untersucht, inwieweit und unter welchen kartellrechtlichen Rahmenbedingungen der freie Wettbewerb Einzug in den Wassermarkt halten kann.

Aus dem Inhalt: Die Wasserversorgung in Deutschland · Status quo · Der rechtliche Rahmen · Der tatsächliche Rahmen · Handlungsbedarf für eine Modernisierung? · Pro und Kontra Wettbewerb im Wassermarkt · Daseinsvorsorge, Wettbewerb, Umweltschutz? · Wasser als natürliches Monopol · Ansätze für eine Neuregelung · Übertragbarkeit vorhandener Wettbewerbsmodelle aus dem In- und Ausland · Wettbewerb im Markt · Wettbewerb um den Markt · Konkrete Ausgestaltung eines neuen Ordnungsrahmens

Frankfurt am Main · Berlin · Bern · Bruxelles · New York · Oxford · Wien
Auslieferung: Verlag Peter Lang AG
Moosstr. 1, CH-2542 Pieterlen
Telefax 00 41 (0) 32 / 376 17 27

*inklusive der in Deutschland gültigen Mehrwertsteuer
Preisänderungen vorbehalten
Homepage http://www.peterlang.de